W0178988

Kohlhammer

Kohlhammer Edition Marketing

Begründet von:

Prof. Dr. Richard Köhler
Universität zu Köln

Prof. Dr. Dr. h.c. mult. Heribert Meffert
Universität Münster

Herausgegeben von:

Prof. Dr. Hermann Diller
Universität Erlangen-Nürnberg

Prof. Dr. Richard Köhler
Universität zu Köln

Heymo Böhler

Marktforschung

3., völlig neu bearbeitete
und erweiterte Auflage

Verlag W. Kohlhammer

3., völlig neu bearbeitete und erweiterte Auflage 2004

Alle Rechte vorbehalten
© 2004 W. Kohlhammer GmbH Stuttgart
Umschlag: Gestaltungskonzept Peter Horlacher
Gesamtherstellung:
W. Kohlhammer Druckerei GmbH + Co. Stuttgart
Printed in Germany

ISBN 3-17-018155-6

Vorwort der Herausgeber

Das vorliegende Werk, das jetzt in der 3. Auflage erscheint, gehört seit 1985 zur „Kohlhammer Edition Marketing" – einer Buchreihe, die in 25 Einzelbänden die wichtigsten Teilgebiete des Marketing behandelt. Jeder Band soll in kompakter Form (und in sich abgeschlossen) eine Übersicht zu den Problemstellungen seines Themenbereiches geben und wissenschaftliche sowie praktische Lösungsbeiträge aufzeigen.

Als Ganzes bietet die Edition eine Gesamtdarstellung der zentralen Führungsaufgaben des Marketing-Managements. Ebenso wird auf die Bedeutung und Verantwortung des Marketing im sozialen Bezugsrahmen eingegangen.

Als Autoren dieser Reihe konnten namhafte Fachvertreter an den Hochschulen und, zu einigen ausgewählten Themen, Marketing-Praktiker in verantwortlicher Position gewonnen werden. Sie gewährleisten eine problemorientierte und anwendungsbezogene Veranschaulichung des Stoffes. Angesprochen sind mit der Kohlhammer Edition Marketing zum einen die Studierenden an den Hochschulen. Ihnen werden die wesentlichen Stoffinhalte des Faches möglichst vollständig – aber pro Teilgebiet in übersichtlich komprimierter Weise – dargeboten.

Zum anderen wendet sich die Reihe auch an Institutionen, die sich der Aus- bzw. Weiterbildung von Praktikern auf dem Spezialgebiet des Marketing widmen, und nicht zuletzt unmittelbar an Führungskräfte des Marketing. Der Aufbau und die inhaltliche Gestaltung der Edition ermöglichen es ihnen, einen raschen Überblick über die Anwendbarkeit neuerer Ergebnisse aus der Forschung sowie über Praxisbeispiele aus anderen Branchen zu gewinnen.

Was das äußere Format und die inhaltliche Ausführlichkeit betrifft, so ist mit der Kohlhammer Edition Marketing bewusst ein Mittelweg zwischen Taschenbuchausgaben und sehr ins Einzelne gehenden Monografien beschritten worden. Bei aller vom Zweck her gebotenen Begrenzung des Umfanges erlaubt das gewählte Format ein übersichtliches und durch manche didaktische Hilfen ergänztes Darstellungsbild. Über die Titel und Autoren der Gesamtreihe informiert ein Programmüberblick am Ende dieses Bandes. Hier sollen nur die fünf Schwerpunktgebiete genannt werden:

Grundlagen des Marketing (Einführungsband, Strategisches Marketing, Marketing-Planung, Marketing-Organisation und Marketing-Kontrolle) – Informationen für Marketing-Entscheidungen (Marktforschung, Markt- und Absatzprognosen, Konsumentenverhalten, Marktsegmentierung, Marketing-Informationssysteme,

Entscheidungsunterstützung für Marketing-Manager) – Instrumente des Marketing-Mix (Produktpolitik, Distributionsmanagement, Preispolitik, Kommunikationspolitik, Strategie und Technik der Werbung, Verkaufsmanagement, Markenpolitik) – Institutionelle Bereiche des Marketing (Handelsmarketing, Investitionsgüter-Marketing, Dienstleistungs-Marketing, Marketing für öffentliche Betriebe, Internationales Marketing-Management) – Umwelt und Marketing (Rechtliche Grundlagen des Marketing, Social Marketing).

Der Band „Marktforschung" von Heymo Böhler war längere Zeit vergriffen. In der 3. Auflage hat der Verfasser insbesondere die neueren informations- und kommunikationstechnischen Entwicklungen berücksichtigt, die verbesserte Möglichkeiten für die Datenerhebung und Datenauswertung schaffen. Das Werk ist in allen Teilen aktualisiert worden, so dass sich der Leser an den heute verfügbaren Methoden, Datenquellen und Informationsangeboten, z. B. der Marktforschungsinstitute, orientieren kann.

Beibehalten wurde der sehr bewährte Grundaufbau des Buches, der den wesentlichen Schritten bei der Durchführung eines Marktforschungsprojekts entspricht. Es wird zu Recht betont, dass zunächst das *Untersuchungsproblem* klar definiert sein muss, so dass die angemessene Wahl des *Forschungsdesigns* (explorative, deskriptive oder experimentelle bzw. quasi-experimentelle Studien) erfolgen kann.

Nach dem vorgesehenen Untersuchungsdesign richtet sich die Bestimmung der geeigneten *Informationsquellen* und *Erhebungsmethoden*. In Betracht kommen Ansätze der Sekundärforschung unter Rückgriff auf schon vorliegende Daten aus unternehmensinternen und externen Quellen, standardisierte Marktinformationsdienste (vor allem Panels) und Erhebungsmethoden der Primärforschung in Form eigens durchzuführender Befragungen oder Beobachtungen, ggf. nach experimentellen Designs.

Eng mit der Bestimmung des Untersuchungsproblems und der vorgesehenen Erhebungsmethoden hängen die *Operationalisierungs- und Messverfahren* zusammen, die zur Anwendung kommen sollen. Der Autor geht in diesem Zusammenhang auf die Indikatorenwahl, verschiedene Skalenarten, die Reliabilität und Validität von Messungen und – zur Illustration – vertieft auf Einstellungsmessungen ein.

Weitere Kapitel widmen sich der *Auswahl der Erhebungseinheiten* in der Primärforschung, wobei die Bildung repräsentativer Zufallsstichproben im Mittelpunkt steht, sowie den *vorbereitenden Schritten* für die *Auswertung* der gewonnenen Daten.

Relativ breiten Raum nehmen sodann die Ausführungen zur *Datenanalyse* ein, wobei aber bewusst darauf verzichtet worden ist, alle verfügbaren Analysemethoden im Detail darzustellen. Dies würde den vorgegebenen Rahmen sprengen, so dass insoweit auf Spezialwerke zu verweisen ist.

Kurze Anmerkungen zur Erstellung des *Forschungsberichts* und zur *Ergebnispräsentation* runden die Ausführungen ab.

Die von Heymo Böhler gewählte didaktische Konzeption und Darstellungsweise ist bei den beiden vorherigen Auflagen von den Studierenden sehr positiv aufgenommen worden und hat auch bei Praktikern gute Resonanz gefunden. Ein gleicher Erfolg ist der überarbeiteten 3. Auflage zu wünschen.

Nürnberg und Köln,   Hermann Diller
im November 2003   Richard Köhler

Vorwort zur dritten Auflage

Die Entwicklung der Marktforschung bis hin zu ihrem heutigen Stand wurde stets durch die jeweiligen technischen, wirtschaftlichen und gesellschaftlichen Gegebenheiten geprägt. In den letzten Jahren erwiesen sich vor allem die Absatzmärkte als vordringliche Engpassbereiche – eine Situation, die angesichts eines sich verschärfenden internationalen Wettbewerbs und einer weltweit stagnierenden Nachfrage noch geraume Zeit andauern wird. So ist es auch verständlich, dass das Marketing-Konzept den derzeit stärksten Einfluss auf das heutige Bild der betriebswirtschaftlichen Marktforschung ausübt (vgl. Köhler 1993, Sp. 2782 ff.).

Das Bestreben, sich bei der Leistungserstellung an den Kundenbedürfnissen zu orientieren, führte zu einer quantitativen Ausweitung der Marktforschungsaktivitäten, darüber hinaus wurden neue Forschungsinhalte aufgegriffen (insbesondere aus dem Bereich des Konsumentenverhaltens; vgl. Kroeber-Riel/Weinberg 2003) und hierfür neue Erhebungs- und Auswertungsverfahren entwickelt. Die stärkere Betonung des strategischen Marketing führte bei der Absatzmarktanalyse zu einer umfassenderen Berücksichtigung aller Marktakteure, insbesondere der Wettbewerber (vgl. Köhler 1998, S. 25 ff.) und der Absatzmittler. Zugleich zwangen diskontinuierliche Entwicklungen auf Beschaffungsmärkten und in der Makroumwelt zu einer systematischen Früherkennung in allen Umweltbereichen (vgl. Hansen/Stauss 1983, S. 84 ff.; Böhler 1983). Dieser erweiterte Blickwinkel stellt neue Anforderungen an die Marktforschung und belegt, dass sie als Funktion auch von anderen Unternehmensbereichen wie Personal, Finanzierung, Forschung und Entwicklung intensiver als bisher einzusetzen ist. Wichtige Impulse für die Marktforschung gingen zudem von technologischen Neuerungen im EDV- und Kommunikationssektor aus, wobei durch die zunehmende Verbreitung des PC und von Internet-Zugängen einer größeren Zahl von Nutzern die Beschaffung von Marktforschungsinformationen ermöglicht wurde (vgl. z. B. Zou 1999).

Um dem Leser bei der nahezu unüberschaubaren Fülle von zu untersuchenden Fragestellungen, angewandten Methoden und statistischen Verfahren eine Orientierungshilfe zu geben, folgt der Aufbau des Buches den Arbeitsschritten, die bei der Durchführung eines konkreten Marktforschungsprojektes zu durchlaufen sind. Erfahrungsgemäß erleichtert diese Vorgehensweise Praktikern und Studenten den schrittweisen Zugang zu einer sonst nur schwer übersehbaren Materie. Nach den einführenden Bemerkungen im 1. Kapitel werden die einzelnen Phasen des Marktforschungsprozesses in jeweils einem eigenen Kapitel behandelt. Kapitel 2 beschäftigt sich mit der präzisen Formulierung des Marktforschungsproblems und der Wahl eines geeigneten Forschungsdesigns. Kapitel 3 wendet sich der Bestimmung der Informationsquellen und den verfügbaren Erhebungsmethoden zu. Kapitel 4 behandelt die Probleme der Operationalisierung und Messung der interessierenden Sachverhalte. Im 5. Kapitel werden die Maßnahmen zur Durchführung der Erhebung vermittelt. Kapitel 6 zeigt die für die Vorbereitung der Datenauswertung notwendigen Aktivitäten auf. Kapitel 7 behandelt Methoden der Datenauswertung und Probleme der Ergebnisinterpretation, während in Kapitel 8 Hinweise zur Erstellung des Forschungsberichtes und zur Präsentation der Ergebnisse gegeben werden.

Die dritte Auflage des Buches hält sich an den bewährten Aufbau der zweiten Auflage, jedoch wurden die Literaturverweise und Abbildungen aktualisiert und ergänzt. Des Weiteren wurde den neueren technischen Entwicklungen (Scannerpanels, Internet-Einsatz in der Marktforschung) sowie dem veränderten Angebot der Marktforschungsinstitute Rechnung getragen.

Dem Praktiker soll diese Einführung in die Marktforschung einen kompakten Einblick in das Fachgebiet geben, ohne dass komplexe Problemstellungen und Methoden simplifiziert werden. Andererseits wurde darauf geachtet, eine ausufernde Darstellung statistischer Randprobleme zu vermeiden. Der Leser wird an den entsprechenden Stellen auf weiterführende Literatur verwiesen. Für Studenten hat sich dieses Buch als begleitende Literaturgrundlage zu einer Vorlesung „Marktforschung" bewährt.

Wie bereits bei den früheren Auflagen bedanke ich mich für die inhaltlichen Anregungen und die kritische Durchsicht bei Dipl.-Kfm. Dirk Haid; Dipl.-Kffr. Sylvia Koban; Dr. rer. pol. Dino Scigliano; Dipl.-Kfm. Patrick Spilker und Dipl.-Kfm. Gunar Tewes. Mein weiterer Dank gilt den Herren cand. rer. pol. Jens Berger und cand. rer. pol. Philipp Schulte für die Erstellung der Grafiken und für die Durchführung der umfangreichen Formatierungsarbeiten. Frau cand. rer. pol. Julia Patsch danke ich für die Aktualisierung des Literaturverzeichnisses und Frau Doris Tavernier für ihre engagierte administrative Unterstützung bei der Erstellung dieses Buches.

Bayreuth, im Oktober 2003   Heymo Böhler

Inhaltsverzeichnis

Abbildungsverzeichnis

17

1 Die Aufgaben der Marktforschung im betrieblichen Informations- und Entscheidungssystem

1.1 Begriffliche Abgrenzung der Marktforschung

Geht man von einer marktorientierten Führungskonzeption aus, so ist es Hauptaufgabe der Marktforschung, dem Marketing-Management auf empirischem Wege die Informationsgrundlage für die absatzpolitische Ziel- und Maßnahmenplanung bereitzustellen. Daher wird im Weiteren folgende *Marktforschungsdefinition* zugrunde gelegt:

Marktforschung ist die systematische Sammlung, Aufbereitung, Analyse und Interpretation von Daten über Märkte und Marktbeeinflussungsmöglichkeiten zum Zweck der Informationsgewinnung für Marketing-Entscheidungen.

Marktforschung ist gekennzeichnet durch den *systematischen* Einsatz *wissenschaftlicher* Untersuchungsmethoden. Ziel ist nicht nur die sorgfältige Beschreibung von Märkten, sondern auch die Gewinnung von Aussagen über Ursache-Wirkungsbeziehungen (z. B. „Wie wirkt der Einsatz von Marketing-Maßnahmen auf die Abnehmer?"). Im Extremfall ist „wissenschaftliche" Forschung dadurch zu gewährleisten, dass ihre Vorgehensweise öffentlich zugänglich und dadurch kritisierbar ist, dass das Ausmaß der Unsicherheit der Ergebnisse abgeschätzt werden kann und dass ein von der Wissenschaftsgemeinde anerkannter Forschungsprozess zum Zuge kommt (vgl. Schnell/Hill/Esser 1999, S. 6 sowie das Kap. 2.1).

Selbstverständlich werden diese Kriterien in der Marketing-Praxis nicht immer vollends erfüllt. Man sollte sich dann aber darüber im Klaren sein, dass Abweichungen vom Regelwerk wissenschaftlicher Forschung die Qualität der Forschungsergebnisse beeinträchtigen (man denke z. B. an die zumeist unseriösen Fernsehzuschauerbefragungen, bei denen Anrufer über eine Hotline ihre Meinung kundtun).

Eingebürgert hat sich in der Literatur die Abgrenzung zwischen Marktforschung und Marketingforschung (vgl. Köhler 1993, Sp. 2782). Demnach unterscheiden sich „*Marktforschung*" und „*Marketingforschung*" durch ihren jeweiligen *Untersuchungsgegenstand*:

Durch die oben vorgeschlagene Begriffsdefinition der Marktforschung, in der von Daten über „*Märkte*" und „*Marktbeeinflussungsmöglichkeiten*" gesprochen wird, kommt zum Ausdruck, dass Gegenstand der Marktforschung Sachverhalte in den *Absatz-* und *Beschaffungsmärkten* und die dort zum Einsatz gelangenden Instrumente sind. Der in den USA weitverbreitete Begriff der *Marketingforschung* („*marketing research*") war dagegen ursprünglich auf Informationsbereitstellungen für Absatzentscheidungen eingeengt. In einer Definition der „Definitions Committee" der American Marketing Association von 1960 heißt es:

„Marketing-Forschung ist die systematische Sammlung, Aufbereitung und Analyse von Daten, die sich auf die Probleme des Marketing von Gütern und Dienstleistungen beziehen" (vgl. Committee on Definitions of the American Marketing Association 1960 sowie u. a. Green/Tull 1978, S. 4 ff.; Cox/Enis 1972, S. 5 ff.; Boyd/Westfall/Stasch 1977, S. 4).

Allerdings wird die Beschränkung auf die Absatzseite erst deutlich, wenn man beachtet, dass das die AMA den *Marketing-Begriff* 1960 lediglich auf die *Absatz*bemühungen des Anbieters gegenüber den Abnehmern bezog. Im deutschsprachigen Raum wird daher synonym zur Marketingforschung auch der Begriff „*Absatzforschung*" verwendet. Während somit der Begriff „Marketing-" bzw. „Absatzforschung" durch die Begrenzung des Untersuchungsgegenstandes auf den Absatzmarkt auf der einen Seite *enger* gefasst ist als der Marktforschungsbegriff, ist er auf der anderen Seite wiederum *umfassender*, weil er *alle* zur Absatzgestaltung notwendigen Informationen einbezieht. Hierzu zählen demnach auch Informationen, die sich auf *innerbetriebliche* Tatbestände (z. B. Vertriebskosten, Lagerhaltungsprobleme, Kapazitätsprobleme) beziehen. Die nachfolgende Abbildung verdeutlicht das Verhältnis der Begriffe graphisch (in Anlehnung an Meffert 1986, S. 12):

Marktforschung		
Beschaffungs-marktforschung	Absatzmarkt-forschung	Erforschung innerbetrieblicher Sachverhalte
	Marketing-Forschung	

Abb. 1: Abgrenzung zwischen Marktforschung und Marketingforschung

Jedoch ist anzumerken, dass mittlerweile Marktforschung und Marketingforschung von einigen Autoren auch synonym verwendet werden (Vgl. Hüttner/ Schwarting 2002, S. 1 f.; Gerhold 1993, S. 7 f.; Meffert 1992, S. 15). Weiterhin ist darauf hinzuweisen, dass die AMA inzwischen ihre Definitionsansätze zum Marketing (vgl. AMA,. 1985, S. 1) und zur Marketingforschung modifiziert hat. So versteht die AMA unter Marketingforschung heutzutage Folgendes:

„Marketing research is the function which links the consumer, customer, and public to the marketer through information – information used to identify and define marketing opportunities and problems; generate, refine, and evaluate marketing actions; monitor marketing performance; and improve understanding of marketing as a process. Marketing research specifies the information required to address these issues; designs and method for collecting information; manages and implements the data collection process; analyzes the results; and communicates the findings and their implication" (Bennett 1988, S. 117; vgl. auch Kinnear/Taylor 1996, S. 5 f.; Kotler 2000, S. 103).

Aufgabe dieses Buches ist es, einen Überblick über die Aufgaben der Marktforschung zu geben. Die Stoffauswahl folgt dabei einer *absatzorientierten Marktforschung*.

Die Begründung dafür ist, dass Absatzmärkte in der heutigen Zeit vordringliche Engpassbereiche darstellen – eine Situation, die angesichts eines sich verschärfenden Wettbewerbs und einer weltweit stagnierenden Nachfrage noch geraume Zeit andauern wird.

Jedoch ist zu betonen, dass eine absatzorientierte Marktforschung letztlich „nur die letzten 200 Meter eines Marathonlaufs" betrachtet (Hamel 1991, S. 83). Erfolgreiche Marktpositionen lassen sich nur erringen, wenn sie auf spezifischen Ressourcen (z. B. Patente, technisches Know-how) beruhen, die von den Wettbewerbern u. a. nur schwer kopierbar sind bzw. die am Beschaffungsmarkt nicht erworben werden können (vgl. dazu Rasche 1994, S. 69 ff.).

Aus diesem Grunde fordern die Vertreter einer ressourcenorientierten Unternehmensführung, den Fokus auf die Beschaffungsmärkte und das unternehmensinterne Ressourcenmanagement zu legen (vgl. ausführlich bei Rasche/Wolfrum 1994; Prahalad/Hamel 1990). Dazu ist zu sagen, dass die ressourcenorientierten Ansätze die traditionellen (absatz-)marktorientierten Ansätze um eine wichtige Perspektive ergänzen. Letztere betonen den Aufbau und die Sicherung externer Erfolgspotentiale (z. B. Marktanteil, Zugang zu Vertriebswegen, Markenpräferenzen, wahrgenommene Produktqualität). Der ressourcenorientierte Ansatz ergänzt dies durch die Betrachtung, d. h. Analyse und Steuerung interner Erfolgspotentiale, so dass beide zusammen die Grundlagen einer strategischen Unternehmensführung sein müssen. Im konkreten Fall muss sich die marktorientierte Unternehmensführung an jenen Marktbeziehungen ausrichten, von denen längerfristig der ausschlaggebende Einfluss auf die Zielerreichung ausgeht.

1.2 Aufgaben der Marktforschung

Um die Aufgaben der Marktforschung zu umreißen, hat es an Kategorisierungsversuchen nicht gefehlt. Erwähnenswert ist die Einteilung Schäfers (Schäfer/ Knoblich 1978, S. 21 ff.), der von den drei Hauptarbeitsgebieten ausgeht, nämlich

- Bedarfsforschung,
- Konkurrenzforschung,
- Erforschung der Absatzwege.

Dagegen hat nach Behrens (1966, S. 14 ff.) die Marktforschung zwei Arbeitsgebiete zum Gegenstand:

- die demoskopische Marktforschung, die sich um die Erforschung der äußeren (z. B. Alter, Geschlecht, Beruf) und inneren (d. h. psychischen) Merkmale (z. B. Motive, Einstellungen) von Marktteilnehmern bemüht und
- die ökoskopische Marktforschung, die der Erforschung objektiv gegebener Handlungsresultate der Marktteilnehmer, im Sinne ökonomischer Größen wie Marktanteile, Umsätze, Preise u. a. m. dient.

Weder die Einteilung von Schäfer noch die von Behrens ist im konkreten Fall als Orientierungshilfe für die Informationsbeschaffungsaufgaben der Marktforschung ausreichend. Stattdessen werden im Folgenden einige wichtige Gliederungsgesichtspunkte herangezogen und erläutert, die stärker auf die Informationsbereitstellung für Marketing-Entscheidungen abheben. Danach lassen sich relevante Marktinformationen durch

- die Elemente von Marketing-Entscheidungen,
- die Art des Marketing-Entscheidungsproblems und
- die Phasen des Marketing-Entscheidungsprozesses kennzeichnen

(vgl. Heinzelbecker 1977, S. 38 ff.).

1.2.1 Einteilung von Marktinformationen nach den Elementen von Marketing-Entscheidungen

Jede Marketing-Entscheidung besteht aus vier Elementen, für die die Marktforschung Informationen liefern kann. Es sind dies

- die Marketing-Ziele,
- die Marketing-Maßnahmen,
- die Umweltsituation sowie
- die Ergebnisse von Marketing-Maßnahmen bei der jeweils vorliegenden Umweltsituation.

Die Marktforschung ermöglicht zunächst einmal eine von den Marktgegebenheiten her *realistische* Festlegung der anzuvisierenden *Marketing-Ziele*. So kann z. B. die Information, dass im nächsten Jahr ein erheblicher Rückgang des Marktvolumens zu erwarten ist, zu einer entsprechenden Zurücknahme der Umsatzziele führen.

Die zweite zentrale Marktforschungsaufgabe ist die Informationsbereitstellung für das Fällen von *Marketing-Entscheidungen*. Hierzu zählen alle Informationen für die Entscheidungsunterstützung auf Gesamtunternehmensebene (z. B. Definition des Unternehmenszwecks, Portfolio-Management) sowie auf der Ebene Strategischer Geschäftsfelder (SGF), d. h. für die Planung und Realisation von Maßnahmen im Bereich der Produkt- und Sortimentspolitik, der Kommunikationspolitik, der Preis- und Konditionenpolitik sowie der Distributionspolitik.

Des Weiteren werden Informationen über die zu erwartende *Umweltsituation* benötigt. Hierbei handelt es sich zum einen um die Analyse und Prognose von *Absatz- und Beschaffungsmärkten.* mit denen das Unternehmen in Austauschbeziehungen steht bzw. treten möchte. Zum anderen ist auch die so genannte *globale Umwelt* zu beachten, womit vor allem die gesamtwirtschaftlichen, die technologischen, die rechtlich-politischen und die soziokulturellen Rahmenbedingungen gemeint sind. Schließlich ist es Aufgabe der Marktforschung, Informationen über die zu erwartenden *Ergebnisse* von Marketing-Maßnahmen zu liefern. Diese können sich auf individuelle Ergebnisse bei den anvisierten Abnehmern beziehen als auch auf ökonomischer Erfolgsgrößen (vgl. Abb. 2).

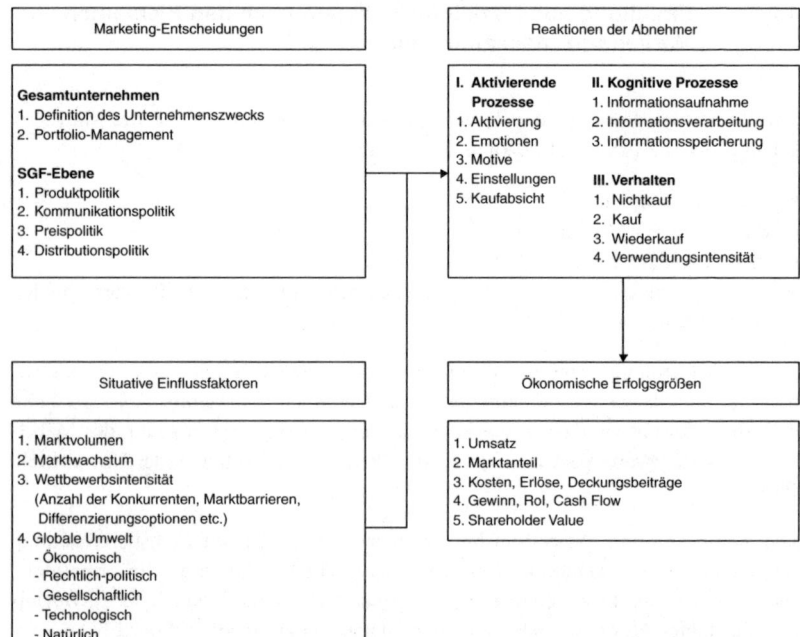

Marketing-Entscheidungen	Reaktionen der Abnehmer

Gesamtunternehmen
1. Definition des Unternehmenszwecks
2. Portfolio-Management

SGF-Ebene
1. Produktpolitik
2. Kommunikationspolitik
3. Preispolitik
4. Distributionspolitik

I. Aktivierende Prozesse
1. Aktivierung
2. Emotionen
3. Motive
4. Einstellungen
5. Kaufabsicht

II. Kognitive Prozesse
1. Informationsaufnahme
2. Informationsverarbeitung
3. Informationsspeicherung

III. Verhalten
1. Nichtkauf
2. Kauf
3. Wiederkauf
4. Verwendungsintensität

Situative Einflussfaktoren	Ökonomische Erfolgsgrößen

1. Marktvolumen
2. Marktwachstum
3. Wettbewerbsintensität
   (Anzahl der Konkurrenten, Marktbarrieren, Differenzierungsoptionen etc.)
4. Globale Umwelt
   - Ökonomisch
   - Rechtlich-politisch
   - Gesellschaftlich
   - Technologisch
   - Natürlich

1. Umsatz
2. Marktanteil
3. Kosten, Erlöse, Deckungsbeiträge
4. Gewinn, RoI, Cash Flow
5. Shareholder Value

Abb. 2: Marktinformationen für die Elemente von Marketing-Entscheidungen

Erst hierdurch ist eine zielorientierte Auswahl der besten Alternative möglich.

1.2.2 Einteilung von Marktinformationen nach den Arten von Marketing-Entscheidungen

Eine weitere Möglichkeit, die Aufgaben der Marktforschung zu umschreiben, besteht darin, die *Arten* der anstehenden Entscheidungsprobleme zu betrachten. Im Folgenden sollen *strategische* und *operative* Marketing-Entscheidungen betrachtet werden. *Strategische Marketing-Entscheidungen* benötigen vor allem Informationen, mit denen sich folgende Fragen beantworten lassen (vgl. z. B. Abell/Hammond 1979, S. 5 ff. sowie Köhler 1981, S. 264; Meffert 1988, 149 ff.):

- Welche Märkte soll das Unternehmen mit welchen Produkten bearbeiten?
- Welche Marktsegmente existieren auf diesen Märkten und welche sind als Zielgruppen besonders interessant?
- Wer sind die gegenwärtigen und potentiellen Wettbewerber und wo liegen deren Stärken und Schwächen?

24

- Welche Generallinie ist für den Einsatz der einzelnen Marketing-Programme auf den jeweiligen Märkten zu wählen?

Abb. 3 fasst das Spektrum strategischer und operativer Marketing-Entscheidungen zusammen:

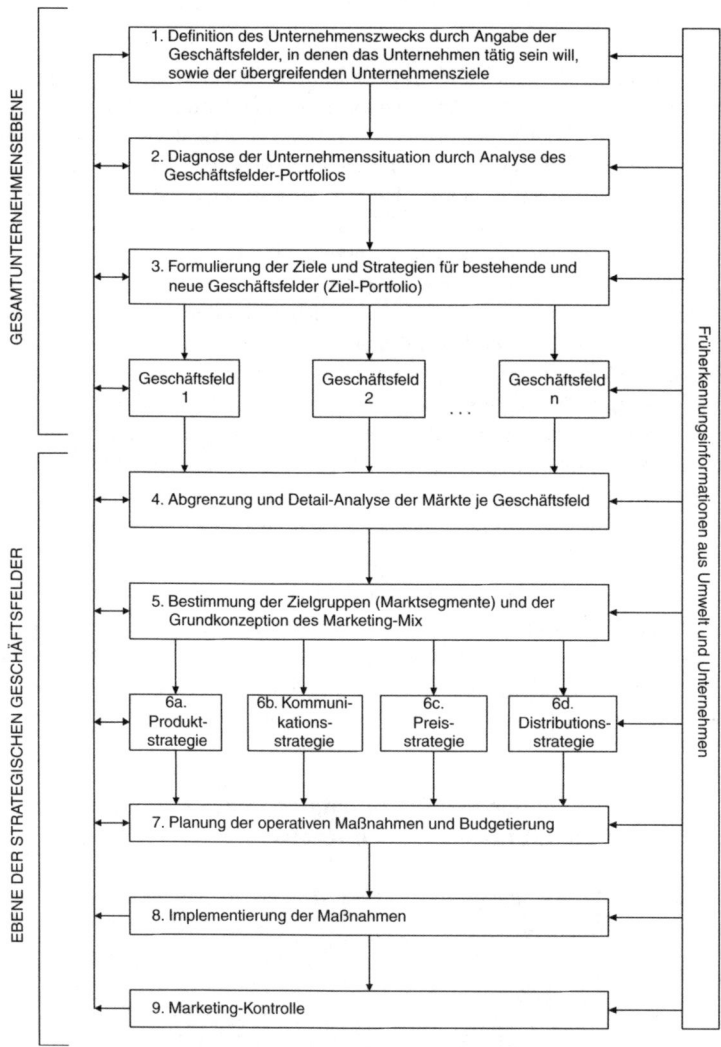

Abb. 3:   Aufgaben des strategischen und operativen Marketing

Die Informationsbereitstellung für strategische Entscheidungen erfolgt einerseits im Rahmen einer SWOT-Analyse (Strenghts/Weaknesses/Opportunities/Threats), wobei insbesondere Informationen über die Marktattraktivität (z. B. Marktvolumen, Marktwachstum, Anzahl der Wettbewerber, Exportchancen) sowie die Wettbewerbsstärke (z. B. Marktanteil, Produktqualität, Marketing-Budgets, Patente etc. im Vergleich zu den wichtigsten Konkurrenten) bereitzustellen sind (vgl. auch Köhler 1998, S. 25 ff.).

Zum anderen sind auf Geschäftsfeldebene Informationen für die Marktsegmentierung (soziodemographische, psychographische und verhaltensbezogene Merkmale), die Auswahl der Segmente (Nischenstrategie, Produkt- bzw. Marktspezialisierung, Gesamtmarktabdeckung) und das Positionierungskonzept (z. B. Qualitäts- oder Kostenführer) zu liefern. Diese Grundsatzentscheidungen bilden dann den Rahmen für die Konzipierung der Strategien im Bereich der Marketing-Instrumente. Lautet die strategische Generallinie z. B., dass eine Positionierung als Kostenführer im Gesamtmarkt anzustreben ist, so werden nun die erforderlichen Marketing-Maßnahmen in den Bereichen Produkt-, Kommunikations-, Preis- und Distributionspolitik entwickelt, die in Einklang mit diesem strategischen Vorhaben stehen. Beispiele sind die Entwicklung verbesserter Produktvarianten, die Durchführung einer neu konzipierten Werbekampagne, Sonderpreisaktionen sowie Verkaufsförderung im Handel. Hierzu werden detaillierte Marktinformationen benötigt, angefangen von möglichst umfassenden Beschreibungen der anvisierten Abnehmergruppen über die vermutlichen Reaktionen der Nachfrage, der Konkurrenz und des Handels bis hin zu Prognosen der Gesamtmarktentwicklung.

Operative Marketing-Entscheidungen betreffen sachlich und zeitlich eng begrenzte und daher leicht überschaubare Teilbereiche. Ein typisches Beispiel ist die Planung des kurzfristigen Produktions- und Absatzprogramms. Der Bedarf an Marktinformationen ist hier relativ gering und beschränkt sich meist auf regelmäßig erhobene Vergangenheitsdaten des Rechnungswesens und der Absatzstatistik.

1.2.3 Einteilung von Marktinformationen nach den Phasen des Marketing-Entscheidungsprozesses

Ein Marketing-Entscheidungsprozess lässt sich gedanklich in folgende Phasen einteilen (vgl. auch Witte 1972):

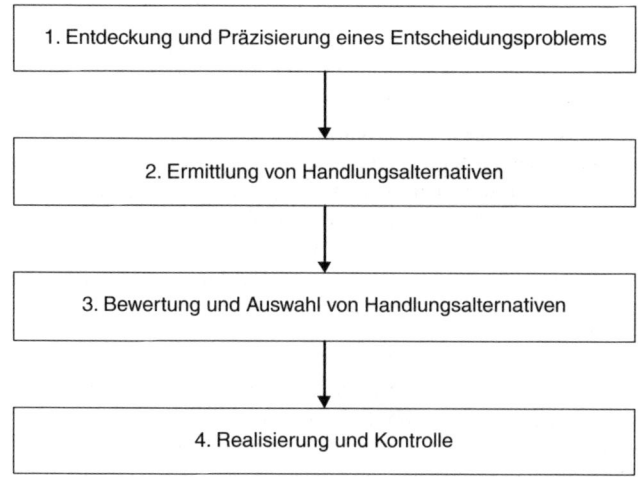

1. Entdeckung und Präzisierung eines Entscheidungsproblems

2. Ermittlung von Handlungsalternativen

3. Bewertung und Auswahl von Handlungsalternativen

4. Realisierung und Kontrolle

Abb. 4:   Phasen des Entscheidungsprozesses

In der *ersten Phase* besteht die Aufgabe der Marktforschung in einer planvollen und systematischen Überwachung der Unternehmensumwelt. Dies erfolgt zum einen durch laufende Soll-Ist-Vergleiche der erreichten Marktposition und der finanziellen Ergebnisse mit den *Marketing-Zielen* der vorangegangenen Planperiode. Eine systematische Entdeckung von Gefahren und Chancen für die Zielerreichung erfordert neben diesen *Kontrollinformationen* auch die Beschaffung von *Prognoseinformationen* über die *voraussichtliche Marktentwicklung*. Zudem sind Analysen und Prognosen der globalen Unternehmensumwelt durchzuführen.

Weisen akute Zielabweichungen oder Umweltentwicklungen auf ein Entscheidungsproblem hin, so ist häufig eine Klärung der *Ursachen* notwendig. Z.B. ist bei einem Marktanteilsrückgang nicht immer sofort ersichtlich, welche Gründe hierfür in Frage kommen. Die Marktforschung kann in diesem Falle zusätzliche Anhaltspunkte liefern, so dass die verantwortlichen Entscheidungsträger zu einer möglichst *präzisen Formulierung des Marketing-Entscheidungsproblems* gelangen können. So kann im obigen Beispiel eine mangelnde Förderung des Produkts im Handel für den Marktanteilsrückgang verantwortlich sein. Das Marketing-Entscheidungsprogramm besteht dann darin, durch entsprechende Maßnahmen den Handel zu einer verstärkten Unterstützung zu bewegen.

In der *zweiten Phase* des Marketing-Entscheidungsprozesses sind Informationen hinsichtlich der schon oben skizzierten Elemente „Handlungsalternativen", „Ergebnisse von Handlungsalternativen" sowie „Umweltsituationen" zu liefern.

27

Für die Suche nach Handlungsalternativen kommen als Informationsquellen Endabnehmer, Absatzmittler, Konkurrenzanalysen und Experten in Betracht. Der Schwerpunkt der Informationsgewinnung für die Alternativen*suche* liegt allerdings außerhalb des Aufgabenbereichs der Marktforschung. Hier ist insbesondere auf die kreativen Methoden der Ideenfindung hinzuweisen, mit deren Hilfe das Marketing-Management neue Marketing-Maßnahmen entwickeln kann. Zum Schwerpunkt der Marktforschungsarbeit zählt in der zweiten Phase des Entscheidungsprozesses jedoch die *Ermittlung der Konsequenzen von Marketing-Aktivitäten*. Hierzu sind oftmals umfassende *Wirkungsprognosen* notwendig. Daher wird häufig der testweise Einsatz der geplanten Maßnahmen im Rahmen von Labor- und/oder Feldexperimenten vorgenommen.

Darüber hinaus sind Prognoseinformationen darüber zu liefern, welche Umweltsituationen zum Zeitpunkt der Realisierung von Maßnahmen auftreten können. Hierbei interessiert vor allem, ob und *inwieweit* sich die Ergebnisse der Handlungsalternativen bei unterschiedlichen Umweltsituationen unterscheiden und mit welcher Umweltsituation am ehesten zu rechnen ist.

In der *dritten Phase* werden nun die Marketing-Maßnahmen im Hinblick auf ihre Zielerreichung vom Entscheidungsträger bewertet. Das Entscheidungsproblem ist gelöst, wenn eine Marketing-Maßnahme hinsichtlich des Ausmaßes der Zielerreichung von keiner anderen übertroffen wird.

In der *letzten Phase* kommt es zur Durchführung der Marketing-Maßnahmen. Die Marktforschung liefert nun die *Kontrollinformationen*, die einen Soll-Ist-Vergleich ermöglichen. Bei Abweichungen wird wiederum ein neuer Entscheidungsprozess ausgelöst.

Wie man sieht, variiert der Bedarf an Marktinformationen je nachdem, welches Element und welche Phase eines strategischen oder operativen Marketing-Entscheidungsproblems betrachtet wird. In einer konkreten Entscheidungssituation sind die hier isoliert aufgeführten Betrachtungsebenen soweit möglich miteinander zu verknüpfen, um den jeweiligen Bedarf an Marktinformationen hinreichend zu charakterisieren. So ist es beispielsweise denkbar, dass für ein *strategisches* Marketing-Entscheidungsproblem in der *zweiten Phase* des Entscheidungsprozesses Informationen über die Elemente „Handlungsalternativen" und deren „Konsequenzen" zu liefern sind. Ein ganz anderer Fall liegt vor, wenn im Rahmen der *operativen Marketing-Kontrolle* routinemäßig Daten über die Absatzmengen erhoben werden. Hier sind die Gesichtspunkte „operatives Entscheidungsproblem", „Kontrollphase" und „realisierte Handlungskonsequenzen" miteinander verknüpft.

Die Zusammenhänge sowie die Rolle weiterer Informationsgrundlagen neben der Marktforschung verdeutlicht Abb. 5:

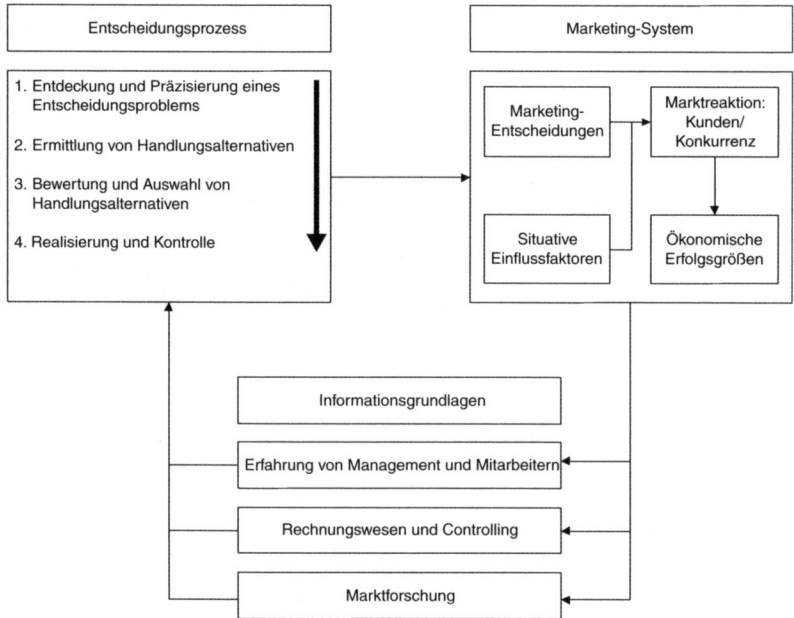

Abb. 5: Die Rolle der Marktforschung im Marketing-Managementprozess (nach Kinnear/Taylor 1996, S. 17)

Wurde ein irgendwie gearteter Informationsbedarf festgestellt, so setzt nun innerhalb der Marktforschung eine Abfolge von Arbeitsschritten ein, um diesen Bedarf zu befriedigen. Hierauf ist im Folgenden einzugehen.

1.3 Phasen des Marktforschungsprozesses

Jeder Forschungsprozess und damit auch ein Marktforschungsprojekt lässt sich als Abfolge von Arbeitsschritten darstellen. In der nachfolgenden Abbildung werden sieben Phasen unterschieden (vgl. zu ähnlichen Phasenschemata Selltiz u. a. 1972, S. 16 ff.; Churchill/Iacobucci 2002, S. 54 ff.; Kinnear/Taylor 1996, S. 64 ff.; Nieschlag/Dichtl/Hörschgen 2002, S. 387 ff.):

29

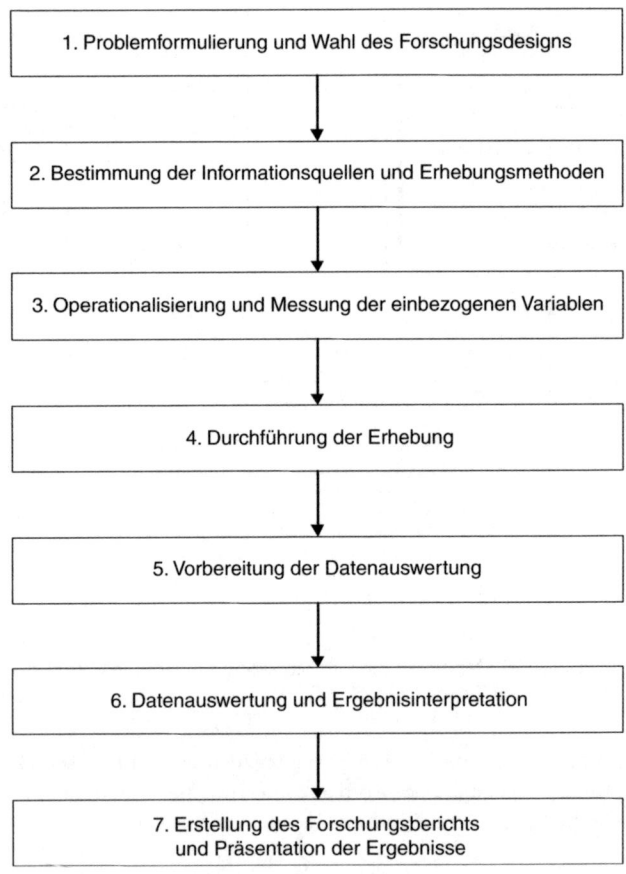

```
┌─────────────────────────────────────────────────────────────┐
│ 1. Problemformulierung und Wahl des Forschungsdesigns       │
└─────────────────────────────────────────────────────────────┘
                            │
                            ▼
┌─────────────────────────────────────────────────────────────┐
│ 2. Bestimmung der Informationsquellen und Erhebungsmethoden │
└─────────────────────────────────────────────────────────────┘
                            │
                            ▼
┌─────────────────────────────────────────────────────────────┐
│ 3. Operationalisierung und Messung der einbezogenen Variablen│
└─────────────────────────────────────────────────────────────┘
                            │
                            ▼
┌─────────────────────────────────────────────────────────────┐
│ 4. Durchführung der Erhebung                                 │
└─────────────────────────────────────────────────────────────┘
                            │
                            ▼
┌─────────────────────────────────────────────────────────────┐
│ 5. Vorbereitung der Datenauswertung                          │
└─────────────────────────────────────────────────────────────┘
                            │
                            ▼
┌─────────────────────────────────────────────────────────────┐
│ 6. Datenauswertung und Ergebnisinterpretation                │
└─────────────────────────────────────────────────────────────┘
                            │
                            ▼
┌─────────────────────────────────────────────────────────────┐
│ 7. Erstellung des Forschungsberichts                         │
│    und Präsentation der Ergebnisse                           │
└─────────────────────────────────────────────────────────────┘
```

Abb. 6: Phasen des Marktforschungsprozesses

Bei den hier aufgeführten Arbeitsschritten handelt es sich nicht um eine logische Anordnung, die in einer strengen Reihenfolge zu durchlaufen ist. Vielmehr stellt das Schema lediglich eine Orientierungshilfe dar, die schon zu Beginn eines Marktforschungsprojektes aufzeigt, welche Aspekte in systematischer Weise zu berücksichtigen sind. Das Schema geht davon aus, dass der *Informationsbedarf* aus dem jeweiligen *Marketing-Entscheidungsproblem* abzuleiten ist. Bei geringem Kenntnisstand über das zu lösende Entscheidungsproblem ist ein möglichst *flexibler Marktforschungsprozess* in die Wege zu leiten (so genannte *explorative Forschung*), während bei genauer Kenntnis ein detaillierter Marktforschungsplan erstellt werden kann, in dem festgehalten wird, welche Daten auf welchem Wege zu erheben und auszuwerten sind. Als Forschungsdesigns kommen hierbei die *deskriptive* oder die *experimentelle Forschung* in Frage.

Durch die Wahl des Forschungsdesigns werden die weiteren Forschungsschritte wesentlich geprägt. Während bei explorativer Forschung der Schwerpunkt auf der Analyse bereits vorliegender interner und externer *Informationsquellen* liegt (*Sekundärforschung*), stehen bei deskriptiven und experimentellen Designs Methoden der Beobachtung und Befragung im Vordergrund (*Primärforschung*).

Methoden der Primärforschung sind Bestandteil von Messvorgängen, bei denen den interessierenden Eigenschaften der Messobjekte (z. B. Verbraucher, Einzelhandelsgeschäfte etc.) Symbole (meist Zahlen) zugeordnet werden. Dies setzt eine *operative Definition* der zu erhebenden Eigenschaften und die präzise Angabe der Maßnahmen zu ihrer Messung voraus.

Der Erstellung des Fragebogens bzw. des Beobachtungsschemas folgt die *Durchführung der Erhebung*. Dabei ist u. a. die Grundgesamtheit abzugrenzen, es sind die zu befragenden bzw. zu beobachtenden Objekte zu bestimmen, die Interviewer zu schulen und schließlich die Daten zu erheben.

Nach der *Aufbereitung* und *Übertragung* der Daten auf den Computer schließt sich die statistische *Datenanalyse* an. Schließlich findet das Projekt mit der *Ergebnispräsentation* seinen Abschluss.

Daneben ist es denkbar, dass der Marktforschungsprozess zur Befriedigung des vorhandenen Informationsbedarfs mehrfach zu durchlaufen ist, wenn z. B. zunächst eine Vorstudie erste Erkenntnisse liefern soll, um anschließend eine Hauptuntersuchung folgen zu lassen. Die nachfolgenden Ausführungen sind der ausführlichen Behandlung der einzelnen Phasen des Marktforschungsprozesses gewidmet.

2 Formulierung des Forschungsproblems und Wahl des Forschungsdesigns

Der erste Schritt des Marktforschungsprozesses beinhaltet eine möglichst präzise Beschreibung des Marktforschungsproblems. Anschließend ist zu überprüfen, ob und durch welches Forschungsdesign der so beschriebene Informationsbedarf zu befriedigen ist.

2.1 Formulierung und Beurteilung des Marktforschungsproblems

2.1.1 Marketing-Entscheidung und Marktforschungsproblem

Der Wissensstand der Entscheider kann bzgl. des Entscheidungsproblems beträchtlich variieren. Seine Bandbreite reicht vom bloßen Gefühl einer möglichen Chance bzw. Bedrohung bis hin zu ganz konkreten Vorstellungen hinsichtlich der zur Verfügung stehenden Handlungsalternativen, den in Frage kommenden Umweltsituationen und den Konsequenzen der Alternativen. Die an das Marketing-Entscheidungsproblem anknüpfende Formulierung des Marktforschungsproblems, d. h. die Fixierung der Marktforschungsziele und die Angabe der gewünschten Informationen, ist mit *der wichtigste Arbeitsschritt im gesamten Forschungsprozess*. Fehler, die hier gemacht werden, lassen sich auch nicht durch eine noch so gewissenhaft betriebene Datenerhebung und -auswertung beheben.

Häufig ist jedoch festzustellen, dass trotz vager Vorstellungen hinsichtlich der zu lösenden Entscheidungen voreilig aufwendige Marktforschungsprojekte in die Wege geleitet werden. Dabei besteht die Gefahr, dass irrelevante Forschungsziele anvisiert und unbrauchbare Informationen geliefert werden.

2.1.2 Entdeckung und Präzisierung des Marketing-Entscheidungsproblems

Lange Zeit wurde die Entdeckung von Marketing-Entscheidungsproblemen lediglich als Kontrollproblem verstanden, denn Veränderungen in der Unternehmensumwelt schlagen sich früher oder später in routinemäßig erfassten Daten des Rechnungswesens und der Absatzstatistik nieder.

Diese Denkhaltung birgt zwei Gefahren: Zum einen verkürzt sich durch die recht späte Problementdeckung die verbleibende Reaktionszeit zur Abwehr einer sich anbahnenden Krise. Zum anderen werden auf diesem Wege oft nur Bedrohungen für das Unternehmen erkannt (vgl. Kirsch/Trux 1979, S. 50). Günstige Marktgegebenheiten, deren Ausnutzung zu einer höheren Zielerreichung als vorgesehen führen können, werden auf diese Weise kaum erfasst.

In diesem Zusammenhang werden, neben den traditionellen Ansätzen zur Markt- und Absatzprognose, in jüngerer Zeit die Möglichkeiten von Frühaufklärungssystemen diskutiert, die der frühzeitigen Feststellung von Chancen und Problemen dienen (vgl. Ansoff 1976; Müller-Merbach 1977; Kühn/Walliser 1978; Rieser 1980; Hahn/Krystek 1979; Albach u. a. 1979; Müller 1981; Böhler 1983, Böhler 1993) und im Idealfall auch schon auf die Ursachen und Lösungen des Problems hinweisen sollen. Die Feststellung einer Zielabweichung (z. B. Marktanteilsrückgang) im Rahmen der Marketing-Kontrolle oder einer voraussichtlich auftretenden Bedrohung bzw. einer Chance (etwa Erfindungen im Bereich der Grundlagenforschung) deutet zwar auf ein Marketing-Entscheidungsproblem hin. Oft ist der Entscheidungsträger aufgrund seines geringen Informationsstandes jedoch noch nicht in der Lage, die konkrete Entscheidungsaufgabe zu spezifizieren. Die Marktforschung hat deshalb die Aufgabe, durch *explorative Forschung* die Hintergründe der Zielabweichung aufzudecken bzw. weitere Hinweise für die Abwehr der Bedrohung oder für die Chancennutzung zu liefern. Hilfreich sind in dieser Situation die Analyse von internem und externem Datenmaterial sowie die Expertenbefragung. Anschließend kann eine präzise Beschreibung des Marketing-Entscheidungsproblems erfolgen.

2.1.3 Formulierung des Marktforschungsproblems

Das Marktforschungsproblem ist hinreichend formuliert, wenn das Forschungsziel und der Informationsbedarf nach „Art, Qualität und Ausmaß" (Hammann/Erichson 2000, S. 53 ff.) festgelegt sind. Oft handelt es sich dabei um eine bloße Wiederholung des Marketing-Entscheidungsproblems. Besteht z. B. das Entscheidungsproblem in der Wahl zwischen zwei Neuproduktvorschlägen, so lautet das Marktforschungsproblem „Bewertung alternativer Neuproduktvorschläge". Nicht selten liegen aber komplexere Entscheidungsprobleme vor. Wurde z. B. innerhalb der Problementdeckung und -präzisierung festgestellt, dass sich das alte Produkt in der Degenerationsphase seines Lebenszyklus befindet, so können mehrere Forschungsziele und umfangreiche Informationsbedürfnisse in die Formulierung des Marktforschungsproblems aufgenommen werden.

Die Liste der Forschungsziele beginnt z. B. mit dem Ziel, Marktnischen aufzuspüren, deren Aufnahmefähigkeit festzustellen sowie Anregungen für die Produktgestaltung zu liefern, und endet damit, dass Neuproduktalternativen sowie Werbekampagnen und verschiedene Preishöhen zu bewerten sind.

Die soeben skizzierte Aufgabe, dass am Anfang eines Marktforschungsprozesses eine präzise Formulierung des Marketing-Entscheidungs- und des Marktforschungsproblems zu erstellen sei, wird in der Wissenschaftstheorie unter dem Begriff der *Hypothesenformulierung* diskutiert. Da die dort aufgestellten Prinzipien zur Hypothesenformulierung von höchster Bedeutung für die Definition von Marktforschungsproblemen sind, ist in aller Kürze darauf einzugehen.

Hypothesen lassen sich gewissermaßen als Forschungsziele betrachten, die in die Form einer *Behauptung* gekleidet sind. Ein typisches Beispiel sind so genannte „Wenn-Dann-Aussagen" der Art „Wenn das Werbebudget um 10 % erhöht wird, dann steigt im gleichen Zeitraum der Marktanteil um 1 %".

Die Wissenschaftstheorie stellt nun inhaltliche und formale Anforderungen an die Hypothesenformulierung und Hypothesenüberprüfung, die sicherstellen sollen, dass die aufgestellten Behauptungen in intersubjektiv befriedigender Weise nachgeprüft werden können. Was die *Hypotheseninhalte* anbelangt, so trifft man immer wieder die Forderung, dass „Wenn-Dann-Aussagen" aufzustellen sind, da nur hierdurch die *Erklärung*, *Prognose* und damit die *Unterstützung von Entscheidungen* möglich ist. Letztlich wird also die Formulierung und Überprüfung von Hypothesen über Ursache-Wirkungsverhältnisse gefordert. Zwischen diesen Forderungen der Wissenschaftstheorie und der Realität der Forschungspraxis klafft jedoch eine erhebliche Lücke (vgl. u. a. Hartmann 1972, S. 89 ff.):

Die verfügbaren Mittel, die Beschaffenheit der Daten und die technische Ausstattung des Forschers erlauben nicht immer die Aufstellung und *experimentelle* Überprüfung von *kausalen Hypothesen*. Oftmals sind diese Behauptungen nur durch deskriptive Designs, d. h. durch die statistische Analyse von korrelativen Beziehungen überprüfbar. Daneben interessieren in der Marktforschungspraxis nicht nur Beziehungen zwischen Variablen. Recht häufig werden auch so genannte „*deskriptive* Hypothesen" formuliert, die sich auf die Ausprägungen eines einzelnen oder auch mehrerer Merkmale beziehen. Dies ist z. B. der Fall, wenn es um die Beschreibung von Markttatbeständen geht, etwa wenn die demographischen, sozioökonomischen und psychologischen Merkmalsausprägungen von Käufern zu erheben sind, oder wenn die Höhe des Marktvolumens ermittelt werden soll.

Noch weiter vom wissenschaftstheoretischen Forschungsideal entfernt befindet man sich, wenn das Entscheidungsproblem nur sehr vage bekannt ist. Hier dient die explorative Forschung ja erst dem Zweck der *Hypothesenfindung*. Was vom wissenschaftstheoretischen Forschungsideal für die Formulierung des Marktforschungsproblems übrig bleibt, ist somit die Forderung, dass nach Abschluss der explorativen Phase von deskriptiven oder kausalen Hypothesen auszugehen ist. Denn unpräzise oder fehlende Hypothesen verhindern nicht nur die angemessene statistische Überprüfung der Ergebnisse, sie ermöglichen zugleich jedwede Manipulation durch den Forscher. Dies ist insbesondere der Fall, wenn zuerst alle möglichen Analysen durchgeführt werden, bis man halbwegs „plausible" und „signifikante" Ergebnisse gefunden hat. Für diese Ergebnisse werden dann nur noch die bereits „bestätigten" Hypothesen gesucht (vgl. Bortz 1999, S. 2).

Sind das Marktforschungsproblem und die damit einhergehenden Hypothesen formuliert, so ist nun zu entscheiden, ob und in welchem Umfang der festgestellte Informationsbedarf durch die Marktforschung zu befriedigen ist.

2.1.4 Bewertung und Auswahl von Marktforschungsprojekten

Marktforschungsprojekte, die nicht ausschließlich auf bereits vorliegende Daten zurückgreifen können, verursachen hohe Kosten. Es liegt daher nahe, Projektanträge einer formalen Bewertung zu unterziehen, bei denen *Wert und Kosten der Marktforschung* einander gegenübergestellt werden. Während die Kosten der Informationsbeschaffung relativ einfach zu berechnen sind, lässt sich der Wert der durch Marktforschung zu liefernden Informationen nur durch eine Reihe restriktiver Annahmen abschätzen (vgl. Kinnear/Taylor 1996, S. 100).

Eine Möglichkeit zur Bestimmung des *Informationswertes* von Marktforschungsprojekten bietet die nach dem englischen Pfarrer Thomas Bayes benannte *Bayes-Analyse*, deren Verbreitung in der wirtschaftswissenschaftlichen Fachwelt vor allem auf Schlaifer (1959) zurückgeht (vgl. u. a. Green/Tull 1982, S. 33 ff.; Topritzhofer 1972, S. 302 ff.; Berekoven/Eckert/Ellenrieder 2001, S. 30 ff.; Hüttner 1979, S. 13 ff.; Hammann/Erichson 2000, S. 55; Uebele 1981, S. 38).

Um den Informationswert mit Hilfe der Bayes-Analyse abschätzen zu können, werden hohe Anforderungen an die Formulierung des Marketing-Entscheidungsproblems gestellt: Es müssen die in Frage kommenden Handlungsalternativen, die Umweltsituationen und deren Eintrittswahrscheinlichkeiten sowie die in Geld bewerteten Ergebnisse der Handlungsalternativen bei verschiedenen Umweltsituationen angegeben werden. Ohne Durchführung eines Marktforschungsprojekts wird jene Handlungsalternative gewählt, die den *höchsten Erwartungswert* aufweist. Wird zur Verbesserung des Informationsstandes ein Marktforschungsprojekt erwogen, so kann mit Hilfe des Bayes-Ansatzes der *Erwartungswertzuwachs* ermittelt werden, den die zusätzlichen Informationen erbringen. Ist dieser Wert der Informationen höher als die Kosten ihrer Beschaffung, so lohnt sich die Realisierung des Marktforschungsvorhabens.

Auf die Darstellung des Formelapparates wird hier verzichtet und statt dessen auf Schlaifer 1971; Raiffa 1973; Menges 1969; Enis/Broome 1973 sowie die hierzu bereits zitierte Literatur verwiesen.

Praktisch scheitert die Anwendung der Bayes-Analyse häufig daran, dass die Entscheider nicht in der Lage oder nicht bereit sind, Handlungsalternativen, Umweltsituationen, Konsequenzen und Wahrscheinlichkeiten zu schätzen. Des Weiteren ist das Instrumentarium nur für eine ganz bestimmte Klasse von Marktforschungsproblemen anwendbar; sollen z. B. Informationen über Zielgruppen oder Kontrollinformationen eingeholt werden, so entfällt diese Möglichkeit der Informationsbewertung. Letztlich ist das Konzept der Bayes-Analyse mit seiner Erwartungswertberechnung bei wohldefinierten Entscheidungsproblemen zu restriktiv. Tatsächlich liefern die zu beschaffenden Marktforschungsinformationen zumeist auch Hinweise auf neue Handlungsalternativen und bislang noch nicht berücksichtigte Umweltsituationen; damit verändert sich jedoch die ursprüngliche Definition des Entscheidungsproblems (vgl. zu diesen Problemen Hüttner 1979, S. 18 sowie Uebele 1981, S. 24 ff.).

Somit beschränkt sich der Wert des Bayes-Ansatzes hauptsächlich darauf, dass er Entscheider und Marktforscher zwingt, sich systematischere und logisch widerspruchsfreiere Gedanken über das zu lösende Marketing-Entscheidungsproblem und das geplante Marktforschungsprojekt zu machen als sie es üblicherweise gewohnt sind (vgl. auch Krautter 1977). In diesem Sinne ist u. U. die Anwendung der Bayes-Analyse bei Entscheidungen mit weitreichenden Konsequenzen zu empfehlen. Wenn nun wie in den meisten Fällen der Informationswert von Marktforschungsprojekten nicht in Geldeinheiten bewertet werden kann, so sind Ersatzkriterien heranzuziehen. Hierzu bieten sich Checklisten an, die sich aus wichtigen Bewertungskriterien zusammensetzen, wie

- Klarheit der Marketing-Problemformulierung;
- Wichtigkeit des Marketing-Problems;
- Formulierung der Forschungsziele und des Informationsbedarfs;
- Forschungsdesign;
- Erhebungsmethoden;
- Auswertungsmethoden;
- Kosten und Zeitdauer;
- Anwendungsbreite und Wichtigkeit der Informationen für das Marketing usw.

(vgl. hierzu Adler/Mayers 1977, S. 155 ff.).

Diese Kriterien können entweder auf einer von „sehr gut" bis „sehr schlecht" reichenden Skala eingestuft werden, oder man zieht *Punktbewertungsmodelle* heran, bei denen für jedes Kriterium ein Punktwert vergeben wird. Der Gesamtpunktwert ergibt sich dann durch Addition der Einzelpunktwerte, wobei zuvor auch noch eine Gewichtung der einzelnen Kriterien vorgenommen werden kann (vgl. dazu z. B. Nieschlag/Dichtl/Hörschgen 2002, S. 307 f.).

2.2 Wahl des Forschungsdesigns

Jedes Forschungsvorhaben ist durch die Forschungsziele und die herangezogenen Untersuchungsmethoden charakterisiert. Trotz der großen Vielfalt lassen sich drei typische Forschungsansätze unterscheiden:

* die explorative Forschung,
* die deskriptive Forschung,
* die experimentelle bzw. quasi-experimentelle Forschung.

2.2.1 Explorative Forschung

Die explorative Forschung wird bei geringem Kenntnisstand zur Gewinnung zusätzlicher Einsichten zum Forschungsproblem herangezogen. Im Wesentlichen werden mit ihr folgende Forschungsziele angestrebt:

* Präzisierung von Marketing-Entscheidungs- und Marktforschungsproblemen (Hypothesenfindung),
* Prioritätensetzung für die Projektauswahl,
* Anhaltspunkte für die Projektabwicklung.

Obwohl in dieser „vorwissenschaftlichen Erkundungsphase" ein hohes Maß an Flexibilität und Kreativität der Marktforscher erforderlich ist, haben sich die Sekundärforschung und die Expertenbefragung für die explorative Marktforschung bewährt (vgl. Selltiz u. a. 1972, S. 66 ff.).

2.2.1.1 Sekundärforschung

Hilfreich ist zunächst die Sichtung bereits vorliegender Forschungsergebnisse zu früheren ähnlichen Problemfeldern sowie die Auswertung von internen und externen Datenquellen (Außendienstberichte, Datenbanken, Statistiken etc.).

Das *Literaturstudium* sowie die *Analyse bereits vorliegender interner und externer Daten* sollten stets den ersten Untersuchungsschritt eines Forschungsvorhabens bilden. Hierdurch lassen sich schnell und mit geringen Kosten zusätzliche Einsichten hinsichtlich der Ursachen des Problems, der in Frage kommenden Handlungsalternativen und für die weitere Projektgestaltung gewinnen.

Mitunter ist auch die Analyse einzelner Fälle hilfreich. Hierzu zählt z. B. die Sichtung von Berichten über sehr erfolgreiche Marketing-Aktionen in der Praxis oder, was noch aufschlussreicher sein kann, das Studium aufsehenerregender Misserfolge.

Hinweise lassen sich zudem im eigenen Unternehmen durch Vergleich von erfolgreichen und weniger erfolgreichen Marketing-Maßnahmen in der Vergangenheit erarbeiten.

2.2.1.2 Expertenbefragung

Bei bedeutenden Forschungsvorhaben oder relativ neuartigen Problemstellungen genügt die Sichtung vorhandenen Materials nicht. Wertvolle Anregungen lassen sich dann durch die *Expertenbefragung* gewinnen. Als Auskunftspersonen kommen Mitglieder des Unternehmens, Vertreter des Handels und auch Personen in Frage, die selbst auf demselben oder einem verwandten Gebiet forschen. Bei der Auswahl sollte darauf geachtet werden, dass eine eventuell bestehende Meinungsvielfalt hinreichend erfasst wird. Unter Umständen sind auch „Außenseiter" zu befragen, deren Ansichten nicht in das etablierte Weltbild passen, da gerade hierdurch neue Einsichten gewonnen werden können. Als Befragungsstrategie empfiehlt sich das unstrukturierte persönliche („Tiefen")Interview, weil dabei die Auskunftspersonen auf Gesichtspunkte eingehen können, die der Forscher nicht von vornherein in Erwägung gezogen hatte (vgl. Kinnear/Taylor 1996, S. 304 ff.).

2.2.2 Deskriptive Forschung

Die Forschungsziele deskriptiver Studien lassen sich in drei Kategorien einteilen (vgl. Selltiz u. a. 1972, S. 53 f.):

- Beschreibung von Markttatbeständen und Ermittlung der Häufigkeit ihres Auftretens (z. B. „Wie viele Konsumenten kaufen Handelsmarken, wie viele Premiummarken?");
- Ermittlung des Zusammenhangs zwischen Variablen (z. B. „Führt eine Preissenkung zu einem höheren Marktanteil?");
- Prognosen (z. B. „Wie hoch wird der Neuwagenkauf nächstes Jahr sein?").

Obwohl hier eine beträchtliche Vielfalt an Forschungszielen auftritt, haben die hierdurch charakterisierten deskriptiven Forschungsvorhaben einiges gemeinsam: Sie gehen von einem genau festgelegten Forschungsziel und den zu beschaffenden Informationen aus. Dies unterscheidet sie von explorativen Vorhaben. Im Gegensatz zu diesen wird demnach auch nicht große Flexibilität bei der Vorgehensweise, sondern hohe Genauigkeit der Ergebnisse gefordert. Bei deskriptiver Forschung wird daher ein sehr detaillierter Marktforschungsplan erstellt, so dass bei einem gegebenen Budget Ergebnisse erzielt werden, die einen möglichst niedrigen „Gesamtfehler" aufweisen (zum Gesamtfehler vgl. Kap. 5.3.5).

Auch die Methoden der Informationsbeschaffung unterscheiden sich teilweise von jenen der explorativen Forschung: Im Vordergrund steht die standardisierte Befragung bzw. Beobachtung möglichst repräsentativer Teilerhebungen aus der Grundgesamtheit. Daneben kommt noch die systematische (statistische) Analyse von Sekundärdaten, insbesondere von Paneldaten, in Betracht.

Je nachdem, ob diese Daten zu verschiedenen Zeitpunkten wiederholt erhoben werden oder ob sie nur zu einem bestimmten Zeitpunkt erfasst werden, unterscheidet man zwei verschiedene deskriptive Forschungsanordnungen, nämlich

- die Querschnittanalyse und
- die Längsschnittanalyse

(vgl. Kinnear/Taylor 1996, S. 131 ff.).

2.2.2.1 Querschnittanalysen

Querschnittanalysen stellen den Hauptteil aller deskriptiven Forschungsprojekte bzw. der Marktforschung überhaupt dar. Es handelt sich hierbei um Daten, die sich nur auf einen bestimmten Zeitpunkt beziehen. Zumeist wird dabei nur ein Teil der interessierenden Grundgesamtheit befragt oder beobachtet. Querschnittanalysen sind daher besonders nützlich, wenn es um die Beschreibung von Markttatbeständen geht (z. B. Zielgruppenbeschreibungen).

2.2.2.2 Längsschnittanalysen

Bei *Längsschnittanalysen* werden demgegenüber die Daten zu verschiedenen Zeitpunkten wiederholt erhoben. Hierdurch lassen sich Marktveränderungen verfolgen. Dabei kann es sich um den Markenwechsel von Verbrauchern, um Einstellungsänderungen, um die Entwicklung von Bekanntheitsgrad, Slogankenntnis, Absatzmengen, Distributionskennziffern, Marktanteilen usw. handeln. Darüber hinaus können diese Veränderungen in Beziehung zu Änderungen der Marketing-

Instrumente oder zu Änderungen des Konkurrenzverhaltens, der gesamtwirtschaftlichen Situation usw. gesetzt werden.

Eine besonders gut geeignete Forschungsanordnung für Längsschnittanalysen ist das Panel. Hierbei wird dieselbe Stichprobe von Konsumenten (bzw. Handelsgeschäften) wiederholt in regelmäßigen Zeitabständen bezüglich des gleichen Untersuchungsgegenstandes befragt oder beobachtet (vgl. dazu Kap. 3.2.1).

Deskriptive Forschungsanordnungen, insbesondere in Form der Längsschnittanalyse, erlauben neben der Kontrolle von Marktveränderungen und der Prognose auch schon eine vorsichtige Abschätzung des Einflusses, den Marketing-Maßnahmen auf abhängige Variablen wie Absatzmenge oder Marktanteil haben. Allerdings sind auf Korrelationsanalysen aufbauende Schlüsse über Ursache-Wirkungsverhältnisse nur mit äußerster Vorsicht zu behandeln, da eine Vielzahl von nicht beachteten Faktoren auf die abhängige Variable eingewirkt haben können. Jedoch lassen sich bestimmte Forschungsanordnungen im Rahmen von Panels verwirklichen, die aufgrund der Kontrolle möglicher Störfaktoren schon als „quasi-experimentelle" Designs bezeichnet werden können.

2.2.3   Experimentelle und quasi-experimentelle Forschung

Ziel *experimenteller* und *quasi-experimenteller* Forschungspläne ist die Aufdeckung von Ursache-Wirkungsverhältnissen. Von der explorativen Forschung unterscheiden sie sich durch das Vorliegen ganz präziser Forschungsziele (Hypothesen), von deskriptiven Forschungsvorhaben, die ebenfalls Zusammenhänge überprüfen wollen, durch die Kontrolle von störenden Einflussfaktoren. Synonym zum Begriff des Experiments wird in der Praxis auch vom „Kontrollierten Test" gesprochen.

2.2.3.1   Experimentbegriff

Ein Experiment dient der Überprüfung einer *Kausalhypothese*, wobei *eine* oder *mehrere* unabhängige Variable(n) *durch den Experimentator* – bei *gleichzeitiger Kontrolle* aller anderen Einflussfaktoren – variiert werden, um die Wirkung der unabhängigen auf die abhängige(n) Variable(n) messen zu können (vgl. Greenwood 1965, S. 177; Siebel 1965, S. 12 ff.; Zimmermann 1972, S. 37 f.).

Ein Experiment ist damit durch folgende Merkmale gekennzeichnet:

1. Es liegt eine Kausalhypothese vor. Diese besteht im einfachsten Fall in der Behauptung, dass eine Variable eine andere Variable beeinflusst. Ein Beispiel ist die Behauptung, dass eine 5 %ige Erhöhung des Werbebudgets zu einer 25 %igen Umsatzsteigerung führt.

2. Es wird der Einfluss einer oder mehrerer unabhängiger Variablen (z. B. unterschiedliche Preise, Verpackungsentwürfe, Werbeanzeigen) auf eine oder mehrere abhängige Variablen (Zahl der Verkäufe, Erinnerungswirkung, Einstellung) überprüft (vgl. demgegenüber Greenwood 1965, S. 177).

3. Der Experimentator variiert die Unabhängige(n) (Experimentfaktor[en]) und kontrolliert zugleich alle übrigen „Störfaktoren" (z. B. Konkurrenzeinflüsse, Aktionen des Handels), die ebenfalls einen Einfluss auf die Abhängige ausüben können.

Die nachfolgende Diskussion der verschiedenen „Experimentanordnungen" wird zeigen, dass sich diese im Ausmaß der Kontrolle von Störfaktoren unterscheiden. Dabei wird festzustellen sein, dass in Literatur und Praxis häufig von „Experimenten" gesprochen wird, die nach der hier vertretenen strengen Definition keine sind, weil es bei ihnen an den entsprechenden Kontrollvorkehrungen fehlt. An dieser Stelle ist nochmals zu betonen, dass das Experiment hier als *eine besondere Form der Forschungsplanung* betrachtet wird, die sich von der *explorativen* und *deskriptiven* Forschung durch die Kontrolle der Experimentstimuli und der Störfaktoren unterscheidet. Als *Techniken der Datenerhebung* kommen auch bei dieser Form der Forschungsplanung die Befragung oder die Beobachtung in Betracht. Die häufig vorzufindende Einteilung der Erhebungstechniken in Befragung, Beobachtung und Experiment geht daher an der Natur der Sache vorbei.

2.2.3.2 Marketing-Maßnahmen als Experimentstimuli

Experimente unterscheiden sich nach der Art und Anzahl der als Experimentstimuli eingesetzten Marketing-Maßnahmen.

Produktpolitische Maßnahmen

Im Rahmen der Produktpolitik unterscheidet man *Partialtests*, bei denen nur einzelne Komponenten des Produkts (z. B. Verpackung, Markenname, Geschmack, Geruch, Farbe, Gebrauchsanweisung etc.) überprüft werden und *Volltests*, bei denen das gesamte Produkt durch die Experimentteilnehmer beurteilt werden muss.

Produkttests lassen sich in allen Phasen des Produktentwicklungsprozesses einsetzen. Dies beginnt zumeist mit der experimentellen Überprüfung von nur verbal und bildlich umschriebenen Produktalternativen im Rahmen so genannter *Konzepttests*. Im weiteren Verlauf werden bereits realisierte Produktkomponenten (Geschmack von Nahrungsmitteln, Verständlichkeit von Gebrauchsanweisungen, Akzeptanz von Markennamen, Ausgestaltung von PKW Innenräumen etc.) einem Test unterzogen.

Ist das Produkt einführungsreif, so kann es einem *Einzel-* oder einem *Vergleichstest* (neben den relevanten Konkurrenzprodukten) unterzogen werden.

Kommunikationspolitische Maßnahmen

In der Werbeerfolgsprognose können *einzelne Bestandteile eines Werbemittels* (unterschiedliche Anordnungen von Bild und Text, Wirkung von Jingles, alternative Slogans etc.) und auch das *gesamte Werbekonzept* (Anzeigen, Rundfunk- und Fernsehspots, Plakate, Webbanner) experimentell überprüft werden. Letztlich können auch die ökonomischen Wirkungen (Absatz, Umsatz, Marktanteil) alternativer Streupläne und Werbebudgets abgeschätzt werden.

Preispolitische Maßnahmen

In der Preispolitik können *einzelne Entscheidungstatbestände* (alternative Preise, runde versus gebrochene Preise, Maßnahmen der Preispolitik) untersucht werden. Des Weiteren lassen sich *ganze Preissysteme* (Maßnahmen der Preisdifferenzierung, der Preisbündelung, Rabattsysteme) testen.

Distributionspolitische Maßnahmen

Das Spektrum distributionspolitischer Experimente reicht von der Wahl verschiedener Betriebsformen im Absatzweg über die Fragen der Zusammenstellung der Warencategory bis hin zur Optimierung des Regalplatzes, der Überprüfung von POS-Maßnahmen, der Besuchshäufigkeit von Außendienstmitarbeitern und zur Wirkungsmessung verschiedener Distributionsformen (z. B. E Commerce gegenüber dem traditionellen Vertrieb im Einzelhandel).

Überprüfung des Marketing-Mix

Selbstverständlich können die hier erwähnten Marketing-Instrumente auch als Marketing-Mix in verschiedenen Phasen des Planungsprozesses in ihrer Gesamtwirkung analysiert werden (sei es als Konzepttest oder zur Überprüfung des Marketing-Mix vor der Markteinführung).

2.2.3.3 Experimentelle Versuchspläne

Im Folgenden werden nun vier wichtige Experimentdesigns vorgestellt, die in der Literatur häufig auch als „echte", „formale" oder auch „vollständige" Experimentdesigns bezeichnet werden, um sie von Versuchsplänen zu unterscheiden, die die Bedingungen eines Experiments nicht erfüllen (vgl. auch Aaker/Day/ Kumar 2001, S. 337 ff.; Kinnear/Taylor 1996, S. 275 ff.).

Hierbei wird die Notation sowie die Einteilung von Experimentdesigns von Campbell/Stanley (1966) aufgegriffen, da sie sich in der internationalen Marktforschungsliteratur durchgesetzt hat:

X: Dies ist der vom Untersuchungsleiter variierte Experimentfaktor, der auf die Experimentgruppe einwirkt und dessen Wirkung gemessen werden soll.

M: Hierdurch wird die Messung der abhängigen Variablen bei den Testeinheiten symbolisiert.

R: Damit wird angezeigt, dass bei der Gruppenbildung und der Zuweisung des Experimentfaktors das Zufallsprinzip angewandt wurde.

Die horizontale Anordnung der Symbole von links nach rechts zeigt die zeitliche Abfolge an. Symbole in einer Zeile beziehen sich jeweils auf eine Gruppe.

2.2.3.3.1 Vorher-Nachher-Messung mit Kontrollgruppe

Die Vorher-Nachher-Messung mit Kontrollgruppe wird oft als *das klassische* Experimentdesign bezeichnet. Bei diesem Design wird neben der *Experimentgruppe* (*EG*) eine *Kontrollgruppe* (*KG*) eingeführt, die der Experimentgruppe möglichst gleicht.

Nun wird nur die Experimentgruppe dem experimentellen Stimulus (z. B. der neuen Verpackung) ausgesetzt, die Kontrollgruppe aber nicht (dies ist auch so zu verstehen, dass der „Kontrollgruppe" die alte Verpackung präsentiert wird). Der Versuchsplan hat damit folgendes Aussehen:

EG:	(R)	M_1	X	M_2
KG:	(R)	M_3	–	M_4

Die Logik des klassischen *Experimentdesigns* wird durch folgenden Gesichtspunkt bestimmt (vgl. hierzu Zimmermann 1972, S. 58 f.): Wenn man auch nicht die Einflüsse von Störvariablen im Einzelnen genau quantifizieren oder gar verhindern kann, so schlagen sie sich gleichermaßen in der Experiment- und in der Kontrollgruppe nieder. Die Differenz $M_2 - M_1$, enthält daher den Einfluss der Experimentvariablen *X* und die Einflüsse der teils bekannten, teils unbekannten Störvariablen, die hier mit *A, B, C, ... , Z* bezeichnet werden sollen. D.h. bei Annahme einer *additiven* Verknüpfung der Einflüsse gilt:

$$EG = M_2 - M_1 = X + A + B + C + ... + Z$$

In der Kontrollgruppe werden jedoch nur die Störeinflüsse wirksam:

$$EG = M_4 - M_3 = A + B + C + ... + Z$$

Die Wirkung des Experimentfaktors kann dann einfach dadurch ermittelt werden, dass man die Differenz der Kontrollgruppe von der Differenz der Experimentgruppe abzieht:

$$(M_2 - M_1) = X + A + B + C + ... + Z$$

$$(M_4 - M_3) = \quad -A - B - C - \ldots - Z$$

Experimentwirkung:

$$(M_2 - M_1) - (M_4 - M_3) = X$$

Ein Beispiel soll die bisherigen Ausführungen erläutern: Um den Einfluss einer 10 %igen Preissenkung auf den Marktanteil eines Fruchtsaftgetränks festzustellen, wird in einer Experimentgruppe von 10 Lebensmittelgeschäften die Marke zum niedrigeren Preis (X) und in 10 weiteren Lebensmittelgeschäften (der Kontrollgruppe) weiterhin zum alten Preis angeboten. Vor Durchführung des Experiments werden in der Experiment- und in der Kontrollgruppe die im letzten Monat erzielten Marktanteile des Fruchtsaftgetränks ermittelt (M_1 und M_3). Nach Durchführung des einmonatigen Experiments werden wiederum die Marktanteile erfasst (M_2 bzw. M_4). In der Zwischenzeit haben jedoch mehrere Störfaktoren gewirkt: Durch Distributionsschwierigkeiten war die Konkurrenzmarke B eine Zeit lang nicht lieferbar. Konkurrent C versuchte, seinen Absatz durch verstärkte Werbung und Verkaufsförderung zu beleben und für Konkurrenzmarke D wurde eine nationale Preisaktion gestartet. Da jedoch alle Störungen sowohl auf die Experiment- als auch auf die Kontrollgruppe gleichermaßen einwirkten, lässt sich die durch die Preissenkung hervorgerufene Änderung des Marktanteils durch die Differenzbildung herausrechnen. Die Ergebnisse sind:

EG:	Marktanteil im letzten Monat	Preissenkung um 10%	Marktanteil im entsprechenden Monat
	(M_1 = 15%)	(X)	(M_2 = 18%)
KG:	Marktanteil im letzten Monat	–	Marktanteil im entsprechenden Monat
	(M_3 = 14,5%)		(M_4 = 12%)

Experimentwirkung:

$$(18\% - 15\%) - (12\% - 14,5\%) = (3\%) - (-2,5\%) = 5,5\%$$

Da Störgrößen in der Kontrollgruppe zu einem Marktanteilsrückgang von 2,5 % geführt haben und anzunehmen ist, dass hiervon auch die Experimentgruppe betroffen war, ist die Wirkung der Preissenkung auf den Marktanteil letztlich 5,5 %.

Die Heranziehung einer Kontrollgruppe reicht jedoch noch nicht aus, um eine unverzerrte Ermittlung der Experimentwirkung zu gewährleisten. Voraussetzung ist zusätzlich, dass Experiment- und Kontrollgruppe sich nicht unterscheiden. Im obigen Beispiel wäre dies jedoch der Fall, wenn in der Experimentgruppe nur kleine Fachgeschäfte vertreten sind, die für ihren Service, aber auch für ihre etwas höheren Preise bekannt sind. Befinden sich demgegenüber in der Kontrollgruppe mehrere Supermärkte, so sind die Gruppen nicht vergleichbar, und das ermittelte Experimentergebnis ist verzerrt.

Um solche Verzerrungen auszuschließen, wird im Experiment soweit wie möglich das *Zufallsprinzip* (auch Randomisierung genannt) angewandt. Dies bedeutet:

- alle Testeinheiten (Personen, Geschäfts-, Verkaufsbezirke usw.) sind nach dem Zufallsprinzip auszuwählen,
- die Testeinheiten sind nach dem Zufallsprinzip auf die Gruppen zu verteilen,
- schließlich ist nach dem Zufallsprinzip zu bestimmen, welche Gruppe(n) dem Experimentstimulus auszusetzen sind und welche als Kontrollgruppe(n) dienen.

(vgl. Kerlinger 1973, S. 323).

Durch die Randomisierung wird bewirkt, dass sich Experiment- und Kontrollgruppe in allen relevanten Eigenschaften *bis auf zufällige Abweichungen* gleichen. Die obige Notation ging bisher jedoch von einer deterministischen Betrachtung aus. Im konkreten Fall liefert die beobachtete Differenz $(M_2 - M_1) - (M_4 - M_3)$ nur einen Schätzwert für die tatsächliche Experimentwirkung X, der noch mit einem Zufallsfehler behaftet ist (nach Hammann/ Erichson 2000, S. 187):

$$(M_2 - M_1) - (M_4 - M_3) = X \pm \text{Zufallsfehler}$$

Es genügt daher nicht, das Experimentergebnis nur im Wege der Differenzermittlung festzustellen. Zusätzlich ergibt sich die Notwendigkeit, durch statistische Tests zu überprüfen, ob das Experimentergebnis signifikant ist oder nicht. Zu diesem Zweck stehen verschiedene statistische Methoden wie der t-Test für die Differenz zweier Mittelwerte oder die Varianzanalyse zur Verfügung.

Jedoch lässt sich die Frage stellen, warum bei *randomisierter* Gruppenbildung überhaupt eine Vorher-Messung stattfindet, da die Zufallsauswahl ja bis auf den Zufallsfehler gewährleisten soll, dass sich M_1 und M_3 nicht unterscheiden. Es würde daher genügen, die Differenz $M_2 - M_4$ zu bilden, um eine von Störfaktoren bereinigte Experimentwirkung zu schätzen.

Die Vorher-Messung hat jedoch einige Vorteile: Durch sie lässt sich zunächst einmal die erfolgte Stichprobenbildung überprüfen, indem festgestellt wird, ob die Experiment- und die Kontrollgruppe hinsichtlich der abhängigen Variablen tatsächlich gleich sind. Liegen noch Unterschiede vor, so lässt sich die Experimentwirkung trotz unterschiedlicher Ausgangspositionen exakt ermitteln. Mitunter ist eine Vorher-Messung auch erforderlich, um festzustellen, ob überhaupt noch eine

Experimentwirkung auftreten kann. Soll z. B. die Erinnerungswirkung einer neu konzipierten Werbemaßnahme geprüft werden und ist nahezu allen Versuchs- und Kontrollpersonen der Markenname ohnehin schon bekannt, so kann auch die vorgesehene Experimentwirkung nicht mehr auftreten. In diesem Fall ist entweder dafür zu sorgen, dass sich in den Gruppen Personen befinden, bei denen noch eine Experimentwirkung im Sinne des zu erhebenden Erfolgskriteriums stattfinden kann oder es ist ein anderes Wirkungskriterium zu suchen.

Allerdings kann gerade bei Personen als Testeinheiten durch die Vorher-Messung eine Sensibilisierung der Versuchspersonen ausgelöst werden, durch die die Experimentergebnisse verzerrt werden (so genannter *Testeffekt*). Wenn durch dieses Design z. B. die Wirkung eines neuen Werbespots für Shampoo überprüft werden soll, so veranlassen die dem Stimulus vorhergehenden Fragen zur Markenkenntnis oder zur Einstellung gegenüber Shampoomarken oder auch zu Kaufabsichten die Aufmerksamkeit der Auskunftspersonen gegenüber Werbeanzeigen für Shampoo. Die hinterher gemessene Wirkung des Werbespots ist daher verzerrt, d. h. zu hoch. In diesen Fällen sollte besser ein anderes Experimentdesign wie die Nachher-Messung mit Kontrollgruppe gewählt werden.

2.2.3.3.2 Nachher-Messung mit Kontrollgruppe

EG:	(R)	X	M_1
KG:	(R)	–	M_2

Dieses Design ist anwendbar, wenn die Randomisierungsbedingung in der Weise erfüllt ist, dass vor Beginn des Experiments EG und KG den gleichen Messwert bei der abhängigen Variable aufweisen. Da dann die Vergleichbarkeit der Gruppen gewährleistet ist, ergibt sich die Experimentwirkung als Differenz zwischen M_1 und M_2. Das Design hat demnach mehrere Vorteile: Der Verzicht auf die Vorher-Messung verringert die Kosten und vermeidet den Testeffekt. Allerdings gilt dies nur, wenn die Gruppen aufgrund der Randomisierung wirklich völlig vergleichbar sind. Handelt es sich um ausreichend große Stichproben und um eine sorgfältige Zufallsauswahl, so kann davon ausgegangen werden. Andernfalls ist eher eine Vorher-Messung anzuraten.

2.2.3.3.3 Solomon-Vier-Gruppen-Design

EG_1:	(R)	M_1	X	M_2
KG_1:	(R)	M_3	–	M_4
EG_2:	(R)	–	X	M_5
KG_2:	(R)	–	–	M_6

Die Versuchsanordnung entsteht durch Kombination der beiden vorher genannten Versuchspläne. Durch sie kann der Testeffekt ausgeschaltet werden, da die dritte und vierte Gruppe nicht einer Vorher-Messung unterzogen werden. Zugleich bietet die Vorher-Messung bei den Gruppen 1 und 2 die Möglichkeit, das Ausmaß eines etwaigen Testeffektes zu ermitteln.

Bei diesem Experimentdesign stellt sich nun die Frage, wie die Experimentwirkung gemessen werden soll. Der einfachste Weg besteht darin, dass man annimmt, dass sowohl die zweite Experiment- als auch die zweite Kontrollgruppe im Durchschnitt die gleichen Werte aufweisen wie die jeweiligen Gruppen mit Vormessung. Daher wird als fiktive Vormessung für EG_1 und KG_2 der Mittelwert aus M_1 und M_3 herangezogen, d. h. $\frac{M_1+M_3}{2}$. Damit folgt:

EG_1:	(R)	M_1	X	M_2
KG_1:	(R)	M_3	–	M_4
EG_2:	(R)	½ (M_1 + M_3)	X	M_5
KG_2:	(R)	½ (M_1 + M_3)	–	M_6

Die Experimentwirkung wird dann analog zur Vorher-Nachher-Messung mit einer Kontrollgruppe berechnet, d. h. $\left[M_5 - \frac{M_1+M_3}{2} \right] - \left[M_6 - \frac{M_1+M_3}{2} \right]$ bzw. Experimentwirkung: $M_5 - M_6$.

Da EG_1 und KG_2 keiner Vorher-Messung unterzogen wurden, entfällt der Testeffekt. Genau dieser Effekt kann im Solomon-Vier-Gruppendesign ebenfalls gemessen werden, indem einfach die beiden Experimentgruppen verglichen werden. Ein möglicher Testeffekt kann sich nur in EG_1, nicht jedoch in EG_2 niedergeschlagen haben. Der Testeffekt ergibt sich wie folgt:

$$\left(M_2 - M_1 \right) - \left(M_5 - \frac{M_1+M_3}{2} \right)$$

Obwohl das Solomon-Vier-Gruppendesign dem Ideal eines kontrollierten Experiments recht nahe kommt, verbietet sein hoher Aufwand zumeist die Anwendung in der Marktforschung.

2.2.3.3.4 Randomisiertes faktorielles Design

Die bisher skizzierten Versuchsanordnungen gingen von einem Experimentfaktor aus, der in zwei Ausprägungen (Stufen) vorlag (z. B. alte und neue Packungsvariante). Eine erste Erweiterung lässt sich dadurch erzielen, dass mehr als zwei Stufen eines Experimentfaktors gleichzeitig überprüft werden. Das „einfaktorielle Design" hat dann z. B. bei drei Stufen folgendes Aussehen:

EG_1:	(R)	X_1	M_1
EG_2:	(R)	X_2	M_2
EG_3:	(R)	X_3	M_3

Da hier eventuelle Störfaktoren auf alle Gruppen wirken, benötigt man *keine zusätzliche Kontrollgruppe*, denn die Differenzbildung lässt auch hier diese Einflüsse wegfallen!

Für viele Fragestellungen in der experimentellen Marktforschung ist auch diese Vorgehensweise noch zu restriktiv. So kann beispielsweise die Frage auftreten, welcher von mehreren Werbeslogans unter gleichzeitiger Berücksichtigung von mehreren Packungsalternativen am besten ist. Es interessiert hierbei die Werbeslogan-Packungs-Kombination, die insgesamt gegenüber anderen Kombinationen am besten abschneidet. Bei zwei- und mehrfaktoriellen Designs werden somit zwei oder mehr Experimentvariablen zugleich variiert, wobei jede Experimentvariable in mehreren Ausprägungen vorliegen kann.

Ein einfaches Beispiel soll den Aufbau eines zweifaktoriellen Designs verdeutlichen, wobei von zwei verschiedenen Packungen x_1, x_2 und zwei verschiedenen Werbeslogans y_1, y_2 ausgegangen wird. Man spricht daher auch von einem 2×2-faktoriellen Design.

Werbeslogans Packungs-alternativen	Y_1	Y_2
X_1	M_1	M_2
X_2	M_3	M_4

Hierbei handelt es sich um vier Gruppen, denen jeweils die Stimuluskombinationen $x_1 y_1$, $x_1 y_2$, $x_2 y_1$ und $x_2 y_2$ präsentiert werden. Da auch hier die Störfaktoren bei allen vier Gruppen zugleich auftreten, erübrigt sich eine Kontrollgruppe. Voraussetzung ist aber, dass die Gruppen nach dem Zufallsprinzip gebildet wurden. Ein Vorteil des zweifaktoriellen Designs liegt darin, dass Interaktionseffekte erfasst werden können: Angenommen, ein faktorielles Experiment zur Überprüfung zweier Packungsalternativen (x_1, x_2) und zweier Werbeslogans (y_1, y_2) habe folgende Kaufabsichtsnennungen (in %) erbracht:

Werbeslogans Packungs- alternativen	Y_1	Y_2
X_1	50	45
X_2	52	51

Die Wirkungsdifferenz der Packungsalternativen kann aus jeder der beiden Spaltendifferenzen ersehen werden, nämlich 52–50 oder 47–45. Ebenso verhält es sich mit der Wirkungsdifferenz der Werbeslogans, denn die Zeilendifferenzen 50–45 bzw. 52–47 sind gleich. Als beste Kombination erweist sich $x_2 y_1$, mit 52 %. Man bezeichnet diese Differenzen von 2 % bzw. 5 % als *Haupteffekte*.

Anders im folgenden Beispiel:

Werbeslogans Packungs- alternativen	Y_1	Y_2
X_1	50	45
X_2	52	47

Slogan 1 führt mit Packung 1 zu einer um 5 % höheren Wirkung als Slogan 2; mit Packung 2 beträgt der Unterschied zwischen Slogan 1 und 2 jedoch nur noch 1 %. Umgekehrt hängt die Reaktion auf die Packungen vom jeweiligen Slogan ab: Mit Slogan 1 ist die Experimentwirkung der Packung 2 um 2 % höher als die der Pakkung 1; mit Slogan 2 beträgt die entsprechende Differenz der Packungen jedoch 6 %. Zwischen den Packungsalternativen und den verschiedenen Werbeslogans bestehen somit *Interaktionseffekte, d. h. die Wirkung einer Packung ist abhängig vom jeweiligen Slogan und umgekehrt. Eine isolierte Betrachtung nur der Pakkungen oder nur der Slogans in zwei Experimenten würde daher nicht ohne weiteres den Schluss zulassen, welche Kombination wirklich die beste ist.*

Werden zweifaktorielle Designs bei r Stufen des ersten und s Stufen des zweiten Faktors angewandt, so liegt ein $r \times s$ -faktorielles Design vor. Des Weiteren können auch drei oder mehr Experimentvariablen mit mehreren Stufen herangezogen werden. Hier zeigen sich jedoch die Grenzen dieser Versuchsanordnung: Mit zunehmender Anzahl der Experimentvariablen und ihrer Ausprägungen steigt die Gruppenanzahl rasch an. Es bereitet dann erhebliche Schwierigkeiten, eine gleiche Gruppenbesetzung bei gleichzeitiger Anwendung des Zufallsprinzips zu gewährleisten. Zudem sind häufig einige Kombinationen nicht von Interesse (z. B. exklusive Packung bei niedrigem Preis). In diesen Fällen ist zu überprüfen, ob die Anwendung anderer Designs (so genannter unvollständiger Designs mit verringerter Anzahl der getesteten Kombinationen) sinnvoller ist.

2.2.3.4 Quasi-experimentelle Versuchspläne

Die bisherigen Versuchspläne waren dadurch gekennzeichnet, dass der Experimentator die Experimentfaktoren variierte, Kontrollgruppen einsetzte und die Gruppen nach dem Zufallsprinzip bildete. Häufig sind derartige weitreichende Kontrollen in der Marktforschung jedoch nicht möglich. Nach Campbell/Stanley (1966, S. 210 ff.) werden Versuchsanordnungen, für die eine oder mehrere der nachfolgend genannten Bedingungen zutreffen, als *Quasi-Experimente* bezeichnet (vgl. auch Kerlinger 1973, S. 314 f.; Zimmermann 1972, S. 120):

- es besteht keine Kontrolle über den Experimentfaktor;
- die Testeinheiten können nicht nach dem Zufallsprinzip ausgewählt bzw. auf die Gruppen verteilt werden;
- die experimentelle Behandlung kann nicht per Zufallsprinzip den Gruppen zugewiesen werden;
- es gibt keine Kontrollgruppe.

Quasi-Experimente weichen demnach nur graduell von echten Experimenten im Hinblick auf das Ausmaß der Kontrolle ab. Dabei ist es eine Frage der Konvention, wie weitreichend derartige Kompromisse sein dürfen, um noch von einem Quasi-Experiment sprechen zu können. Auf keinen Fall zählen Versuchsanordnungen dazu, in denen praktisch keinerlei Kontrolle ausgeübt wird. Insbesondere wird nicht der von Behrens (1966, S. 71 ff.) eingeführten Terminologie gefolgt, wonach auch für die Kontrolle von Störfaktoren *völlig ungeeignete* Versuchsanordnungen, wie etwa die einmalige Messung bei einer Experimentgruppe, als „Experimente" bezeichnet werden.

Im Folgenden werden nur einige typische quasi-experimentelle Designs skizziert (zur Weiterführung vgl. Campbell/Stanley 1966; Cook/Campbell 1979; Zimmermann 1972, S. 119 ff. und S. 130 ff.).

Zunächst sind die *quasi-experimentellen Varianten* „echter" Experimente zu erwähnen. Hierunter fallen die „Vorher-Nachher-Messung mit Kontrollgruppe", die „Nachher-Messung mit Kontrollgruppe", das „Solomon-Vier-Gruppen-Design" und die „faktoriellen Designs", wenn im Unterschied zu den „echten" Experimentanordnungen auf die *Randomisierung verzichtet* werden musste. Insbesondere bei *Marktexperimenten* tritt dieser Fall häufig auf, wenn z. B. die Wirkung einer Preisänderung oder einer Verkaufsförderungsmaßnahme in einem Absatzgebiet getestet wird und ein anderes Absatzgebiet als Kontrollgruppe fungiert. Die Vergleichbarkeit der Gruppen kann dann dadurch angestrebt werden, dass man Gebiete auswählt, die im Hinblick auf die Bevölkerungsmerkmale, die Handelsstruktur, das Konkurrenzangebot etc. weitgehend identisch sind (so genanntes *Matching*). Ein weiteres Beispiel stellen *Laborexperimente* mit sehr kleinen Personenzahlen dar. Da Zufallsauswahlen hier nicht mehr die Vergleichbarkeit der Gruppen gewährleisten können, ist ebenfalls das Matching anzuwenden.

Allerdings kann man dennoch nicht sicher sein, dass alle Störvariablen ausgeschlossen wurden. Beispiele bei Marktexperimenten sind regional unterschiedliche Reaktionen auf den Experimentstimulus, unterschiedliche Konkurrenz- und Handelsaktivitäten usw. (zu den Möglichkeiten des Gruppenvergleichs bei fehlender Randomisierung vgl. Anderson 1980, S. 69 ff. und S. 261 ff.; zu Labor- und Marktexperimenten vgl. den folgenden Abschnitt).

Bei der *Vorher-Nachher-Messung mit unterschiedlichen Gruppen* findet zwar eine Randomisierung der Gruppen statt, doch erfolgen die Messungen bei zwei verschiedenen Gruppen.

1. Gruppe	(R)	M_1	–	–
2. Gruppe	(R)	–	X	M_2

Die Experimentwirkung wird als Differenz der Vorher-Nachher-Messung der zwei verschiedenen Gruppen berechnet:

$$M_2 - M_1$$

Diese Versuchsanordnung bietet sich bei Marktexperimenten an, in denen keine vergleichbare Region als Kontrollgruppe herangezogen werden kann. Bevor der Experimentfaktor eingesetzt wird (z. B. eine Werbekampagne), wird eine repräsentative Stichprobe gezogen und die abhängige Variable (z. B. Bekanntheitsgrad einer Marke) gemessen (M_1). Nach dem Einsatz des Experimentfaktors erfolgt bei einer erneuten Stichprobe eine zweite Messung (M_1).

Der Vorteil besteht bei dieser Anordnung in der Vermeidung des Testeffekts. Die Zuverlässigkeit dieses Designs hängt einerseits von der Vergleichbarkeit der

Gruppen ab. Zudem können zwischenzeitlich mehrere Störfaktoren wirksam gewesen sein, die nicht kontrolliert wurden, da vorher und nachher keine parallelen Kontrollmessungen erfolgten.

Die quasi-experimentelle Anordnung des *Zeitreihendesigns* entspricht im Prinzip der *Zeitreihenanalyse*, wobei im Unterschied zu dieser *zusätzlich ein experimenteller Stimulus* eingeführt wird:

$$EG: \quad M_1 \quad M_2 \quad M_3 \quad M_4 \quad X \quad M_5 \quad M_6 \quad M_7 \quad M_8$$

Die Messungen 1 bis 8 sind Beobachtungswerte der interessierenden abhängigen Variablen (z. B. Absatzmengen), die in gleichbleibenden Abständen erhoben werden (z. B. durch Panels). Ausgangspunkt dieses Designs ist die Überlegung, dass sich alle Einflüsse auf die Abhängige in einem charakteristischen Muster der Zeitreihe niederschlagen. Die Wirkung der experimentellen Behandlung kann dann gewissermaßen als „Strukturbruch" der Zeitreihe erkannt werden. Bleibt er aus, so hat der Experimentfaktor keine Wirkung gehabt.

Eine typische Anwendung des Zeitreihendesigns liegt vor, wenn Marketing-Maßnahmen auf einem regionalen Testmarkt überprüft werden und die erforderlichen Daten aus Panelunterlagen entnommen werden.

Der quasi-experimentelle Charakter des Designs ergibt sich daraus, dass es normalerweise an der Zufallszuweisung der Testeinheiten zur experimentellen Behandlung und an der Kontrolle der im Zeitablauf wirkenden Störeinflüsse anhand einer Kontrollgruppe fehlt (soll ein vergleichbares Testgebiet als Kontrollgruppe herangezogen werden, so kann die Gruppenvergleichbarkeit durch das Matching einiger wichtiger Merkmale überprüft werden).

Störeinflüsse und Experimentwirkung versucht man nun durch das Instrumentarium der Zeitreihenanalyse zu separieren (z. B. durch Trendextrapolation, Regressionsanalyse oder Spektralanalyse). Hierzu das folgende vereinfachte Beispiel, dargestellt in Abb. 7 auf Seite 53 (nach Campbell/Stanley 1966, S. 38)

Der Verlauf von 1 zeigt eindeutig eine längerfristige Wirkung der Experimentvariablen an, während bei 2 nur eine kurzfristige Wirkung vorliegt. Da bei 3 die Erhöhung des Marktanteils mit einer Verzögerung auftritt, ist man nicht sicher, ob dies auf eine zeitverzögerte Wirkung des Experimentfaktors oder auf einen anderen Faktor zurückzuführen ist. 4, 5 und 6 zeigen nach dem Einsatz des Experimentfaktors die gleichen Verlaufsmuster wie zuvor. Es muss daher angenommen werden, dass keine Experimentwirkung gegeben ist.

Die größte Schwäche des Designs besteht in der mangelhaften Kontrolle von Störungen, die im Zeitablauf eintreten können (gesamtwirtschaftliche Einflüsse,

Marktanteil
im Testmarkt

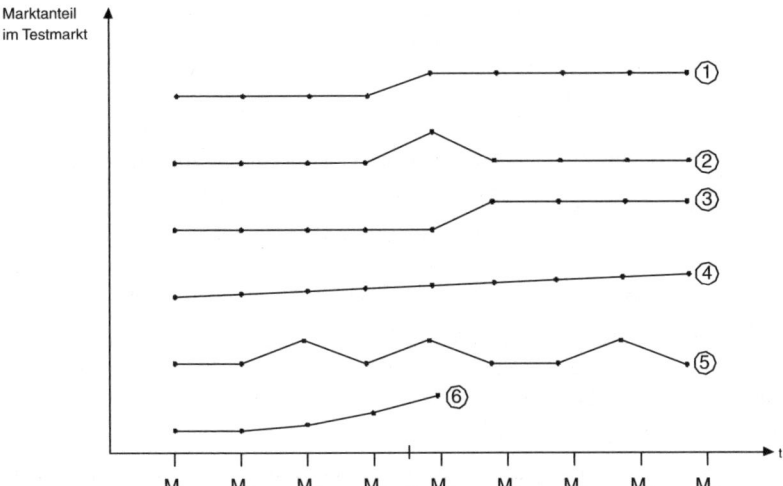

Abb. 7: Panelergebnisse im Rahmen eines Zeitreihendesigns

Konkurrenzmaßnahmen usw.). Allerdings kann der Experimentator die Situation auf dem Testmarkt verfolgen und eventuell auftretende Störungen registrieren. Es ist jedoch recht schwierig, ihren Einfluss auf das Experimentergebnis zu quantifizieren.

Die wiederholte Datenerhebung im Rahmen von Panels veranlasste einige Fachvertreter, das *Panel* als *eigenständige Experimentanordnung* zu betrachten (so z. B. Boyd/Westfall/Stasch 1977, S. 83 ff.). Dieser Auffassung wird hier nicht gefolgt. Zwar handelt es sich beim Panel ebenfalls um ein Forschungsdesign (vgl. Mayntz/Holm/Hübner 1978, S. 148), doch *erfüllt die wiederholte Messung von Tatbeständen nicht per se die Anforderungen an ein (Quasi-)Experiment*. Vielmehr muss der Experimentator, der ein Experiment beabsichtigt, in dessen Rahmen er sich des Panels bedienen möchte, erst selbst durch ein entsprechendes Experimentdesign sicherstellen, dass er zu möglichst unverzerrten Schätzwerten der Experimentwirkung gelangt. Dies wäre z. B. ganz sicher nicht der Fall, wenn er im vorherigen Beispiel nur die Panelmesswerte

$$EG : M_4 \times M_5$$

verwenden würde. Es käme dann in den Fällen 2, 3, 4, 5 und 6 zu völlig falschen Schlussfolgerungen hinsichtlich der Experimentwirkung. Panelmesswerte können allerdings in quasi-experimentellen Designs Verwendung finden, nämlich in Zeitreihendesigns mit und ohne Kontrollgruppe. Bei Heranziehung einer Kontrollgruppe ist wegen der fehlenden Randomisierung außerdem auf eine weitgehende Übereinstimmung der Gruppen in wichtigen Merkmalen zu achten (Betriebsformen des Handels, Größe der Handelsbetriebe etc.). Alles in allem *hängt es somit von den Kontrollvorkehrungen des Experimentators ab, inwieweit die Forschungsanordnung des Panels auf „experimentelles Niveau"* gehoben wird. So entspricht z. B. der Minimarkttest GfK-BehaviorScan diesen Anforderungen.

In der Mehrzahl der Fälle werden Panels jedoch nur für deskriptive Forschungszwecke genutzt, sei es zur Beschreibung des Marktes, für deskriptive Analysen von Zusammenhängen oder für deskriptive Prognosen, zumal im entsprechenden Zeitabschnitt überhaupt keine „Experimentfaktoren" variiert wurden.

Abschließend werden aus der Vielzahl weiterer quasi-experimenteller Designs, die die Praxis für ihre Bedürfnisse entwickelt hat, lediglich einige skizziert (zur Einführung vgl. Zimmermann 1972, S. 158 ff.; Cook/Campbell 1979, S. 210 ff.; Aaker/Day/Kumar 2001, S. 343 ff.).

Das *Block-Design* ist ein quasi-experimentelles Design, das rein äußerlich dem zweifaktoriellen Design gleicht. Allerdings wird neben der Experimentvariablen als zweite Variable ein externes Kriterium herangezogen, um die Experimenteinheiten in homogene Gruppen („Blöcke") einzuteilen. Möchte man z. B. die Wirkung von drei Preisalternativen überprüfen, so bietet es sich an, Einzelhandelsgeschäfte nach dem Umsatz in verschiedene Klassen einzuteilen, um innerhalb eines jeden der so gebildeten Blöcke die drei Preisalternativen zu testen. Gegenüber der Zufallsanordnung mit Experiment- und Kontrollgruppe bzw. mit mehreren Experimentgruppen bei einfaktoriellem Design hat diese Vorgehensweise den Vorteil, dass die von der „Blockvariablen" ausgehende starke Streuung aus den Experimentergebnissen herausgehalten wird.

Die bisherigen Versuchsanordnungen bei zwei- und mehrfaktoriellen Designs gingen davon aus, dass jeder Faktorstufenkombination jeweils eine Zufallsstichprobe zugewiesen wurde. Dies führt sehr rasch zu einer erheblichen Anzahl von Experimentgruppen. Zudem interessieren nicht alle Kombinationen. Aus diesem Grunde bieten sich *unvollständige mehrfaktorielle Designs* an, bei denen nur jene Kombinationen untersucht werden, die für den Experimentator von Belang sind. In Frage kommen hierfür *hierarchische Versuchspläne, wobei jede Stufe eines Experimentfaktors nur mit ganz bestimmten Stufen* eines zweiten Experimentfaktors kombiniert wird (z. B. Packungsalternative *A* mit den Preishöhen 1 und 2, Packungsalternative *B* mit den Preishöhen 3 und 4). Darüber hinaus ist auf Varianten unvollständiger Designs wie das *Lateinische Quadrat* und das *Griechisch-Lateinische Quadrat* zu verweisen. Sie ermöglichen die gleichzeitige Überprüfung von drei bzw. vier Experimentfaktoren bei erheblicher Reduktion der Versuchsgruppen gegenüber vollständigen faktoriellen Designs, wenn *keine Interaktionseffekte* gegeben sind.

2.2.3.5 Labor- und Marktexperiment

In Hinblick auf das experimentelle Umfeld lassen sich Labor- und Marktexperimente unterscheiden.

Das *Laborexperiment* findet in einem „künstlichen" Umfeld statt, das genau die Bedingungen aufweist, die der Experimentator möchte. Demgegenüber werden *Marktexperimente* in einem „natürlichen" Umfeld durchgeführt (z. B. in Geschäften des Einzelhandels, in einer Stadt oder einem Nielsen-Gebiet).

Zu den wichtigsten Laborexperimenten zählen Preis- und Werbemitteltests sowie die Ermittlung des Einführungserfolgs neuer Produkte.

Zur Durchführung von Preistests bietet die GfK das Laborexperiment GfK*PRICE CHALLENGER an. Um z. B. die Wirkung einer *Preisänderung* auf den Absatz eines Fruchtsaftgetränks im Labor zu überprüfen, werden die Versuchspersonen mit einem vorher ausgehändigten Geldbetrag in einen eigens dafür hergerichteten Verkaufsraum (Studio) geführt. In diesem befinden sich auf einem Regal die mit dem neuen Preis ausgezeichnete Marke sowie die Konkurrenzmarken. Jede Versuchsperson wird aufgefordert, die Marke zu kaufen, die ihr am besten gefällt. Das restliche Geld sowie die gewählte Marke dürfen sie behalten. Die Kontrollgruppe hat die gleiche Aufgabe, wobei hier die Marke zum alten Preis angeboten wird.

Zur Durchführung von *Werbemittel-Pretests* bietet die GfK das Laborexperiment AD*VANTAGE an. Dieses dient der Werbeerfolgsprognose von Fernsehspots, Anzeigen, Rundfunkspots, Kinospots, Plakaten und Internetwerbung.

Zur Messung der Werbewirkung von *Fernsehspots* wird ca. 125 Testpersonen per Video ein 1½-stündiger Fernsehfilm vorgeführt, wobei das Experiment als Untersuchung zum Fernsehen deklariert wird. Zwischen den Unterhaltungsfilmen werden mehrmals Werbespots gezeigt, unter denen sich auch die zu prüfenden Testspots befinden. Nach Darbietung des Films werden Erinnerung an den Spot und an die Spotinhalte sowie positive Ausstrahlungen des Spots auf die beworbene Marke gemessen.

Analog wird die Werbewirkung von *Kinospots* in einem normalen Kino gemessen, wobei ein Kinofilm durch kinoübliche Werbeblöcke unterbrochen und anschließend die Erinnerungswirkung sowie die Stärken und Schwächen der Gestaltung der getesteten Kinospots erhoben werden.

Im *Anzeigentest* werden die Testanzeigen in drei Publikumszeitschriften integriert (so genannter Foldertest). Eine Experimentgruppe blättert die Zeitschriften durch, wobei mittels einer Augenkamera der Blickverlauf festgehalten wird (als Testzweck wird „die Untersuchung des Leseverhaltens" genannt); eine zweite Experimentgruppe nimmt die Testhefte über das Wochenende mit nach Hause. Erfasst wird anschließend die Meinung zu den Testheften, Erinnerung an die Anzeige und deren Inhalte, die Markenpräferenz etc.

In ähnlicher Weise sind die Laborexperimente zur Prognose der Werbewirkungen von Rundfunkspots und Plakaten sowie von Internetwerbung aufgebaut, wobei stets darauf geachtet wird, dass die Kommunikationssituation möglichst realitätsnah gestaltet wird und der Untersuchungsgegenstand verschleiert ist.

Zur Prognose der Erfolgsträchtigkeit neuer Produkte (zumeist gemessen am zukünftigen Marktanteil) werden *Testmarktsimulationssysteme* angeboten. Anbieter sind u. a. die GfK mit dem Verfahren TeSi, NFO Infratest (ehemals Infratest Burke) mit BASES und M&E/Novaction mit DESIGNOR.

Die nachfolgende Abbildung zeigt das Vorgehen bei TeSi.

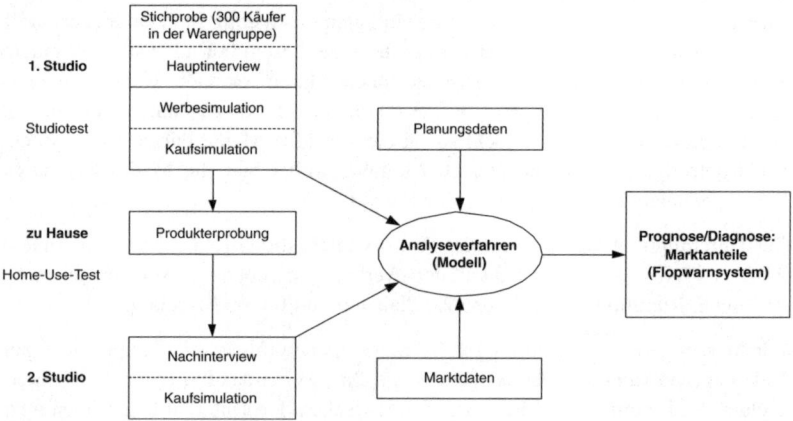

Abb. 8: Vorgehen bei TeSi (nach Erichson 2000, S. 795)

Zunächst werden ca. 300 Personen, die möglichst repräsentativ für die anvisierte Zielgruppe sein sollen, angeworben und in einem Vorinterview über Soziodemographie, Konsumgewohnheiten, Markenpräferenzen, Einstellungen und Kaufabsichten befragt. Danach werden in Anzeigenfolders oder in Fernsehfilmen Werbemittel für das Testprodukt und für Konkurrenzprodukte präsentiert. In der anschließenden Kaufsimulationsphase werden die Testpersonen gebeten, in einem als Supermarkt eingerichteten Labor in der betreffenden Warengruppe einzukaufen, wobei neben dem Testprodukt Konkurrenzmarken platziert sind. Kaufen sie das Testprodukt, so erhalten sie ein gleichwertiges Produkt als Zugabe, während Käufer von Konkurrenzprodukten eine Gratisprobe des Testprodukts erhalten.

Nun werden die Testpersonen gebeten, das Testprodukt zu Hause auszuprobieren („Home-Use-Test"). Nach Beendigung des Home-Use-Tests werden die Testpersonen einem Nachinterview (persönlich oder per Telefon) unterzogen. Erhoben werden die Präferenzen und Einstellungen zum neuen Produkt sowie zu Konkurrenzmarken, Erfahrungen mit dem Testprodukt sowie Vorzüge und Nachteile des Produkts. Schließlich werden die Testpersonen erneut ins Studio eingeladen, um im Rahmen einer zweiten Kaufsimulation den Anteil der Wiederkäufer zu ermitteln.

Aus der Anzahl der Erstkäufer im Labor und der Wiederkäufer nach der Nachher-Messung lässt sich der zu erwartende Marktanteil abschätzen (vgl. Parfitt/Collins 1972). Eine weitere Variante ermittelt den vermutlich erzielbaren Marktanteil aus den Markenpräferenzen der Auskunftspersonen (vgl. Erichson 2000, S. 798 ff.).

Der Vorteil der Testmarktsimulation liegt insbesondere in der Aufdeckung von Mängeln in der Kommunikation bzw. am Produkt. Allerdings ist der prognostizierte Marktanteil nur eine erste grobe Schätzung, da der Marktanteil im Gesamtmarkt wesentlich von der Distribution im Handel und der realisierten Werbekampagne abhängt. Hierüber sind nur grobe Schätzungen möglich. Liegt der im Simulationsmodell ermittelte Marktanteil sehr niedrig, so deutet jedoch alles auf einen Flop hin, und das Unternehmen kann die hohen Kosten eines unnötigen Testmarkts vermeiden. Liegt der Marktanteil überdurchschnittlich hoch, so kann an eine sofortige Markteinführung ohne vorherigen Testmarkt gedacht werden. Bei dazwischen liegenden Werten wird man je nach Philosophie des Unternehmens Marktexperimente durchführen.

In der Marktforschungspraxis herrschen folgende Varianten von *Marktexperimenten* vor:

- der Store-Test (auch als Ladentest bzw. „Kontrollierter Markttest" bezeichnet),
- der lokale Testmarkt bzw. Minimarkttest,
- der regionale Testmarkt.

Beim *Store-Test* lassen sich die Wirkungen einzelner Marketing-Maßnahmen (Preis, Regalplatzierung) sowie der Einführungserfolg neuer Produkte abschätzen. Zu diesem Zweck wird das Experiment in einer Stichprobe von Einzelhandelsgeschäften realisiert. Die Ergebnisse (Umsatz, Marktanteil, Kannibalisierungseffekte im Sortiment) werden durch Scannerkassen bzw. per Inventur durch Mitarbeiter des Instituts erfasst. Zudem können beim GfK-StoreTest als zusätzliche Daten Zielgruppenmerkmale der Käufer, Erst- und Wiederkaufrate, Einkaufsintensität und Einkaufshäufigkeit erhoben werden.

Beim *lokalen Testmarkt* dient eine kleinere Stadt oder einzelne Stadtgebiete als Testgebiet. Als Anbieter ist vor allem die GfK mit GfK-BehaviorScan zu nennen.

GfK-BehaviorScan ist ein Minimarkttest zur quasi-experimentellen Überprüfung von Marketing-Maßnahmen (neue oder veränderte Produkte, Verpackung, Markierung, Preis, Verkaufsförderung, Fernseh- und Printwerbung). Als einziges in Deutschland angebotenes Testmarktkonzept bietet es die Einbeziehung der Fernsehwerbung in den Test (so genanntes Targetable TV).

Abb. 9 zeigt den Aufbau von BehaviorScan sowie die überprüfbaren Marketing-Instrumente.

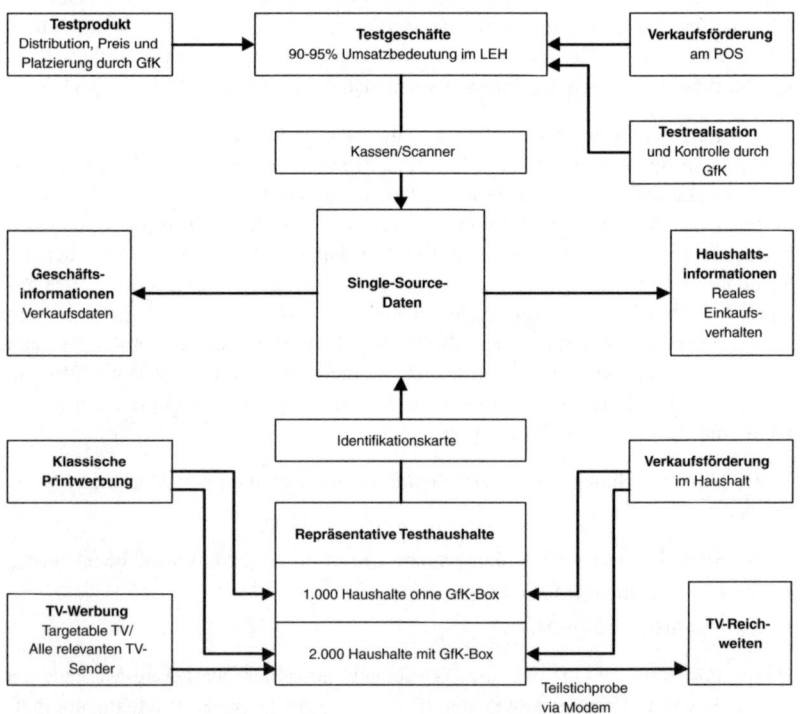

Abb. 9:   GfK-BehaviorScan (nach GfK AG 2002, S. 5)

Basis des GfK-BehaviorScan bildet ein nach Soziodemographie und Verbrauchsverhalten weitgehend repräsentatives Haushaltspanel von 3.000 in Hassloch lebenden Haushalten (2.000 Haushalte sind über das Kabelfernsehen durch die GfK individuell ansteuerbar, so dass sie spezielle Testwerbung empfangen können, die in das normale Werbefernsehen bei allen wichtigen Sendeanstalten eingespeist wird). Die Panelhaushalte sind mit einer Identifikationskarte ausgestattet, die bei jedem Einkauf in den am Ort unter Vertrag genommenen Einzelhan-

58

delsgeschäften (6 Märkte in Hassloch und einer in der näheren Umgebung) vorgelegt werden soll. Da die Geschäfte mit Scannerkassen ausgerüstet sind, können der individuelle Einkauf des Haushalts und die Abverkäufe der einzelnen Geschäfte per Scanning erfasst werden (so genannter Single-Source-Ansatz).

GfK-BehaviorScan stellt somit eine sehr weit gediehene Form eines Quasi-Experiments dar (vgl. für eine ausführliche Bewertung des GfK-BehaviorScan Berekoven/Eckert/Ellenrieder 2001, S. 167 ff): Das Marktgebiet ist relativ gut abgegrenzt, die Bevölkerungs- und Konsumstruktur ist relativ repräsentativ für Deutschland, die örtlichen Tageszeitungen, Supplements, Fernsehzeitschriften, Werbefernsehen und Handzettel sowie Verkaufsförderung im Geschäft können dem vorgesehenen nationalen Medienplan entsprechend eingesetzt werden. Die direkt über das Kabel ansteuerbaren 2.000 Haushalte können u. a. in Experiment- und Kontrollgruppe mit gleichen soziodemographischen Merkmalen und Konsumverhalten gesplittet werden (so genanntes Matching), so dass als quasi-experimentelles Design das Zeitreihendesign mit *EG* und *KG* möglich ist (stattdessen können auch die 2.000 Haushalte als *EG* und die 1.000 Haushalte ohne Kabel als *KG* verwendet werden). Abb. 10 zeigt die Ergebnisse eines hohen bzw. niedrigen Werbeetats bei der Einführung eines neuen Produkts in den Perioden 1 bis 6.

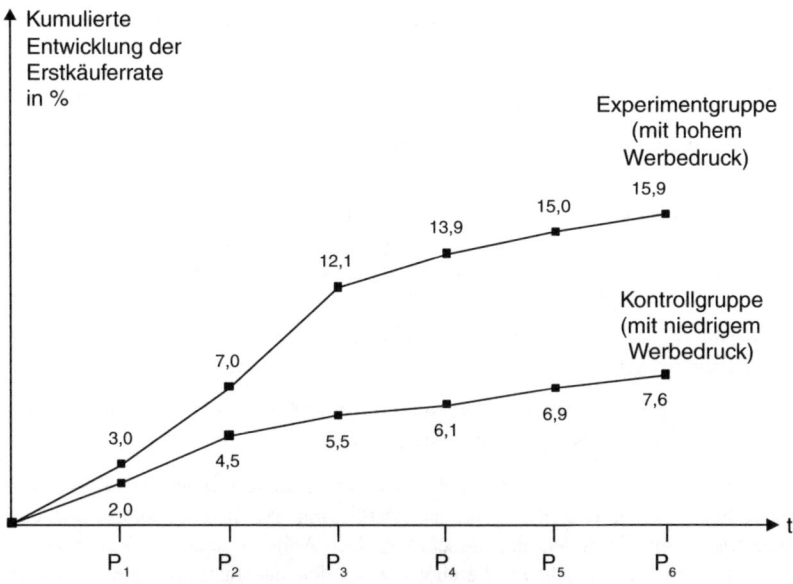

Abb. 10: Zeitreihendesign zur Ermittlung der Erstkäuferanteile in Abhängigkeit vom Werbedruck (nach Ruppe 1989, S. 46)

Beim *regionalen Testmarkt* werden Marketing-Maßnahmen in einem größeren Marktgebiet (z. B. Bundesland oder Nielsen-Gebiet) erprobt. Ziel ist es zumeist, die Reaktionen von Handel, Endabnehmern, mitunter auch von Konkurrenten, auf die Neueinführung von Produkten und die damit einhergehenden Marketing-Maßnahmen zu ermitteln. Um eine zuverlässige Hochrechnung der Testmarktergebnisse zu ermöglichen, sollten die folgenden Bedingungen erfüllt sein (vgl. auch Rehorn 1977, S. 93 ff. sowie Höfner 1966, S. 44 ff.):

1. *Repräsentanzbedingungen*

• Die Bevölkerungsstruktur sollte im Hinblick auf Demographie, Einkommens-, Berufs- und Sozialstruktur sowie hinsichtlich des Konsumverhaltens nicht zu sehr vom Bundesdurchschnitt abweichen.
• Es sollte keine atypische Wirtschaftsstruktur vorliegen.
• Gleiche Konkurrenzsituation wie im Gesamtmarkt.
• Gleiche Handelsstruktur wie im Gesamtmarkt.
• Gleiche Mediensituation wie im Gesamtmarkt.

2. *Abgrenzbarkeit des Testgebiets*

• Testmarkt und Einzugsgebiet des Handels sollten weitgehend übereinstimmen.
• Verhinderung von Medienausstrahlungen von Nachbargebieten und in diese.

3. Das Testgebiet sollte bisher eine *normale Entwicklung* in dieser Produktklasse aufweisen (z. B. kein „Nachholbedarf").

4. Das Testgebiet sollte *nicht überstrapaziert* worden sein (wie z. B. Berlin).

5. Es sollten *geeignete Erhebungsinstrumente* (z. B. Panel) im Testmarkt zur Verfügung stehen.

Natürlich lassen sich diese Forderungen im Einzelfall nicht alle erfüllen; sie sind daher eher als Orientierungspunkte zu verstehen, um bei Nichteinhaltung Anhaltspunkte für mögliche Verzerrungen zu haben. Regionale Testmärkte erlauben die Anwendung quasi-experimenteller Versuchsanordnungen, sei es nach dem Muster der *Vorher-Nachher-Messung bei verschiedenen* Stichproben aus demselben Testgebiet oder durch Anwendung des *Zeitreihendesigns*.

Alle gezeigten Experimentarten haben ihre Vor- und Nachteile. Im konkreten Fall muss der Forscher diese gegeneinander abwägen.

Im *Laborexperiment* lassen sich mögliche Störeinflüsse (Konkurrenzaktivitäten, zusätzliche Aktivitäten des Handels, Darbietung im Regal, unterschiedliche Betriebsgrößen) besonders gut ausschalten. Des Weiteren kann das Laborexperiment geheim, relativ schnell, flexibel hinsichtlich des Instrumenteinsatzes und relativ kostengünstig (im Vergleich zu regionalen Marktexperimenten) abgewickelt werden. Nachteilig sind die zumeist kleinen Stichproben sowie auftretende

Testeffekte, da sich die Versuchpersonen u. U. im Labor anders verhalten als in der Realität (z. B. größere Preissensibilität).

Bei *Store-Tests* und *lokalen Testmärkten* können Störeinflüsse durch Kooperation mit den beteiligten Handelsbetrieben minimiert werden. Außerdem haben sie gegenüber Laborexperimenten den Vorteil einer größeren Realitätsnähe.

Ferner sind Store-Tests und lokale Testmärkte nahezu ebenso schnell, flexibel und kostengünstig durchzuführen wie Laborexperimente. Allerdings können im lokalen Testmarkt nur Güter des täglichen Bedarfs mit hoher Kauffrequenz getestet werden. Demgegenüber bieten sich Store-Tests auch für Produkte an, die nur in größeren Intervallen gekauft werden, weil hier eine höhere Fallzahl an Kaufakten vorliegt. Nachteile von Store-Tests und lokalen Testmärkten sind jedoch vor allem die mangelnde Überprüfbarkeit der Händlerreaktionen, die oftmals ausschlaggebend für den Einführungserfolg sind, sowie die atypische Mediensituation, sofern z. B. keine Fernsehspots getestet werden können (vgl. zu diesen Nachteilen Rehorn 1977, S. 105 ff.; Huppert 1977, S. 608 ff.).

Regionale Testmärkte zeichnen sich durch eine große Realitätsnähe, umfangreiche Stichproben (Daten aus Haushalts- und Handelspanel) sowie der Möglichkeit aus, vor der nationalen Einführung „Kinderkrankheiten" in der Produktion und im Marketing-Mix aufzudecken und zu beseitigen. Nachteilig sind die mangelhafte Kontrolle von Störfaktoren, die erhebliche Durchführungsdauer, die fehlende Geheimhaltung sowie die hohen Kosten. Äußerst problematisch ist auch die mangelnde Kooperationsbereitschaft des Handels, so dass es oft nur zu relativ niedrigen Distributionsquoten kommt.

In vielen Veröffentlichungen zur Wahl zwischen Labor- und Marktexperiment (vgl. u. a. Hermanns 1979, S. 55 f.; Kinnear/Taylor 1996, S. 283 ff.) wird vereinfachend behauptet, dass Marktexperimente zwar eine *niedrigere interne Validität* als Laborexperimente aufweisen, jedoch wegen ihrer *höheren externen Validität* vorzuziehen seien.

Der Begriff der externen Validität bezieht sich auf die *Generalisierbarkeit* (Repräsentanz) der Experimentergebnisse. Externe Validität liegt vor, wenn die im Experiment festgestellten Zusammenhänge auch in anderen Situationen erwartet werden können (vgl. Cook/Campbell 1979, S. 39). Interne Validität ist dagegen gegeben, wenn die rechnerisch festgestellte Differenz der abhängigen Variablen einzig und allein auf den Experimentfaktor zurückzuführen ist (vgl. Campbell/Stanley 1966, S. 174 ff.).

Diese Argumentationsweise übersieht, dass zwischen *interner* und *externer* Validität eine „asymmetrische" Beziehung besteht (vgl. Zimmermann 1972, S. 79). Mit anderen Worten, wenn ein Experiment *extern valide sein soll*, so muss *zuvor die Bedingung der internen Validität erfüllt* sein, d. h. *ohne interne keine externe*

Validität. Wenn z. B. in einem Store-Test die Verkäufer in den Experimentge-schäften durch Hinweise auf die Preiswürdigkeit des Artikels den Absatz forcie-ren, so wird das verzerrte Ergebnis nicht dadurch besser, dass es in einem natürli-chen Umfeld gewonnen wurde.

Marktexperimente weisen somit nur dann externe Validität auf, wenn durch Kon-trolle der Störfaktoren ein ausreichendes Maß an interner Validität erreicht wer-den kann. Ist dies nicht oder nur unter hohen Kosten möglich, so ist das *Laborex-periment vorzuziehen*, zumal auch im Labor durchaus eine weitgehend „natürli-che" Umweltsituation geschaffen werden kann (vgl. hierzu insbesondere Zimmer-mann 1972, S. 195 f.).

2.2.4 Beziehungen zwischen den Forschungsdesigns und den Untersuchungsmethoden

Die bisherigen Ausführungen gingen vom häufigsten Fall aus, dass einer explora-tiven Vorstudie eine deskriptive bzw. (quasi-)experimentelle Hauptstudie folgt.

Selbstverständlich kann es auch zu umgekehrten Abfolgen kommen (vgl. auch Churchill/Jacobucci 2002, S. 92). So können z. B. die Ergebnisse einer deskripti-ven Hauptstudie aufzeigen, dass es zu beträchtlichen Abwanderungen der eige-nen Zielgruppe zu Konkurrenzprodukten gekommen ist. Eine explorative Studie kann dann mithilfe von Focus-Gruppen-Interviews u. U. aufdecken, welche Ursa-chen dafür infrage kommen. Ähnlich ist vorzugehen, wenn sich z. B. in einem Laborexperiment das zu überprüfende Produkt als Flop erweist und mittels Brainstorming von Experten nach einem verbesserten Konzept gesucht wird.

Eine ähnliche Relativierung ist auch hinsichtlich der Untersuchungsmethoden zu machen (vgl. Kepper 1994, S. 228 ff.). Zwar überwiegen in der explorativen For-schung die „qualitativen" Methoden (Tiefen- und Gruppeninterview, Sekundär-forschung etc.), doch können auch hier quantitative Auswertungen vorgenommen werden (z. B. eine Faktorenanalyse von Itembatterien zur Reduktion des Fragebo-genumfangs in der Hauptstudie). Umgekehrt kommen auch „quantitative Metho-den in der deskriptiven und experimentellen Forschung häufig nicht ohne paral-lele bzw. nachgelagerte qualitative Analysen aus (z. B. die inhaltliche Interpreta-tion der Dimensionen von Positionierungsmodellen, die anhand von Faktoren-analysen bzw. mittels nichtmetrischer mehrdimensionaler Skalierung gewonnen wurden oder die Entwicklung der Marketing-Instrumente zur Bearbeitung eines anvisierten Idealproduktsegments durch Experten).

3 Bestimmung der Informationsquellen und der Erhebungsmethoden

Wenn das Marktforschungsproblem und das Forschungsdesign geklärt sind, folgt als nächster Arbeitsschritt die Datenerhebung. Dabei sind Entscheidungen über die *Informationsquellen* und die *Erhebungsmethoden* zu fällen.

Zur Beschaffung der Informationen kann man *innerbetriebliche* oder *außerbetriebliche* Quellen heranziehen. Sollen die Informationen aus bereits vorhandenem Datenmaterial gewonnen werden, so handelt es sich um *Sekundärforschung*. Ist dagegen für das anstehende Marktforschungsproblem eigens neues Datenmaterial zu beschaffen, so liegt eine *Primärerhebung* bzw. *Primärforschung* vor. Abb. 11 gibt einen Überblick über die Informationsquellen und die Erhebungsmethoden.

		Erhebungsmethoden	
		Sekundärerhebung	Primärerhebung
Informationsquellen	inner-betrieblich	z.B. • Absatzstatistik • Kostenrechnung • Außendienst-berichte	z.B. • Befragung des Außendienstes
	außer-betrieblich	z.B. • Amtliche Statistik • Verbands-statistiken • Standardisierte Marktin-formationsdienste (Verbraucher-/Handelspanels, Media-Analysen)	z.B. • Befragung bzw. Beobachtung von Endabnehmern oder des Handels

Abb. 11: Informationsquellen und Erhebungsmethoden

Sinnvollerweise wird man zuerst auf schneller verfügbare und kostengünstigere Datenquellen und Erhebungsmethoden zurückgreifen, wenn anzunehmen ist, dass hieraus schon erste oder gar ausreichende Informationen gewonnen werden können.

Die folgenden Abschnitte des Kapitels behandeln daher zuerst die Sekundärforschung. Wegen der überragenden Bedeutung der standardisierten Marktinformationsdienste werden diese in einem eigenen Abschnitt diskutiert. Anschließend wenden wir uns den Methoden der Primärforschung zu.

3.1 Sekundärforschung

In der Sekundärforschung werden Daten herangezogen, die *bereits zu einem früheren Zeitpunkt und für andere oder ähnliche Zwecke* erhoben wurden. Dieses Datenmaterial wird im Hinblick auf das vorliegende Marktforschungsproblem aufbereitet, analysiert und interpretiert.

3.1.1 Vor- und Nachteile der Sekundärforschung

Üblicherweise wird man bei jedem Marktforschungsprojekt zunächst Sekundärforschung betreiben, denn (vgl. Berekoven/Eckert/Ellenrieder 2001, S. 42 f.; Drake/Millar 1969, S. 227):

- Sekundärdaten sind billiger und schneller zu beschaffen.
- Sie stellen mitunter die einzige Möglichkeit zur Informationsgewinnung dar (z. B. Statistiken über Bevölkerungsbewegungen oder Daten der volkswirtschaftlichen Gesamtrechnung).
- Sie unterstützen die Planung und Durchführung nachfolgender Marktforschungsprojekte.
- Sie erleichtern die Interpretation und Beurteilung von Primärdaten.

Demgegenüber ist bei Verwendung von Sekundärmaterial mit folgenden Problemen zu rechnen (vgl. Boyd/Westfall/Stasch 1977, S. 146 ff.; Hüttner 1979):

- Die dem Sekundärmaterial zugrunde liegenden *Erhebungseinheiten entsprechen nicht der Fragestellung.* Beispielsweise wird von der amtlichen Statistik der Verbrauch privater Haushalte nur für bestimmte Haushaltsgruppen erfasst (z. B. städtischer 4-Personen-Haushalt von Beamten und Angestellten mit höherem Einkommen).
- Verschiedene Statistiken, die für ein Problem gleichermaßen interessant sind, verwenden *unterschiedliche Erhebungseinheiten*, so dass die Daten nicht vergleichbar sind. So bezieht sich der monatlich erscheinende „Industriebericht" auf „Betriebe" im Sinne von Arbeitsstätten, der „Industriezensus" verwendet demgegenüber vorwiegend „Unternehmen" im Sinne rechtlicher Einheiten als Erhebungseinheiten.

- Die *Gliederungssystematik* der Daten weicht von der benötigten Einteilung ab. Dies ist z. B. der Fall, wenn die Warengliederung der Industriestatistik nicht tief genug ist, um das Produktionsvolumen eines bestimmten Erzeugnisses feststellen zu können.
- Die herangezogenen *Maßeinheiten* sind zuweilen unbrauchbar. Ein Beispiel ist das Produktionsvolumen von Motoren, das in Gewichtseinheiten angegeben wird.
- Die Daten sind oft *veraltet*.
- Die Daten sind mitunter wegen Erhebungs- und Auswertungsmängeln, Irrtümern oder bewusster Verzerrung *ungenau*. Häufig fehlen Angaben zur methodischen Vorgehensweise, so dass höchste Vorsicht anzuraten ist.

3.1.2 Interne Datenquellen

Die wichtigsten Quellen für Sekundärdaten innerhalb eines Betriebes sind:

- Absatzstatistiken (häufig unterteilt in Anfragen- und Angebotsstatistik, Auftragseingangs- und Auftragsbestandsstatistik, Kundenstatistik, Reklamationsstatistik),
- Kundendienstberichte,
- Außendienstberichte,
- Kostenrechnung (insbesondere Vertriebskostenrechnung).

Damit diese Daten als Kontrollinformationen, zur Ursachenanalyse von festgestellten Zielabweichungen oder zur Feststellung von Zusammenhängen zwischen Marketing-Maßnahmen und Zielerreichungen Verwendung finden können, müssen sie in entscheidungsrelevanten Untergliederungen vorliegen (vgl. hierzu Köhler 1976). Das Management muss daher der Marktforschung und dem Rechnungswesen seine wiederkehrenden Entscheidungs- und Kontrollprobleme mitteilen, so dass die Datenbestände entsprechend organisiert werden können. Insbesondere für die Absatzstatistik und für die Vertriebskostenrechnung empfiehlt sich die in der Absatzsegmentrechnung (vgl. z. B. Geist 1974; Köhler 1975) übliche Untergliederung der Daten (Umsatz, Aufträge, Kosten etc.) nach:

- Produkten bzw. Produktgruppen,
- Verkaufsgebieten,
- Absatzwegen,
- Kunden bzw. Kundengruppen,
- Auftragsgrößenklassen etc.

Die so untergliederten Auftragseingänge, Umsatz- und Kostenzahlen etc. sind für viele Fragestellungen relevant, angefangen von der Problemaufdeckung und anschließender Ursachenanalyse über kürzerfristige Entscheidungen im Rahmen der Preispolitik, der Außendienststeuerung und der Werbebudgetierung bis hin zu strategischen Entscheidungen wie der Selektion von Vertriebskanälen oder von Produkten. Weiterreichende Analysen erfordern jedoch häufig, dass die internen Daten mit entsprechenden externen Daten verglichen werden. Dies trifft z. B. für den Vergleich unternehmensbezogener Absatzzahlen, Werbebudgets, Verkaufsförderungs- und Distributionsbudgets etc. mit denen der Branche zu. Werden hierbei verschiedenartige Ordnungskriterien herangezogen, so bereitet die Kombination der Daten (z. B. zur Marktanteilsberechnung oder zur Ermittlung von Kennzahlen wie eigenes Werbebudget in Relation zum Werbebudget der Branche usw.) erhebliche Schwierigkeiten.

Angesichts der zunehmenden Anzahl interner und externer Datenbanken sowie der rapiden Zunahme der darin enthaltenen Daten und deren Gliederungsmöglichkeiten stoßen herkömmliche Analysemethoden schnell an ihre Grenzen. Eine gleichzeitige Untergliederung der Umsätze z. B. nach Produkten, Verkaufsgebieten, Absatzwegen, Kundengruppen und Auftragsgrößenklassen mit jeweils nur 5 Untergliederungen würde zu $5^5 = 15625$ Umsatzwerten für die so gebildeten Absatzsegmente führen. Eine solche Datenfülle ermöglicht weder die Ermittlung der für die Umsatzhöhe letztlich relevanten Untergliederungsmerkmale noch eine Empfehlung an den Außendienst, auf welche Kunden er sich konzentrieren soll, um möglichst hohe Umsätze zu erzielen. Ähnliche Fragestellungen finden sich im Direkt-Marketing, so z. B. wenn festgestellt werden soll, welchen bisherigen Kunden (beschrieben durch soziodemographische Merkmale, bisherigen Umsatz pro Bestellung, bestellte Artikel aus dem Sortiment) ein Spezialkatalog zugesandt werden soll. Zur Entscheidungsunterstützung auf der Basis der Analyse des Zusammenhangs zwischen einer Vielzahl von Merkmalen, die z.T. metrisch (Alter) und/oder nur nominal (z. B. Geschlecht, Verkaufsgebiet) skaliert sind und einer Abhängigen (z. B. Zugehörigkeit zu einer attraktiven Zielgruppe) bei gleichzeitigem Vorliegen einer Vielzahl von Fällen (z. B. Kunden eines Versandhauses) hat sich der Begriff „Data Mining" eingebürgert. Data Mining soll die Entscheidungsfindung auf der Basis umfangreicher Datenbank-Recherchen dienen. Bei den dabei herangezogenen Analyseverfahren handelt es sich z. T. um klassische multivariate Verfahren wie die Diskriminanz-, die Regressions- und die Clusteranalyse, daneben auch um neuere Ansätze (z. B. Neuronale Netze), die in der Lage sind, mittels unabhängiger Variablen (gleich welchen Skalenniveaus) das interessierende Kaufverhalten aufgrund linearer oder auch nichtlinearer Zusammenhänge zu prognostizieren (eine Einführung in das Data Mining gibt Dastani 1997, S. 253 ff.).

3.1.3 Externe Datenquellen

Zu den außerbetrieblichen Informationsquellen zählen

- amtliche Statistiken,
- Statistiken von Wirtschaftsorganisationen, Verbänden und sonstigen Institutionen,
- Institutsberichte,
- sonstige Quellen wie Prospekte und Kataloge der Konkurrenz, Geschäftsberichte, Zeitungen und Zeitschriften, Adress- und Handbücher etc.

Aufgrund der Vielzahl der in Frage kommenden Quellen können an dieser Stelle nur die wichtigsten Veröffentlichungen behandelt werden.

Aus der *amtlichen Statistik* (Veröffentlichungen des Statistischen Bundesamtes, der Statistischen Landesämter und der kommunalstatistischen Ämter) sind die periodisch erscheinenden Publikationen des Statistischen Bundesamtes zu erwähnen, nämlich:

- der „Statistische Wochendienst" (wöchentlich),
- „Wirtschaft und Statistik" (monatlich),
- das „Statistische Jahrbuch" (jährlich),
- die „Fachserien" (jährlich).

Der interessierte Leser sei auf die „Quellen für statistische Marktdaten: Führer durch die amtliche Statistik der Bundesrepublik Deutschland", Veröffentlichung des HWWA-Instituts für Wirtschaftsforschung in Hamburg und des Landesamts für Datenverarbeitung und Statistik Nordrhein-Westfalen verwiesen. Die Fragestellungen, für die die Analyse der amtlichen Statistik betrieben wird, beziehen sich zumeist auf die Entwicklung der globalen Unternehmenswelt sowie auf Probleme der ökoskopischen Marktforschung. Typische Marktforschungsprobleme sind u. a.:

- Marktpotenzialschätzung für Investitionsgüter,
- Schätzung des Marktvolumens für ein Produkt in den Verkaufsbezirken zur Festlegung von Verkaufsvorgaben für den Außendienst (vgl. hierzu im Einzelnen Rudolphi 1980, S. 177 ff.),
- Ermittlung von geeigneten Standorten für Lagerhäuser im Rahmen der physischen Distribution,
- Ermittlung der regionalen Marktpotenziale zur Allokation von Werbebudgets.

Wirtschaftsorganisationen, Verbände und *sonstige Institutionen* wie das Kraftfahrtbundesamt, die Bundesbank, die Industrie- und Handelskammern sowie die Ministerien sind ebenfalls bedeutende Quellen für Sekundärmaterial. Besonders aktive Verbände mit regelmäßiger Berichterstattung sind:

- Verband Deutscher Maschinen- und Anlagenbau e. V. (VDMA),
- Deutscher Stahlbau-Verband e. V. (DSTV),
- Zentralverband Elektrotechnik- und Elektronikindustrie e. V. (ZVEI),
- Verband der Automobilindustrie e. V. (VDA).

Die Nachteile der Verbandsberichterstattung bestehen darin, dass nicht alle Betriebe der Branche erfasst sind und dass die Darstellungen oft von den jeweiligen wirtschaftspolitischen Interessen beeinflusst sind.

Wertvolles Material ist den Veröffentlichungen der *Wirtschaftswissenschaftlichen Institute* und der *Marktforschungsinstitute* zu entnehmen (zu den Marktforschungsinstituten und ihren Forschungsschwerpunkten vgl. Bundesverband Deutscher Markt- und Sozialforscher e. V. 1996). Nachfolgend sind einige bedeutende Institute aufgeführt:

- *ACNielsen Deutschland*
  Handelspanel, Haushaltspanel, Werbeforschung, Ad-hoc- bzw. Konsumentenforschung, Decision Support Services, Merchandising Services, Marketing & Sales Applications, Modeling & Analytical Services, Test-Marketing.

- *Compagnon Marktforschungsinstitut GmbH&Co. KG*
  Qualitative psychologische Marktforschung und marktorientierte Grundlagenforschung: Kundenzufriedenheitsanalysen, Image-Analysen, Corporate Identity-Forschung, Motivations- und Hemmfaktoren-Forschung; Kommunikationsforschung: Produkt- und Packungsforschung, Werbemittelanalysen.

- *TNS Emnid*
  Markt-, Meinungs- und Sozialforschung.

- *Forsa Gesellschaft für Sozialforschung und statistische Analysen*
  Mehrthemenumfragen (täglich, telefonisch) Ad-hoc-Marketingforschung, Business-to-Business-Forschung, Tracking, Marktanalysen, Medienforschung, Politik- und Wahlforschung, Tests von Sendungen (TV, Hörfunk), Werbewirkungskontrollen, Imageforschung.

- *Gallup GmbH*
  Markt- und Kundenanalysen, Markenwert-Controlling, Werbewirksamkeitsmessungen, Mitarbeiterbefragungen.

- *GfK-Gruppe*
  Ad-hoc-Forschung, Medienforschung, Verbraucherpanels, Handelspanels.

- *Institut für Demoskopie Allensbach*
  Ad-hoc-Marketingforschung, Bevölkerungsanalysen, Business-to-Business-Forschung, demographische Forschung, Handelsbefragungen, Image-Forschung, kontinuierliche Befragungen, Tracking, Konzepttests, Marktanalysen,

Mediaforschung, Packungstest, Panel-Forschung, Sozialforschung, Werbemitteltests, Zielgruppenforschung u. a.

- *IVE Research International*
  Marktforschung.

- *NFO-Infratestgruppe*
  Werbemitteltests, Testmarkt-Simulation, Dauerstichproben befragungsbereiter Haushalte, Werbe- und Marken-Tracking, Omnibus Surveys, Preismanagement.

3.2 Standardisierte Marktinformationsdienste

Von besonderer Wichtigkeit unter den im vorherigen Abschnitt angeführten Instituten sind jene, die fortlaufend standardisierte Marktinformationen in Bezug auf Verbraucher, Handel und Werbemedien anbieten. Der Stellenwert dieses Materials lässt sich u. a. auch daraus ersehen, dass viele Anbieter von Konsumgütern einen Großteil ihres Marktforschungsetats für den Ankauf dieser Daten verwenden. Wenn die Erhebung der Daten durch die Institute *unabhängig von den speziellen Marktforschungsproblemen* der einzelnen Kunden erfolgt, handelt es sich für den Benutzer um *Sekundärmaterial* (vgl. Hammann/Erichson 2000, S. 77 sowie die überwiegende Anzahl führender angelsächsischer Marktforschungsbücher). Daneben bieten die Institute auch die Möglichkeit, Primärforschung zu betreiben, z. B. dadurch, dass Spezialfragen innerhalb ihrer laufenden Erhebungen untergebracht werden (vgl. z. B. hierzu auch den obigen Abschnitt „Lokaler Testmarkt"). Standardisierte Marktinformationen beruhen zumeist auf *Paneldaten* (z. B. Verbraucher bzw. Handelspanels). Seltener werden sie durch eine *speziell vorzunehmende Teilerhebung zu einem Thema* gewonnen (z. B. Mediaanalysen der Arbeitsgemeinschaft Mediaanalysen (ag.ma)). Um den Stellenwert dieser Informationsdienste für das Unternehmen beurteilen zu können, ist es notwendig, auf die Validität und Auswertungsmöglichkeiten des Materials einzugehen.

3.2.1 Panels

3.2.1.1 Panelbegriff und Panelarten

Ein Panel ist eine über einen längeren Zeitraum gleichbleibende Teilauswahl von Erhebungseinheiten, die in regelmäßigen Abständen zum gleichen Untersuchungsgegenstand befragt bzw. beobachtet wird.

Im Rahmen der *deskriptiven Forschung* liefern *Querschnittanalysen* von Paneldaten eine detaillierte Marktbeschreibung, während *Längsschnittanalysen* die Ermittlung von Marktveränderungen im Zeitablauf erlauben. Für die (*quasi-*) *experimentelle Forschung* sind aus Panels die benötigten Messwerte bei den verschiedenen Gruppen vor und nach dem Einsatz der Experimentfaktoren zu entnehmen. Bei dem Panelverfahren handelt es sich somit um eine Art der *Forschungsanordnung, die je nach Kontrolle der Störfaktoren sowohl bei deskriptiver als auch bei (quasi-)experimenteller Forschung* herangezogen werden kann. Von großer Bedeutung sind vor allem die nachfolgenden *Panelarten* (einen Überblick über die Vielfalt der Panels, die vom Kiosk- über das Heizölpanel bis hin zu vielfältigen Non-Food-Panels reichen, geben Günther/Vossebein/Wildner 1998, S. 59 ff.):

Verbraucherpanels

* Haushaltspanels (GfK-ConsumerScan; ACNielsen Homescan Consumer-Panel)
* Individualpanel (GfK-ConsumerScan)

Handelspanels

* Verbrauchsgüterpanel (ACNielsen Market Track)
* Gebrauchsgüterpanels (ACNielsen Market Track; GfK-Non-Food-Tracking)

Spezialpanels

* Lokale Testmarktpanels (GfK-BehaviorScan)
* Fernsehzuschauerpanels (GfK)

3.2.1.1.1 Verbraucherpanels

Haushaltspanels zielen darauf ab, Daten über Einkäufe zu gewinnen, die den gesamten Haushalt betreffen (Nahrungsmittel, sonstige Güter des täglichen Bedarfs, Gebrauchsgüter). Die Datenerhebung erfolgt bei den Panelhaushalten (8.400 bei ACNielsen, 12.000 bei der GfK) entweder im Wege der schriftlichen Befragung, indem die Einkäufe in *Berichtsbogen* einzutragen und an das Institut einzusenden sind oder durch einen *Homescanner*. Bei dieser inzwischen überwiegenden Art der Datenerfassung fährt man mit dem Scanner über den EAN-Code (Europäische Artikelnummerierung als Balkencode auf der Produktverpackung), womit alle wesentlichen Produktmerkmale erfasst sind. Zusätzlich müssen das Einkaufsdatum, die einkaufende Person, die Anzahl der Produkte und der Preis eingegeben werden.

Insgesamt werden folgende Ausgaben erfasst:

* Datum,
* Einkaufsstätte,

- einkaufende Person,
- Produktart (durch Scanner erfasst),
- Marke (durch Scanner erfasst),
- Packungsgröße (durch Scanner erfasst),
- Anzahl,
- Preis.

Individualpanels erfassen die Einkäufe von Einzelpersonen. Sie sind dann notwendig, wenn es um Güter des persönlichen Bedarfs (z. B. Kosmetika, Süßwaren, Tabakwaren) geht, da hier eine Aufzeichnung durch dritte Personen im Haushaltspanel zu ungenau ist.

Daneben werden mehrere Spezialverbraucherpanels für einzelne Warengruppen (Textilien, PKWs, Fotobedarf, Arzneimittel, Heizöl usw.) betrieben.

3.2.1.1.2 Handelspanels

Die wichtigsten *Handelspanels* werden im Einzelhandel für Verbrauchsgüter als auch für vorwiegend technische Gebrauchsgüter unterhalten.

Hervorzuheben ist das überwiegend scanningbasierte Lebensmittel-Einzelhandelspanel Market Track von ACNielsen, bei dem die Daten von den Scannerkassen der Geschäfte direkt in die Market Track Datenbank übernommen werden. Da zur Stichprobe neben Supermärkten, Discountern und großen Verbrauchermärkten auch kleine Geschäfte zählen, erfolgt bei Non-Scanner-Geschäften die Datenerhebung durch Mitarbeiter des Instituts, die im monatlichen Rhythmus für die betreffenden Warengruppen eine Inventur durchführen. Damit lassen sich die Verkäufe wie folgt berechnen (vgl. Stern 1974, S. 463 ff.; Ruppe 1989, S. 13):

Lagerbestand zu Beginn der Periode
+ Einkäufe während der Periode
− Lagerbestand am Ende der Periode
_____
= Absatz an Verbraucher in der Periode

Daneben werden die *Verkaufspreise* und bei *Sonderanalysen* auch die Verkaufsförderungsmaßnahmen im Geschäft registriert.

Standardmäßig können die Daten (z. B. Absatzmenge, Umsatz, Marktanteil etc.) für alle Einzelartikel, Marken, die Warengruppe, Verpackungen etc. auf Wunsch des Kunden zweimonatlich, monatlich oder wöchentlich abgerufen werden. Die Wochendaten bilden die Grundlage für die Bewertung der Handelswerbung (Displays, Handzettel, Tageszeitungen) sowie für Sonderpreisaktionen.

Neben den Einzelhandelspanels werden Panels für eine Vielzahl von Branchen (Optiker, Drogerien, Gartencenter, Schuhe, Sportartikel, Gastronomie etc.) und Betriebsformen (Großhandel, Cash- und Carry, Versender etc.) angeboten (vgl. Berekoven/Eckert/Ellenrieder 2001, S. 138).

3.2.1.1.3 Spezialpanels

Hierzu zählen die oben behandelten *„Lokalen Testmarktpanels"* der GfK und von ACNielsen. Ihnen kommt besondere Bedeutung für die quasi-experimentelle Überprüfung von neuen Produkten zu. Erwähnenswert sind auch die *Fernsehzuschauerpanels* GfK-Meter (5.500 Haushalte) und TAM der Nielsen Media Research (4.500 Haushalte), bei denen die Einschaltquoten und Reichweitenwerte durch ein am Fernseher angeschlossenes Gerät erfasst wird.

3.2.1.2 Repräsentanz von Panelergebnissen

Die Übertragbarkeit der Panelergebnisse auf die Grundgesamtheit wird vor allem durch folgende Faktoren beeinträchtigt:

* niedrige „Marktabdeckung" („Coverage"),
* das jeweilige Auswahlverfahren,
* Panelsterblichkeit.

3.2.1.2.1 Marktabdeckung

Panelergebnisse können nicht alle Haushalte bzw. Handelsbetriebe repräsentieren, da sich ein Teil von vornherein der Erfassung entzieht. In *Haushaltspanels* entfallen Ausländerhaushalte (es sei denn, es handelt sich um Homescannerpanels), Kantinen und Personen, die häufig auf Reisen sind. Die Marktabdeckung, d. h. der Prozentsatz der durch das Haushaltspanel repräsentierten Einkäufe, reicht daher nur von 60 % (bei Alkoholika, Erfrischungsgetränken, Joghurt usw.) bis zu 90 % (Feinseifen, Kaffee, Waschmittel usw.) (vgl. Broder 1980, S. 42).

Ähnliche Schwierigkeiten bestehen bei Lebensmittel-Einzelhandelspanels, bei denen aufgrund von Ausfällen oder wegen Geheimhaltungsinteressen (z. B. Aldi) keine repräsentative Marktabdeckung erzielt wird. Insbesondere im Non-Food-Bereich können aufgrund kleiner Stichproben und der wachsenden Anzahl neuer Vertriebswege (Fabrikverkauf, E-Commerce, PC-Verkauf bei Aldi etc.) nur unvollständige Marktabdeckungen erreicht werden.

Es ist daher empfehlenswert, sich durch Vergleich von Panelergebnissen mit intern vorliegenden Daten der Absatzstatistik einen Eindruck vom „Coveragegrad" zu verschaffen.

3.2.1.2.2 Auswahlverfahren

Die mit der „Marktabdeckung" erfassten Erhebungseinheiten (Personen, Haushalte, Handelsgeschäfte) bilden die Grundgesamtheit, aus der eine Teilerhebung zu gewinnen ist. Da ein erheblicher Teil der angesprochenen Haushalte bzw. Geschäfte die Mitarbeit von vornherein verweigert, entfällt die Möglichkeit, *repräsentative Stichproben nach einem reinen Zufallsprinzip* zu bilden.

Stattdessen wird bei Verbraucherpanels eine *mehrstufige Klumpenauswahl* (Gemeinden, Stimmbezirke, Straßen) und auf der letzten Auswahlstufe eine Quotenauswahl des anzuwerbenden Haushalts vorgenommen. Beim Lebensmittel-Einzelhandelspanel von ACNielsen wird die Grundgesamtheit in Schichten unterschiedlicher Umsatzhöhe (Kleinbetriebe, Supermärkte, Verbrauchermärkte etc.) eingeteilt und aus jeder Schicht nach dem Quotenmodell eine Teilerhebung gewonnen (zu den hier erwähnten Auswahlverfahren vgl. Kap. 5).

3.2.1.2.3 Panelsterblichkeit

Unter Panelsterblichkeit versteht man den Ausfall von Panelteilnehmern aus einem laufenden Panel. Praktiker berichten, dass schon in den ersten Wochen *bis zur Hälfte* der Haushalte ihre Mitarbeit einstellen (vgl. Broder 1980, S. 9 f.). Bei Einzelhandelspanels wird von einem Ausfall von ca. 15 % jährlich berichtet. Weitere Ausfälle kommen durch Tod, Umzug etc. zustande. Aus diesem Grund unterhalten Panelinstitute eine *Ersatzstichprobe*, in der sich Haushaltsschichten befinden, die am stärksten zum Ausfall neigen. Die entstandenen Lücken werden dann monatlich durch ähnliche Haushalte nach dem Quotenmodell ersetzt, wobei anzunehmen ist, dass schließlich immer mehr atypische Haushalte in der Stichprobe enthalten sind (z. B. „Experten" oder Haushalte, die auf den Sozialkontakt mit dem Institut Wert legen). Aus diesem Grunde ist zu empfehlen, in regelmäßigen Abständen Teile des Panels insgesamt durch neue Stichproben zu ersetzen (*Panelrotation*).

Während sich die Marktabdeckung durch die Panelergebnisse überprüfen lässt, sind die Auswirkungen der Mitarbeitsverweigerung und der Panelsterblichkeit weniger bekannt (eine entsprechende Untersuchung der GfK zeigte zwar Probleme auf, wurde jedoch nicht veröffentlicht). Dabei ist anzunehmen, dass Verbraucherpanels von diesen Problemen stärker betroffen sind als Handelspanels.

3.2.1.3 Paneleffekte

Panelergebnisse werden verzerrt, wenn sich die Erhebungseinheiten durch die Mitarbeit im Panel aus den verschiedensten Gründen anders verhalten als norma-

lerweise. Die *Validität* (Gültigkeit) wird dann durch so genannte „Paneleffekte"
eingeschränkt. Derartige Paneleffekte treten besonders bei Verbraucherpanels
auf, allerdings besteht auch bei Handelspanels u. U. die Möglichkeit, dass die
Geschäftsleitung eines Betriebs nun anders disponiert als vor der Mitarbeit im
Panel (hierzu kann auch die Betreuung der Panel-Handelsgeschäfte durch laufende Informationen der Institute über Marktdaten, Preise u.ä. beitragen).

Bei Verbraucherpanels sind folgende Paneleffekte zu erwähnen:

- Die Berichterstattung kann zu einer bewussteren Einkaufstätigkeit und somit
  zu Verhaltensänderungen führen.
- Im Berichtsbogen aufgeführte Warengruppen veranlassen den Haushalt zu
  Einkäufen, die er vorher nicht tätigte.
- Aus Prestigegründen werden mitunter mehr Einkäufe angegeben als tatsäch-
  lich vorgenommen wurden.
- Bei langer Panelzugehörigkeit kommt es zu Lerneffekten und zu Nachlässig-
  keiten infolge von Ermüdungserscheinungen.

Untersuchungen belegen, dass die ersten drei Paneleffekte *nach einer kurzen Ein-
gewöhnungszeit wieder abgebaut* werden. Die Institute nehmen daher neu ange-
worbene Haushalte erst nach einer *Wartezeit* in die Panelauswertung auf. Die
Auswirkungen langer Panelzugehörigkeit konnten bisher noch nicht nachgewie-
sen werden (vgl. Broder 1980, S. 13).

3.2.1.4 Auswertungsmöglichkeiten von Paneldaten

Verbraucher- und Handelspanels bieten zunächst eine Reihe identischer Informationen wie z. B. Angaben über Marktvolumen, Marktanteile, Absatzmengen etc.
Andererseits lassen sich nur mit Verbraucherpanels Fragen beantworten, die sich
auf Konsumentenmerkmale und Konsumentenverhalten beziehen, während Handelspanels Aufschlüsse über die Distribution einer Marke liefern. Viele Marketing-Entscheidungen machen daher den Bezug beider Panelinformationen notwendig.

Die nachfolgenden Ausführungen beziehen sich auf das Haushaltspanel der GfK
und das Lebensmittel-Einzelhandelspanel der ACNielsen.

3.2.1.4.1 Ergebnisse und Auswertungsmöglichkeiten von
Verbraucherpanels

Globale Marktdaten über Bedarf und Konkurrenz

Zu den Standardergebnissen von Verbraucherpanels zählen Angaben über den
mengen- und wertmäßigen Absatz einer Produktgattung sowie der zu ihr gehöri-

gen Marken. Hieraus lassen sich die mengen- und wertmäßigen Marktanteile ermitteln. Diese Daten geben erste Aufschlüsse über die Marktentwicklung sowie über Verschiebungen zwischen konkurrierenden Marken und über neu in den Markt eindringende Wettbewerber.

Segmentierung

Die Marktvolumens- und Marktanteilsdaten können vielfach untergliedert („segmentiert") werden:

- *Regionale Segmentierung*
  Nielsen-Gebiete (siehe unten), Ortsgrößen, Verkaufsbezirke etc.

- *Geschäftstypen*
  Warenhäuser, Discountgeschäfte, SB-Märkte etc.

- *Soziodemographische Merkmale*
  Alter, Haushaltsgröße, Haushaltsnettoeinkommen etc.

- *Kauf- und Verwenderverhalten*
  Markentreue, Verbrauchsintensität, Menge pro Einkauf und Verbrauchsdauer, Parallelverwendung von Marken, Reaktionen auf Sonderangebote und Neueinführungen etc.

- *Psychologische Merkmale*
  Einstellungen etc.

Im Rahmen von Sonderanalysen können hierbei auch Segmentierungen unter *gleichzeitiger* Heranziehung der *trennschärfsten* Merkmale angefordert werden (z. B. durch *Kontrastgruppenanalysen*). Hierdurch wird eine umfassende und übersichtliche Beschreibung von Märkten möglich.

Marktdurchdringung und Wiederkäufer

Die Marktdurchdringung (Penetration) gibt an, wie viele Haushalte die Marke schon einmal gekauft haben. Zur Charakterisierung der zeitlichen Entwicklung wird angegeben, wie viele Erstkäufer pro Monat zu den bisherigen Erstkäufern hinzukommen.

Die nächste Abbildung veranschaulicht die Entwicklung der Marktdurchdringung am Beispiel einer Kaffeemarke (in Anlehnung an Broder 1980, S. 28).

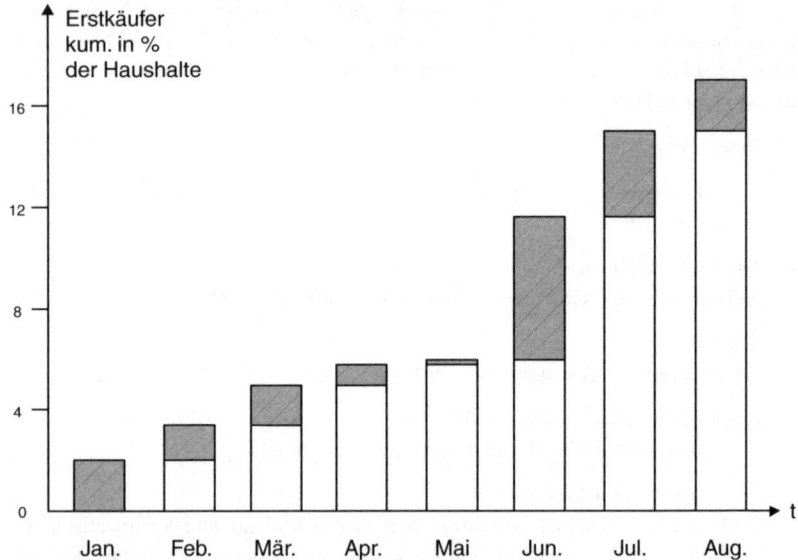

Abb. 12: Kumulierte Erstkäufer (Marktpenetration)

Da im Beispiel nach anfänglichen Erfolgen bei der Einführung der Marke die Marktdurchdringung stagniert, wird im Juni eine Werbekampagne zur Generierung neuer Käufer gestartet. Damit steigt die Zahl der Erstkäufer wieder stärker an und erreicht im August schließlich 16 %. Erstkäuferzahlen ermöglichen somit eine erste Beurteilung des kurzfristigen Erfolgs von Werbemaßnahmen und Sonderaktionen. Allerdings reicht diese Kennzahl allein nicht zur längerfristigen Erfolgsbeurteilung aus. Es ist auch zu überprüfen, wie viele Käufer langfristig bei der Marke bleiben. Aus diesem Grunde werden die *Wiederkäufer* ermittelt. Detailliertere Analysen weisen daher nach, wie viel Prozent der Käufer die Marke zwei-, drei-, vier-, fünfmal und mehr wieder gekauft haben.

Wie wichtig derartige Daten sind, zeigt folgendes Beispiel:

Bei Einführung eines neuen Produkts wird rasch ein zufriedenstellender Marktanteil erzielt. Eine genauere Analyse der Penetration und der Wiederkaufrate belegt jedoch, dass pro Monat aufgrund einer gelungenen Werbung immer wieder sehr viele Erstkäufer hinzukommen, dass aber eine äußerst geringe Wiederkaufrate vorliegt, da die Verbraucher mit dem Produkt unzufrieden sind. Es ist daher abzusehen, dass bald alle in Frage kommenden Haushalte das Produkt ausprobiert haben und dass der Marktanteil dann wegen der geringen Wiederkaufrate stark absinken wird.

Marktanteilsprognose für neue Produkte

Der vorherige Abschnitt deutete schon an, dass ein Zusammenhang zwischen Penetration, Wiederkauf und Marktanteil besteht. Dieser Zusammenhang lässt sich bei neuen Produkten für *eine frühzeitige Prognose des längerfristig erreichbaren Marktanteils* nutzen (vgl. Parfitt/Collins 1972). Der Vorteil dieses Verfahrens ist zudem, dass sich diese Daten rasch und kostengünstig aus dem oben erwähnten „GfK-BehaviorScan" gewinnen lassen.

Der Grundgedanke dieser Prognose besteht darin, dass sich die *Marktdurchdringung* und die *Wiederkaufrate* nach mehreren Kaufabschnitten rasch *stabilisieren*:

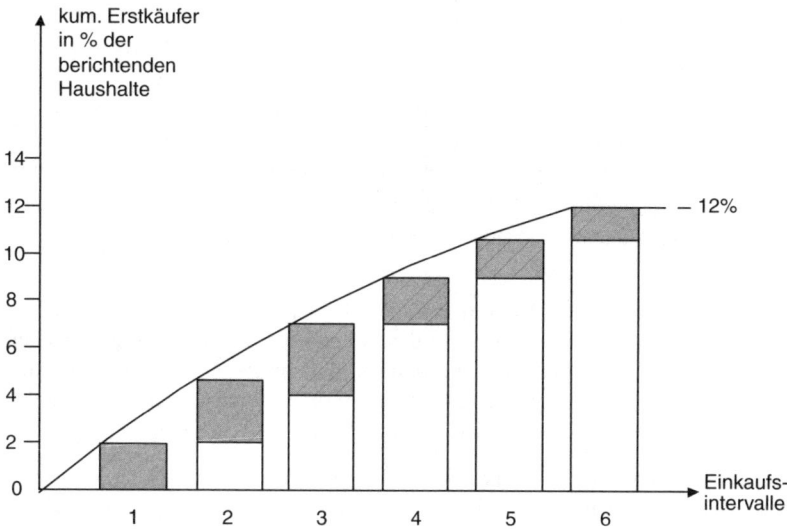

Abb. 13: Stabilisierung der Penetration

Die Entwicklung der Marktdurchdringung lässt den Schluss zu, dass mit einer langfristigen Penetration von 12 % zu rechnen ist. Nun ist festzustellen, auf welchem Niveau sich die *Wiederkaufrate* einpendelt. Die Wiederkaufrate gibt den Anteil der Einkäufe des neuen Produkts an, der von den Erstkäufern im nächsten Einkaufsintervall getätigt wird. Wurden z. B. von der Erstkäufern im nächsten Einkaufsintervall 125 Einheiten in der Produktklasse eingekauft und entfielen auf das neue Produkt 100 Einheiten, so beträgt die Wiederkaufrate $\frac{100}{125} = 0{,}80$.

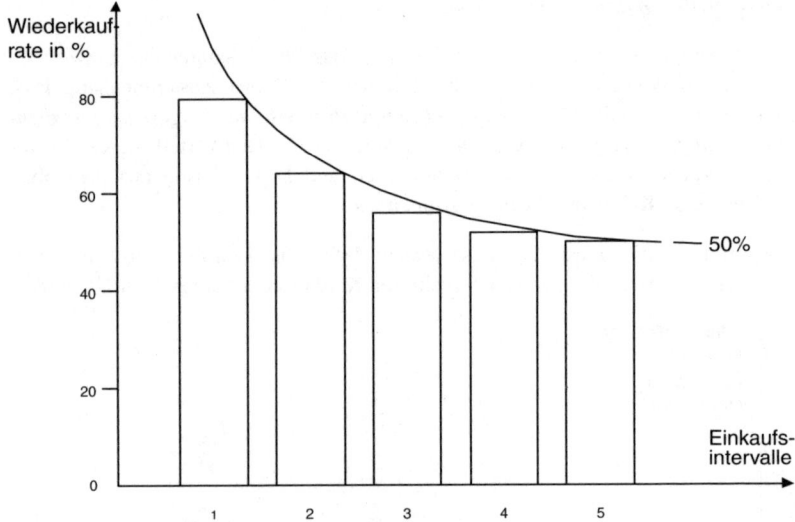

Abb. 14: Stabilisierung der Wiederkaufrate

Im ersten Wiederholungsintervall entfallen 80 % der Einkäufe von Erstkäufern wieder auf die neue Marke, 20 % werden bei anderen Marken getätigt. Im zweiten Wiederholungsintervall sei angenommen, dass nur noch 60 % aller Einkäufe von den bisherigen Käufern bei der neuen Marke getätigt werden usw. Langfristig stabilisiere sich die Wiederkaufrate bei 50 %.

Ist der mengenmäßige Verbrauch bei allen Haushalten in etwa gleich, so errechnet sich der langfristig erreichbare Marktanteil wie folgt:

Marktanteil = Marktpenetration × Wiederkaufrate

Im Beispiel ergibt sich:

Marktanteil = 0,12 × 0,5 = 0,06

Der zu erwartende Marktanteil beträgt somit 6 %.

Falls sich die Käufer der neuen Marke von anderen Käufern in ihrem Verbrauch unterscheiden, so kann dies durch einen Mengenindex berücksichtigt werden. Im Beispiel sei angenommen, dass die Wiederkäufer des neuen Produkts das 2,5-fache in der Produktklasse verbrauchen wie die Käufer der anderen Produkte. Der Mengenindex ist somit 2,5. Der Marktanteil ergibt sich dann aus:

Marktanteil = Marktpenetration × Wiederkaufrate × Mengenindex

Marktanteil = 0,12 × 0,5 × 2,5 = 0,15

Der zu erwartende Marktanteil beträgt somit 15 %.

Gain-and-Loss-Analyse

Die Gain-and-Loss-Analyse erfasst die mengen- und wertmäßigen Einkäufe der Panelhaushalte in zwei gleich langen Zeiträumen und stellt die durch Markenwechsel auftretenden Wanderungsbewegungen zwischen konkurrierenden Marken fest. Sie ist besonders aufschlussreich bei Produktneueinführungen, da die mengen- und wertmäßigen Austauschbeziehungen zwischen substituierbaren Marken anzeigen, inwieweit es einer Marke gelungen ist, sich von anderen abzuheben.

Kernstück der Gain-and-Loss-Analyse ist die so genannte *Innenmatrix*, in der erfasst wird, wie viele Einheiten von einer Marke an andere Marken abwanderten und umgekehrt.

		nach			Summe der
---	---	A	B	C	Verluste
	A	–	20	30	50
von	B	30	–	150	180
	C	10	130	–	140
	Summe der Gewinne	40	150	180	370

Abb. 15: Innenmatrix der Gain-and-Loss-Analyse

Die Gewinn- und Verlustmatrix zeigt, dass zwischen der Marke *A* und den Marken *B* und *C* nur geringe Austauschbeziehungen vorliegen: *A* verliert 20 Einheiten an *B* und 30 an *C*, sie gewinnt andererseits 30 Einheiten von *B* und 10 von *C*. Da der Summe der Verluste von *A* in Höhe von 50 Einheiten 40 Einheiten als Gewinn gegenüberstehen, beträgt der Saldo 10 Einheiten Verlust. Die entsprechenden Wanderungsbewegungen zwischen *C* und *B* zeigen demgegenüber intensivere Konkurrenzbeziehungen an. Allerdings wird diese Analyse insbesondere bei mehreren konkurrierenden Marken schnell unübersichtlich. Aus diesem Grund errechnet die GfK eine *Kennzahl*, aus der der *Grad der Konkurrenzbeziehungen* hervorgeht (so genannter *Affinitätswert*). Aufschlussreich sind dann die Affinitätswerte verschiedener Perioden, aus denen sich ersehen lässt, inwieweit Austauschbeziehungen zwischen Marken zu- oder abgenommen haben.

3.2.1.4.2 Ergebnisse und Auswertungsmöglichkeiten von Handelspanels

Informationen über Bedarf und Konkurrenz

Hierbei handelt es sich um Daten, die auch von Verbraucherpanels geliefert werden, nämlich:

- Umsatz, Absatz,
- Marktvolumen,
- Marktanteile (mengen- und wertmäßig).

Distribution und Verkaufsförderung im Handel

Die Distributionsdaten gehören zu den wichtigsten Informationen von Handelspanels, zumal diese nicht aus Verbraucherpanels zu entnehmen sind.

Zunächst werden für einzelne Marken einer Warengruppe u. a. Einkäufe, Lagerbestand, Lagerumschlagsgeschwindigkeit und Bezugswege des Handels angegeben. Hierdurch lässt sich feststellen, inwieweit der Absatz eines Unternehmens auf Bestandserhöhungen des Handels zurückzuführen ist (*Pipeline-Effekt*).

Zu den *Distributionsdaten i.e.S.* zählen Angaben über die Verfügbarkeit einer Marke in bestimmten Handelszweigen. Hierzu werden Kennziffern der „*numerischen*" und der „*gewichteten*" *Distribution* sowie der „*Ordersatz-Index*" berechnet. Eine typische Kennziffer der numerischen Distribution des Warenbestandes ist der „*Prozentsatz der Geschäfte, die die Ware zum Zeitpunkt der Bestandsaufnahme vorrätig hielten*". Die entsprechende, gewichtete Distribution gibt dagegen den „*umsatzmäßigen Anteil der Geschäfte wieder, die die Ware vorrätig hielten, bezogen auf den Warengruppenumsatz*". Der *Ordersatz* ist eine Bestellliste von Großhändlern oder von Zentralen der Filialunternehmen, in die die Geschäftsinhaber ihre Bestellungen eintragen. Der „Ordersatz-Index" gibt den *Anteil der Geschäfte* an (numerisch und gewichtet), *in deren Ordersatz ein bestimmtes Produkt aufgeführt* ist, bezogen auf die Gesamtheit der Geschäfte, die mit einem Ordersatz arbeiten (vgl. Stern 1974, S. 473).

Verkaufsförderungsdaten geben den Prozentsatz der Geschäfte an, die im Zeitpunkt der Erhebung bestimmte Verkaufsförderungsmaßnahmen durchgeführt haben.

Segmentierung

Die obengenannten Daten werden u. a. nach folgenden Merkmalen untergliedert:

- *Nielsen-Gebiete*

Gebiet 1: Hamburg, Bremen, Schleswig-Holstein, Niedersachsen;
Gebiet 2: Nordrhein-Westfalen;
Gebiet 3a: Hessen, Rheinland-Pfalz, Saarland;

Gebiet 3b: Baden-Württemberg;
Gebiet 4: Bayern;
Gebiet 5a: Berlin (West);
Gebiet 5b: Berlin (Ost);
Gebiet 6: Mecklenburg-Vorpommern, Brandenburg, Sachsen-Anhalt;
Gebiet 7: Thüringen, Sachsen

• *Einzelhandelstypen*

SB-Warenhäuser
Große Verbrauchermärkte
Supermärkte, Discountmärkte
Restliche Geschäfte

• *Organisationsformen*

Filial-Geschäfte
Edeka-, Rewe-, Spar-Geschäfte
Restliche Geschäfte

Auf Wunsch können noch weitergehende Untergliederungen nach Verkaufsbezirken, Ortsgrößenklassen, Ballungsräumen etc. vorgenommen werden.

Die vorliegenden Daten sind für viele Marketing-Entscheidungen relevant (vgl. hierzu die instruktiven Beispiele bei Ruppe 1989, S. 31 ff.):

• Sie liefern die Informationsgrundlagen, wenn Produkte in neue Märkte einzuführen sind.
• Handelspaneldaten erlauben die Überwachung des Marktes, indem sie das Eindringen und die Entwicklung von konkurrierenden Marken aufzeigen. Oder sie zeigen Veränderungen im Handel auf, wie z. B. die Entstehung neuer Vertriebsformen oder die Abwanderung einer Marke in neue Distributionskanäle, den Verlust von Distributionskanälen, Lagerbestandserhöhungen im Handel u. a. m.
• Sie erbringen die Messwerte bei testweisem Einsatz einzelner oder mehrerer Marketing-Maßnahmen.
• Sie erlauben die fortlaufende Kontrolle von realisierten Marketing-Maßnahmen.

3.2.2 Werbeträgeranalysen

Um die Auswahl von Werbeträgern (Zeitungen, Zeitschriften, Hörfunk, Fernsehen usw.) zu unterstützen, werden in der Bundesrepublik standardisierte Informationen zur Leistung von Medien angeboten (so genannte *Werbeträgeranalysen*).

1. *Auflage- bzw. Verbreitungszahlen*

Geprüfte Auflagen- bzw. Verbreitungszahlen für Zeitungen, Zeitschriften, Plakatanschlagstellen und Kinobesuch veröffentlicht die Informationsgemeinschaft zur Feststellung der Verbreitung von Werbeträgern e. V. (IVW).

2. *Reichweitenwerte*

Hierzu zählen bei Zeitungen und Zeitschriften die *Leser pro Auflage* bzw. die *Anzahl der Rundfunkhörer* bzw. *Fernsehzuschauer.* Darüber hinaus werden die Reichweiten bei mehrfacher Belegung eines Mediums (kumulierte Reichweite) bzw. bei gleichzeitiger Belegung in verschiedenen Medien angegeben. Als Informationsquellen für diese Daten sind erwähnenswert:

- die Mediaanalysen der „Arbeitsgemeinschaft Mediaanalyse" (ag.ma);
- die Infratest-Multi-Mediaanalyse (IMMA/imd);
- die Allensbacher Werbeträgeranalyse (AWA);
- die Fernsehzuschaueranalyse der GfK (hierbei werden nicht nur die eingeschalteten Programme erfasst, sondern auch die Nutzung des Geräts für Telespiele, Video u. a.m.).

Die Berichterstattung bezieht sich zudem auch auf die Reichweitenwerte in demographisch und sozioökonomisch abgegrenzten Gruppen. Die IMMA liefert zusätzlich Reichweitenwerte von Werbeträgern bei Produktverwendern in 95 Produktgruppen (derartige Daten können auch als Spezialerhebungen in Verbraucherpanels angefordert werden). Die AWA gibt Reichweitenwerte für psychologisch abgegrenzte Zielgruppen sowie für Zielgruppen, die nach dem Kaufverhalten bzw. Produktbesitz gebildet wurden, an (vgl. AWA 2002: Märkte und Medien). Ähnliche Daten werden auch von den Verlagen in unregelmäßigen Abständen veröffentlicht (vgl. hierzu Böhler 1977a, S. 447 ff.).

3. *Streukosten der Konkurrenz*

Daten über die verursachten Streukosten (d. h. Ausgaben für die Belegung von Medien) verschiedener Wirtschaftszweige und Konkurrenten insgesamt sowie gegliedert nach den einzelnen Werbeträgern liefern der Heinrich Bauer Verlag, Hamburg, sowie Nielsen Media Research, Hamburg.

3.2.3 Marktdatenbanken

Um den Nutzern von externem Sekundärmaterial die mühsame Sichtung von Berichtsbänden und die anschließende Übertragung in maschinenlesbare Form zu ersparen, wurden „Marktdatenbanken" geschaffen, aus denen im Online-Dialog die gesuchten Informationen abgerufen werden können.

Das Informationsangebot der externen Datenbanken erstreckt sich von *Dokumentationssystemen* (z. B. technische und naturwissenschaftliche Veröffentlichungen) über *Textdatenbanken* (Firmen- und Wettbewerbsauskünfte, Branchenentwicklung, Ausschreibung, Lizenzen und Patente) bis hin zu *numerischen Datenbanken*, die makroökonomische Zeitreihen und Paneldaten enthalten (vgl. Goldrian 1984; Heinzelbecker 1985 und 1995).

Nachfolgend einige wichtige Datenbankanbieter (vgl. Heinzelbecker 1985; Schulte-Hillen 1988):

- *Makroökonomische Datenbanken*
  Statistisches Bundesamt (STATIS BUND); Automatic Data Processing Network Services (ADP); Data Resources Inc. (DRI); General Electric Co. (BI/DATA); OECD; EURONET DIANE (CRONOS-EURO-STAT), IFO.

- *Branchendatenbanken*
  Z.B. Bundesvereinigung Deutscher Apothekerverbände (ABDA-Pharma), International Air Transport Association (IATA North Atlantic Traffic), DATEV (Datev-Lexinform-Steuerrechtsdatenbank).

- *Paneldaten- und Marktforschungsdatenbanken*
  GfK (GfK-Basiszahlen), Frost und Sullivan, Inc. (Frost&Sullivan Market Research Report Abstracts), FIND/SVP (FIND/SVP Reports and Studies Index) etc.

Neben dem Abruf von Rohdaten, Berichten, Prognosen und dergl. ermöglichen einige Informationssysteme auch statistische Auswertungen (so reicht der Katalog der Verfahren der Ifo-Datenbank von der Zeitreihentransformation und Zeitreihenzerlegung bis zu unvariablen Prognosemethoden und der multiplen Regression).

Für Unternehmen, die auf eine intensive Nutzung externer Datenbanken angewiesen sind, ist es sinnvoll, Verträge mit mehreren Anbietern abzuschließen, da sich deren Datenbankinhalte stark unterscheiden (z. B. Daten über die Bundesrepublik, die EU oder die USA). Die Qualität der erzielten Informationen hängt dabei von den jeweiligen Sekundärdaten ab (hier gilt die oben erwähnte Kritik zur Brauchbarkeit von Sekundärmaterial) als auch von den Fähigkeiten der Benutzer, sich mit geeigneten Suchbegriffen an die gespeicherten Datenbankinhalte heranzutasten. Insgesamt gesehen, erhöhen Online-Datenbanken jedoch das Informationsangebot, da sie die Beschaffung von Daten ohne hohen Zeitaufwand ermöglichen, auf die man ansonsten verzichten müsste.

Mit der zunehmenden Verbreitung des Internet bieten sich im Rahmen der Sekundärforschung vielfältige Möglichkeiten, auf externe Datenbanken zurückzugreifen. Das Informationsangebot reicht von Suchmaschinen bzw. Meta-Suchmaschinen, die das Internet nach den eingegebenen Begriffen durchsuchen, bis zu spezialisierten Anbietern von Datenbanken und Recherchemöglichkeiten in Bezug auf spezifische Themenkomplexe. Neben einzelnen Datenbankbetreibern bieten Portale wie beispielsweise Genios oder GBI den Zugriff auf mehrere Hundert Datenbanken und Archive.

Anwendungsgebiet	Datenbank-Einsatz	Datenbank-Beispiele
1. Primärmarktforschung (Stichprobenbildung/-auswahl)	• Adress-Datenbanken • Unternehmensverzeichnisse	AZ Direct Marketing, Donnelly & Geradi, PAN-Adress DUN's, KOMPASS
2. Sekundär-Marktforschung • Wettbewerberbeobachtung und -analysen	• Wirtschafts-Pressedaten-banken • Unternehmensverzeichnisse • Markt-Abstracts • Paneldatenbanken • Technische Datenbanken • Patent-Datenbanken	PTS Newsletter, Textline DUN's, KOMPASS PTS PROMT INMARKT, INF'ACT FIZ-Technik-DB, JAPI STN-Datenbanken
• Markt-/Branchenbeobachtung und -analysen	• Markt-Abstracts • Wirtschafts-Pressedatenbanken • Statistik-Datenbanken • Marktstudien-Verzeichnisse • Paneldatenbanken	PTS PROMT PTS Newsletter, Textline DRI-/WEFA-Datenbanken DATAMONITOR, EUROMONITOR, MAID, Findex, F&S INMARKT, INF'ACT
• Konjunkturbeobachtung und Länderanalysen	• Volkswirtschaftl. Datenbanken • Länder-Datenbanken	DRI-/WEFA-Datenbanken COUNTRY REPORT SERVICES, GLOBAL REPORT
• Umfeldbeobachtung und -analyse	• Wirtschafts-Pressedatenbanken • Sozialwiss. Datenbanken • Juristische Datenbanken • Technische Datenbanken	PTSNEWSletter, Textline PUBLIC OPINION ONLINE JURIS FIZ-Technik-Datenbanken
3. Database-Marketing • Direkt-Werbung	• Adress-Datenbanken	AZ Direct Marketing, Donnelly & Geradi, PAN-Adress
• Direkt-Vertrieb	• Unternehmensverzeichnisse • Telefon-/Fax-Verzeichnisse • Mikrogeographische Datenbanken	DUN's, KOMPASS, World Fax Directory, Büro-Compact LOCAL, IDENT, REGIO SELECT, SPA, DART, MICRO-TYP, CAS, MEDIA-POINT, SELECT-P
4. Werbung	• Anzeigen-Datenbank • Messe-Datenbank • Motiv-Datenbank • Media-Datenbank • Warenzeichen-Datenbank • Werbestatistik • Werbeliteratur	Genios Operator, GOFI, MEDIA PIGE FAIR BASE, Eventline, M+A Messeplaner IMAGE GALLERY, GRAFIK Bibliothek FIPS/Bauer Marketing, MEDIATHEK/ Media-Service, TRADEMARKSCAN S+P/Nielsen COMDATA
5. Produktpolitik • Ideensuche • Neue Produkte, neue Anwendungen	• Markt-Abstracts • Technische Datenbanken	PTS PROMT JAPI
6. Konditionenpolitik • Preis-Monitoring	• Statistik-Datenbank • Panel-Datenbank	DRI,WEFA INMARKT, INF'ACT

Abb. 16: Anwendungsgebiete externer Datenbanken im Marketing (nach Heinzelbecker 1995, Sp. 425 f.)

3.3 Erhebungsmethoden der Primärforschung

Wenn die Analyse von Sekundärmaterial nicht ausreicht, um den Informationsbedarf für Marketing-Entscheidungen zu decken, ist durch Primärforschung das entsprechende Datenmaterial zu beschaffen. Die *wichtigste Informationsquelle* der Primärforschung sind die *Endverbraucher*, bei denen die Daten entweder durch *Befragung* oder durch *Beobachtung* erhoben werden. (Häufig werden in Abhandlungen zu den Erhebungsmethoden an dieser Stelle Experiment und Panel angeführt. Wie schon in den entsprechenden Abschnitten dargelegt, handelt es sich dabei jedoch um *Forschungspläne*, in deren Rahmen die Datenerhebung durch Befragung bzw. Beobachtung erfolgt.)

3.3.1 Befragung

Unter dem Begriff „Befragung" werden mehrere Datenerhebungsmethoden zusammengefasst, deren Gemeinsamkeit darin besteht, dass die Auskunftsperson durch verbale oder andere Stimuli (schriftliche Fragen, Bildvorlagen, Produkte) zu Aussagen über den Erhebungsgegenstand veranlasst werden.

Die folgenden Abschnitte behandeln die wichtigsten *Befragungsmethoden* sowie den *Fragebogenaufbau*.

3.3.1.1 Befragungsmethoden

Zur Klassifizierung der Befragungsmethoden werden üblicherweise die folgenden Kriterien herangezogen (vgl. Campbell 1950, S. 15; Behrens 1966, S. 48 ff.; Hüttner/Schwarting 2002, S. 68 ff.):

Standardisierungsgrad

- Standardisierte Befragung
- Teil- bzw. nichtstandardisierte Befragung

Art der Fragestellung

- Direkte Befragung
- Indirekte Befragung

Kommunikationsform

- Mündliche Befragung
- Telefonische Befragung
- Schriftliche Befragung
- Internet-Befragung

Jede in der Praxis vorkommende Befragung ist durch diese drei Kriterien beschreibbar (z. B. „standardisierte mündliche Befragung mit indirekter Fragestellung").

Nachfolgend werden die Einteilungskriterien der besseren Übersicht wegen jedoch getrennt behandelt.

3.3.1.1.1 Standardisierungsgrad

Der Standardisierungsgrad einer Befragung lässt sich als Kontinuum auffassen. Üblicherweise unterscheidet man jedoch nur drei typische Fälle, nämlich die standardisierte, die teilstandardisierte und die nichtstandardisierte Befragung.

Standardisierte Befragung

Im Extremfall einer vollständig standardisierten Befragung liegt ein strikt einzuhaltender Fragebogen vor, in dem die Formulierung, die Reihenfolge und die Anzahl der Fragen sowie die Antwortmöglichkeiten vollständig vorgegeben sind. Weitere Regelungen betreffen das Interviewerverhalten. Mitunter werden hinsichtlich der Antwortmöglichkeiten auch Abstriche gemacht, indem auf Antwortvorgaben verzichtet wird und stattdessen die Antworten von der Auskunftsperson frei formuliert werden können.

Der Grund für die Standardisierung liegt in dem Bestreben, von allen Personen auf *ein und dieselbe Frage* miteinander *vergleichbare Antworten* zu erhalten. Durch Antwortvorgaben wird der Sinn der Frage leichter verständlich und die Erfassung der Antworten erfolgt schneller und vollständiger.

Ein typisches Beispiel ist die Frage:

„Wann haben Sie die Zeitschrift *Der Stern* zuletzt gelesen oder durchgeblättert?" (Zutreffendes bitte ankreuzen)

Innerhalb der letzten 3 Monate	☐
¼ - ½ Jahr her	☐
Länger als ½ Jahr her	☐
Noch nie	☐

Hätte man auf die Antwortvorgaben verzichtet, so hätte man Antworten erhalten wie „gestern", „ich habe ein Abonnement", „länger her", usw. Der Vorteil standardisierter Befragungen liegt neben der *Vollständigkeit* und *Vergleichbarkeit* der Antworten auch in der leichten *Quantifizierbarkeit* der Ergebnisse. Standardisierte Befragungen zeichnen sich zudem durch eine hohe *Zuverlässigkeit (Reliabilität)* aus, da die Interviewer keine Fragen hinzufügen und nicht die Formulierung und die Reihenfolge der Fragen verändern können (vgl. Selltiz u. a. 1972, S. 180; Mayntz/Holm/Hübner 1978, S. 120).

Allerdings muss diese Zuverlässigkeit mitunter durch eine Einschränkung der *Gültigkeit (Validität)* erkauft werden, wenn die Fragestellung und die Antwortvorgabe nicht die wahre Situation der Befragten erfasst: Hierdurch wird zumindest der Informationsgehalt der Antworten beschnitten, mitunter werden aber auch künstliche Antworten erzeugt. Standardisierte Befragungen sind daher am einfachsten durchzuführen, wenn es um wohlbekannte Themenbereiche geht, die durch klare Fragenformulierung und leicht unterscheidbare Antworten abgedeckt werden können (z. B. Fragen zu demographischen und sozioökonomischen Merkmalen oder zum Verwenderverhalten).

Bei Forschungsproblemen, über die noch wenig bekannt ist, aber auch bei standardisierten Befragungen zu psychologischen Sachverhalten (z. B. Image, Einstellungen, Persönlichkeitsmerkmale) ist durch entsprechende explorative Voruntersuchungen sicherzustellen, dass die relevanten Fragen- und Antwortbereiche in geeigneter Formulierung in den standardisierten Fragebogen aufgenommen werden. Hierzu sollen u. a. die verschiedenen Formen der teil- bzw. nichtstandardisierten Befragung beitragen.

Teil- bzw. nichtstandardisierte Befragung

Teil- bzw. nichtstandardisierten Befragungen liegt *kein Fragebogen* zugrunde. In der Praxis werden sie auch als „Tiefeninterviews" bezeichnet. Eine weitere, in jüngerer Zeit immer häufiger eingesetzte Variante ist zudem das „Gruppeninterview" („Focusgroup").

Tiefeninterviews sind Befragungen, in denen entweder nur ein *Rahmenthema* vorgegeben, dem Interviewer jedoch völlige Freiheit hinsichtlich der Abwicklung gegeben ist (*nichtstandardisiertes Tiefeninterview*); oder es liegt ein *grob strukturiertes Frageschema* vor (so genannter *Interviewerleitfaden*), die Reihenfolge und letztliche Formulierung der Fragen variiert von Fall zu Fall (*teilstandardisiertes Tiefeninterview*).

Tiefeninterviews sind in der *Anfangsphase von Forschungsvorhaben* wertvoll, wenn es um die Präzisierung von Entscheidungs- und Forschungsproblemen, um die Hypothesenfindung bzw. um Leitgedanken für nachfolgende deskriptive oder experimentelle Forschungsvorhaben geht (zu einem allerdings differenzierteren Verhältnis von Forschungsdesigns und dem Standardisierungsgrad von Befragungen vgl. S. 62). Dadurch, dass der Befragte nicht in seinen Antwortmöglichkeiten beschränkt ist, können die verschiedensten Aspekte des Untersuchungsgegenstandes beleuchtet werden. Die freie Gesprächsführung erhöht zudem die Auskunftsbereitschaft und die Spontaneität des Befragten. Mitunter können dadurch und durch Zusatzfragen zuvor dem Befragten unbewusste Sachverhalte aufgedeckt werden.

Die *Nachteile* des Tiefeninterviews schränken allerdings seinen Wert erheblich ein. Es werden hohe Anforderungen an die Fähigkeiten des Interviewers gestellt. Von ihm und von der Auskunftsfähigkeit des Befragten hängt die „Tiefe" des Interviews ab. Die Länge des Interviews und die begrenzte Anzahl qualifizierter Interviewer erlaubt nur eine geringe Anzahl von Interviews. Zudem entstehen hohe Kosten. Die Zuverlässigkeit und die Gültigkeit der Ergebnisse wird durch die geringe Standardisierung und den damit verbundenen Interviewereinfluss stark beeinträchtigt.

Weitere Fehlerquellen treten bei der Auswertung auf. Aufgrund der Subjektivität des Interviewers bei der Interpretation und Klassifikation der Antworten sind quantitativen Analysen enge Grenzen gesetzt.

Das *Gruppeninterview* ist eine *Variante des Tiefeninterviews*, bei dem mehrere Personen zugleich befragt werden. Ein Moderator initiiert das Gespräch (z. B. über ein Produkt, eine Werbeaussage, Konsumgewohnheiten usw.) und stimuliert die Gruppenmitglieder, miteinander über dieses Thema zu sprechen. Hierdurch wird der Interviewereinfluss z. T. eingeschränkt, andererseits wirkt das Wechselgespräch in der Gruppe anregend auf die Auskunftspersonen, so dass mehr Informationen als im Einzelgespräch gewonnen werden (zu den Vorzügen vgl. Hess 1968, S. 194).

Als internetbasiertes Gegenstück zu konventionellen Gruppendiskussionen werden verstärkt so genannte Online-Fokusgroups eingesetzt. Diese ermöglichen eine textbasierte Diskussion, die von einem Moderator geleitet wird, und bieten daher weitgehend die gleichen Anwendungsmöglichkeiten (bis auf sensorische Test) wie konventionelle Gruppendiskussionen (zu den Vor- und Nachteilen derartiger Online-Fokusgruppen vgl. beispielsweise Hahn/Epple 2001, S. 48 ff.; Brickarz/Urbahn 2002, S. 63 ff.).

Insgesamt treten die schon beim Tiefeninterview genannten Probleme der mangelnden Zuverlässigkeit, Gültigkeit und Auswertbarkeit auf. Das Gruppeninterview ist daher ebenfalls nur in der explorativen Forschung zur Gewinnung zusätzlicher Einsichten geeignet.

3.3.1.1.2 Art der Fragestellung

In Bezug auf die Art der Fragestellung lässt sich ein breites Kontinuum mit den Endpunkten „direkte" versus „indirekte" Fragestellung unterscheiden. Im Folgenden werden nur die Fälle

- direkte Befragung und
- indirekte Befragung mit den Unterformen psychologisch zweckmäßige Frage- und Antwortformulierung sowie projektive Tests

betrachtet.

Direkte Befragung

Direkte Befragungen versuchen, den zu erforschenden Sachverhalt ohne Umschweife zu ermitteln, z. B. „Wie alt sind Sie?"; „Haben Sie in der letzten Woche die Zeitschrift ‚Stern' gelesen oder durchgeblättert?". Allerdings sind direkte Befragungen nur bei relativ wenigen, unproblematischen Untersuchungsgegenständen anwendbar (z. B. bei Fragen zum Familienstand, zur Zahl der Kinder, zum Wohnort oder zum Einkaufs- und Verwendungsverhalten von Gütern des täglichen Bedarfs). Mitunter ist schon bei scheinbar unverfänglichen Fragen (z. B. zur Verwendungshäufigkeit von Produkten oder zum Besitzstand hochwertiger Güter), erst recht aber bei Fragen zu heiklen Themen mit unwahren Angaben oder Antwortverweigerungen zu rechnen. Um dies so weit wie möglich einzuschränken, versucht man durch „indirekte" Frageformulierung und durch Antwortspielräume die Auskunftsbereitschaft bzw. den Wahrheitsgehalt von Aussagen zu erhöhen.

Indirekte Befragung

Die Marktforschungspraxis hat eine Reihe von *Erfahrungsregeln* für eine *psychologisch zweckmäßige Frage- und Antwortformulierung* aufgestellt, durch deren Anwendung unwahre Angaben oder Antwortverweigerungen vermieden werden sollen. Meist handelt es sich hierbei um Empfehlungen, bestimmte Sachverhalte „*auf Umwegen*" zu erfragen oder man räumt *Antwortspielräume* ein. In der deutschen Marktforschung hat sich hierfür die Bezeichnung „*indirekte Befragung*" eingebürgert, da die Fragen oft in einer entpersonifizierten Form gestellt werden. Am einfachsten geschieht dies, indem Worte wie „Sie" durch „man" oder „die meisten Menschen" ersetzt werden oder indem nach dem Verhalten Dritter gefragt wird.

Der Befragte gibt dann vermeintlich Auskunft über dritte Personen, projiziert aber seine eigene Meinung bzw. sein Verhalten in die Antwort hinein (vgl. Mayntz/Holm/Hübner 1978, S. 110 f.; Raab 1974, S. 255 ff.). Bei derartig getarnten Fragestellungen wird die Absicht des Interviewers doch recht häufig durchschaut. Damit besteht die Gefahr der Verärgerung und des Interviewabbruches, oder es werden falsche Angaben gemacht. Bei manchen Themenbereichen (z. B. zu Einstellungen oder Kaufmotiven) ist der Befragte auch überfordert, weil seine Emotionen unterhalb einer durch psychologisch getarnte Fragen abrufbaren Wahrnehmungsschwelle liegen. Aus diesen Gründen werden „psychologische" oder „projektive Tests" eingesetzt.

Durch *projektive Tests* sollen Antworten erzielt werden, die auf anderem Wege von den Befragten nicht zu erhalten sind, sei es, weil sie diese nicht geben können oder nicht geben wollen.

Insbesondere in der *Einstellungs- und Motivforschung* treten diese Fälle auf, wenn entweder zu bestimmten Eigenschaften (Verpackung etc.) bei unwichtigen Produkten des täglichen Bedarfs Stellung zu beziehen ist oder wenn es um Einstellungen zum Konsum von Produkten geht, die nicht im Einklang mit persönlichen oder gesellschaftlichen Normen stehen.

Projektive Tests präsentieren daher dem Befragten mehrdeutige Stimuli (Fragen, Bilder, Aufgaben usw.), aus denen die Absicht des Interviewers nicht hervorgeht. Die Auskunftsperson entledigt sich dann ihrer Aufgabe dadurch, dass sie ihre eigene Meinung, ihre Werte, Vorurteile und Motive in die Antwort bzw. Aufgabenlösung hineinprojiziert (vgl. Spiegel 1970, S. 107, Kassarjian 1974, S. 3–86).

Die Vielfalt der Stimuli und damit der projektiven Tests ist außerordentlich groß, so dass an dieser Stelle nur einige der häufiger eingesetzten Methoden behandelt werden können.

Einkaufslistenverfahren

Eine klassische Anwendung des Einkaufslistenverfahrens geht auf Haire zurück (Haire 1950, S. 649 ff.), der die Einstellung von Hausfrauen zu Nescafé ermitteln wollte. Eine zuvor durchgeführte direkte Befragung von Hausfrauen, was ihnen an Nescafé missfallen würde, brachte meist nur die stereotype Antwort: „Ich mag den Geschmack nicht". Da eine (vielleicht unbewusst) vorgeschobene Antwort vermutet wurde, erstellte man für eine zweite Befragung zwei Einkaufslisten, in denen jeweils Produkte wie „Zwei Laib Brot", „1 Bündel Karotten", „5 Pfund Kartoffeln" etc. aufgeführt werden. Zusätzlich enthielt die eine Liste „Nescafé" und die andere dagegen „Maxwell Bohnenkaffee". Jeweils eine Liste wurde einer Gruppe vorgelegt und die Befragten gebeten, die Hausfrau zu beschreiben, die diese Lebensmittel kaufte. Die Hausfrau, die „Nescafé" einkaufte, wurde als faul, unfähig zu planen, als schlechte Hausfrau und als verschwenderisch bezeichnet. Demgegenüber wurde die „Maxwell" einkaufende Hausfrau als sparsam, fleißig, gut planend und als gute Hausfrau eingestuft.

Das Einkaufslistenverfahren ermöglicht somit Rückschlüsse auf das Image von Marken, die im Wege einer direkten Abfrage u. U. verborgen bleiben.

Thematischer Apperzeptionstest (TAT)

Der TAT besteht aus einer Reihe von Bildvorlagen, zu denen die Befragten eine Geschichte erzählen sollen. Im Marketing werden meist Situationen gezeigt, die mit dem Produkt in Zusammenhang stehen oder die typische Kauf- und Konsumsituation zeigen. Die Auskunftspersonen projizieren in diese Bilder ihr eigenes Konsumverhalten, ihre Einstellungen oder Images zu Marken, Unternehmen, Werbeaussagen etc. hinein. Aufgrund der großen Anwendungsbreite ist der TAT das am häufigsten verwendete projektive Verfahren.

Wortassoziations- und Satzergänzungstests

Beim *Wortassoziationstest* werden den Versuchspersonen nacheinander Wörter vorgelegt, zu denen sie spontan das erste Wort nennen sollen, das ihnen dazu einfällt. Die Liste der Wörter enthält neutrale Stimuli wie Wetter, Karotten, Haus und kritische Wörter wie Nescafé, Tiefkühlkost. Aus der Analyse der Antworten, mitunter auch unter Berücksichtigung, wie lange die Auskunftsperson zögerte und welche Gesten sie machte, ergeben sich Rückschlüsse zum Image von Markennamen, Hinweise auf einstellungsrelevante Produkteigenschaften, zur Erinnerungswirkung von Werbeaussagen usw.

Ähnlich wird beim *Satzergänzungstest* der Auskunftsperson ein unvollständiger Satz vorgelegt, mit der Bitte, ihn zu vervollständigen. Da die Antwortfreiheit gegenüber dem Wortergänzungstest eingeengt ist, kann man gezielter auf Einstellungen und Motive schließen (vgl. Kassarjian/Cohen 1965). Häufig wird hierbei auch die Form des Rosenzweig-Tests (Bildenttäuschungstests) gewählt, bei dem Bilder mit Personen vorgelegt werden, in deren Sprechblasen unvollständige Sätze enthalten sind, die von der Testperson vervollständigt werden müssen.

Die projektiven Methoden werfen, ähnlich wie die tiefenpsychologischen Einzel- und Gruppeninterviews, Probleme hinsichtlich der Interpretation und Auswertung auf. Aus diesem Grunde sind sie ebenfalls nur für explorative Forschungsfragen geeignet. Berechtigte Kritik richtet sich gegen die naive Anwendung der Verfahren durch psychologisch ungeschulte Marktforscher bzw. gegen ungenügend validierte Ad-hoc-Versionen der psychologischen Tests für spezielle Marktforschungsprobleme.

3.3.1.1.3 Kommunikationsform

Im Hinblick auf die Kommunikationsform wird zwischen mündlicher, telefonischer, schriftlicher und Internet-Befragung unterschieden.

	Mündlich	Telefonisch	Schriftlich	Internet
Traditionell	Interviewer mit Fragebogen	Interviewer mit Fragebogen	Fragebogen per Post o.ä.	Bildschirm-Befragung im World Wide Web (WWW)
Computer-gestützt	Computer Assisted Personal Interview (CAPI)	Computer Assisted Telephone Interview (CATI)	Elektronisch lesbarer Fragebogen (z.B. Disketten, E-Mail)	

Abb. 17: Kommunikationsformen bei der Befragung

91

Bei *mündlicher Befragung* (persönliches Interview) stellt der Interviewer die Fragen und notiert die Antworten. Neben dieser traditionellen Vorgehensweise finden mündliche Befragungen zunehmend computergestützt statt. Bei diesem als CAPI („*Computer Assisted Personal Interview*") bezeichneten Interview erscheinen die Fragen auf dem Bildschirm eines Notebooks. Diese werden in der Regel vom Interviewer abgelesen und die Antworten per Maus bzw. Tastatur eingegeben und anschließend an die Zentrale überspielt.

Bei der computergestützten Befragung dient der Computer nicht nur der elektronischen Speicherung und Wiedergabe des Fragebogens und der Antworten, vielmehr wird der Ablauf der Befragung durch ein Interviewprogramm gesteuert. Hierbei lassen sich durch Randomisierung der Fragenreihenfolge Reihenfolgeeffekte vermeiden, es erfolgt eine sofortige Plausibilitäts- und Fehlerkontrolle, durch Zwischenauswertungen lässt sich die weitere Stichprobenzusammensetzung steuern bzw. feststellen, ob sich die Ergebnisse stabilisieren und damit eine Beendigung der Befragung möglich ist.

Die *telefonische Befragung* ist dadurch gekennzeichnet, dass das Telefon als Kommunikationsmedium eingesetzt wird. Der Interviewer stellt Fragen und zeichnet die Antworten auf. Werden telefonische Interviews computergestützt durchgeführt, spricht man von einem „*Computer Assisted Telephone Interview*" (CATI). Bei CATI zeigt der Computer die jeweiligen Fragen an, der Interviewer liest diese vor und gibt zugleich die Antworten der Auskunftspersonen ein. Die für CAPI genannten Vorteile der Ablaufsteuerung gelten analog.

Bei *schriftlicher Befragung* bekommt die Auskunftsperson den Fragebogen in der Regel per Post zugestellt oder sie entnimmt ihn aus Zeitschriften, Warenverpackungen etc. und schickt ihn ausgefüllt zurück. Zunehmend werden die Fragebögen auch bereits in elektronisch lesbarer Form, z. B. als E-Mail oder auf Diskette bzw. CD-ROM versendet.

Derartige E-Mail-Befragungen werden zum Teil in der Literatur der Internet-Befragung zugeordnet. Dies ist zwar insofern plausibel, als dass mit E-Mail-Befragungen zwar grundsätzlich ein Dienst des Internets (technisch) genutzt wird. Die Charakteristika und Problemfelder dieser Befragungsform ähneln aber eher denen der schriftlichen Befragung.

Bei *Internet-Befragungen* füllt die Auskunftsperson in der Regel einen interaktiv gestalteten Fragebogen online am Bildschirm aus und schickt diesen nach dem Ausfüllen wieder zurück. Unterschiedliche Vorgehensweisen der Internet-Befragung ergeben sich vor allem daraus, wie die Auskunftspersonen rekrutiert werden (z. B. über Banner, Pop-Up-Fenster etc.), und ob die Möglichkeit besteht, den Fragebogen auf dem PC zwischenzuspeichern und offline auszufüllen oder nicht.

Jede dieser Befragungsformen hat ihre Vor- und Nachteile. Im konkreten Fall hängt es vom Forschungsprojekt ab, welches der Verfahren, eventuell auch in Kombination, zu wählen ist. Zur Beurteilung kommen mehrere Kriterien in Frage, auf die im Folgenden eingegangen wird (vgl. hierzu Mayer 1974, S. 2–83 ff.; Erdos 1974, S. 2–90 ff.; Payne 1974, S. 2–105; Hüttner/Schwarting 2002, S. 70 ff.; Hafermalz 1974, S. 479 ff.; Rümelin 1968; Anger 1969, S. 567 ff.; Scheuch 1973; Noelle 1963; Urbschat 1974, S. 501 ff.; Zou 1999, S. 50 ff.).

Repräsentanz

Die Repräsentanz einer Befragung hängt von der Vollständigkeit der *Auswahlgrundlage* und von der *Antwortbereitschaft* der ausgewählten Personen ab.

Die *Auswahlgrundlage* („*sampling frame*") ist eine Abbildung der Grundgesamtheit (z. B. Adressenliste, Kartei, Landkarte etc.), auf die im konkreten Fall das jeweilige Auswahlverfahren angewandt wird.

Bei *mündlichen Befragungen*, die sich auf die Bevölkerung Deutschlands beziehen, wird zumeist der Einfachheit halber eine *mehrstufige Klumpenauswahl* angewandt (vgl. Kap. 5). Der Interviewer kann hierbei unter Beachtung bestimmter Regeln die Befragten selbst auswählen (z. B. Random-Route, d. h. Zufallsauswahl von Straßen und dort von Haushalten und/oder durch Quotenauswahl). Bei dieser flexiblen Vorgehensweise kann die Repräsentanz der Teilerhebung sichergestellt werden, ohne dass ein Verzeichnis der Personen vorliegt. Zudem umgeht man dadurch das Problem der Antwortverweigerung, da solange nachgefasst wird, bis Umfang und Quoten der Teilerhebung erfüllt sind.

Für *schriftliche Befragungen* muss auf Adresslisten (Kundendatenbank, Telefonverzeichnis etc.) zurückgegriffen werden. Bei Spezialgrundgesamtheiten, wie z. B. bestimmte Berufsgruppen, können Listen der berufsständischen Organisationen verwendet werden. Hilfreich sind außerdem die Adresslisten von Adresslistenverlagen („*list brokers*"), die sich für spezielle Grundgesamtheiten (z. B. Versandhandelskäufer, Handwerksbetriebe, Architekten etc.) eignen. Repräsentanzprobleme ergeben sich daraus, dass die Listen häufig nicht mehr auf dem neuesten Stand sind bzw. von der Definition der Grundgesamtheit als „alle Personen in Deutschland ab 14 Jahre" definiert ist und eine Adressliste nur Personen ab 18 Jahren enthält.

Telefonische Befragungen leiden mitunter daran, dass die Telefonbücher je nach Befragungstermin veraltet sind (Umzüge, Neuanschlüsse) bzw. nicht alle Anschlüsse enthalten (unveröffentlichte Telefonnummern). Daher geht man dazu über, die Telefonnummern nach dem Zufallsprinzip zu bestimmen („*random-digit-dialing*").

Ob bei *Internet-Befragungen* eine geeignete Auswahlgrundlage zur Verfügung steht, ist von der Thematik der Befragung anhängig. Generell existiert kein „Verzeichnis" über die Grundgesamtheit der Internetnutzer. Die Untersuchungen zur Nutzerstruktur im Internet deuten jedoch nach wie vor auf Unterschiede zwischen den Internetnutzern und der Gesamtbevölkerung in Deutschland hin, wobei die Unterschiede mit zunehmender Verbreitung des Internets weiter abnehmen werden. Insbesondere bei internetaffinen Befragungsthemen kann davon ausgegangen werden, dass bei geeignetem Auswahlverfahren (z. B. Quotenmodell) die interessierende Grundgesamtheit über die Internetnutzer abgebildet werden kann.

Gravierende Unterschiede hinsichtlich der Repräsentanz der Methoden ergeben sich durch die *Antwortverweigerungsraten* (*„non-response"*-Problem).

Die Rücklaufquote ausgefüllter Fragebogen ist bei *schriftlicher Befragung* am niedrigsten, wobei je nach Grundgesamtheit und Themenkreis die Quote erheblich variiert (vgl. Blankenship 1961, S. 56; Köhler/Uebele 1977, S. 16).

Bei *telefonischen Befragungen* gelingt es eher, die Auskunftspersonen zur Mitarbeit zu motivieren, wodurch die Antwortquote wesentlich höher ist als bei schriftlicher Befragung.

Mündliche Befragungen erbringen in der Regel die höchste Antwortquote. Probleme entstehen jedoch bei bestimmten Personenkreisen, die nur schwer erreichbar sind.

Die Antwortquote bei *Internet-Befragungen* ist insgesamt relativ gering, kann aber durch Incentives erhöht werden (vgl. auch Schub von Bossiazky 1999, S. 193).

Flexibilität

Die flexibelste Methode ist das *persönliche Interview*. Hier können alle denkbaren Befragungsmethoden auf dem Kontinuum „standardisiert versus nichtstandardisiert" und „direkt versus indirekt" eingesetzt werden. Zudem ist die Verwendung visueller Stimuli (Werbeanzeigen, Produktvarianten etc.) sowie des gesamten Frage- und Antwortinstrumentariums möglich. Dies erlaubt auch die Abfrage schwieriger Themenstellungen, da der Interviewer zusätzlich komplexe Fragen erläutern kann. Außerdem ist die Vollständigkeit der Antworten sowie die Einhaltung der Fragenreihenfolge eher gewährleistet als bei schriftlicher Befragung.

Bei *computergestützten persönlichen* Interviews ergeben sich weitere Vorteile: Die Fragenreihenfolge kann pro Befragtem durch einen Zufallsgenerator gesteuert werden, so dass Platzierungseffekte (Halo-Effekt, Konsistenzeffekt etc.) entfallen. Zudem kontrolliert der Computer die Zulässigkeit der Antworten. Gibt der Befragte die Antworten selbst ein, so eröffnet sich die Möglichkeit, bei wichtigen Fragen auch die bis zur Antwort verstreichende Zeit als Indikator für die Überzeugungsintensität zu messen.

Bei *telefonischen Befragungen* können oft nur wenige Fragen gestellt werden. Zudem lassen sich keine visuellen Hilfen anbieten.

Schriftliche Befragungen müssen, je nach Befragtenkreis, erhebliche Rücksichten auf die Auskunftsfähigkeit der Personen nehmen. Meist werden nur einfache Fragen mit wenigen Antwortvorgaben möglich sein. Obwohl auch hier in gewissem Umfang visuelle Stimuli präsentiert werden können, ist der zu erfragende Themenkreis sowie der Fragenumfang begrenzt. Des Weiteren fehlt die Kontrolle des Interviews hinsichtlich des Verständnisses, der Antwortvollständigkeit, der Einhaltung der Fragenreihenfolge und bezüglich der Auskunftsperson, die den Fragebogen ausfüllt.

Die Flexibilität von *Internet-Befragungen* ist durch die multimedialen Darstellungsmöglichkeiten höher als bei schriftlichen und telefonischen Befragungen. Allerdings ist auch hier bei der Fragebogengestaltung Rücksicht auf die teilweise begrenzten technischen Möglichkeiten (Datenübertragungsraten, ältere Softwareversionen etc.) zu nehmen.

Zeitdauer und Kosten

Die *mündliche Befragung* verursacht die längste Abwicklungsdauer und die höchsten Kosten, wobei sich durch Notebook-Einsatz der Zeitbedarf und der erhebungstechnische Aufwand erheblich reduzieren lässt.

Die benötigte Zeitdauer bei *schriftlichen und Internet-Befragungen* ist schwer einzuschätzen. Besonders bei notwendigen Nachfassaktionen können sich erhebliche Verzögerungen ergeben. Obgleich durch die niedrige Rücklaufquote die Kosten pro Interview in die Höhe schnellen, sind schriftliche Befragungen billiger als mündliche und telefonische.

Die *telefonische Befragung* erlaubt die schnellste Abwicklung (so genannte Blitzumfragen).

Die *Internet-Befragung* bringt im Vergleich zu anderen Befragungsformen in mancherlei Hinsicht Einsparungen, da keine Interviewer benötigt werden und der Aufwand für die Fragebogenvervielfältigung, den Versand und die Übertragung der Daten in den PC entfällt. Allerdings zeigt sich, dass Internet-Befragungen im Hinblick auf die Zeitdauer nicht die gleichen Möglichkeiten wie telefonische „Blitzumfragen" bieten. Insbesondere ist je nach Auswahlverfahren die Umfrage zunächst über geeignete Medien bzw. Einträge und Banner bekannt zu machen.

Verzerrungen aufgrund der Interviewsituation

Das Interview spielt sich in einer sozialen Situation ab, in der sich Interviewer und Befragter in bestimmten sozialen Rollen gegenübertreten (vgl. Mayntz/ Holm/Hübner 1978, S. 114 ff.; Wilk-Ketels 1974, S. 230 ff.; Haedrich 1964;

95

Scheuch 1973). Hierdurch werden sowohl die Fragen des Interviewers als auch die Antworten der Auskunftspersonen in bestimmter Weise beeinflusst. Um diesen Einfluss einzuschränken, wird neben einer weitgehenden Standardisierung des Fragebogens auch eine Reihe von Maßnahmen vorgeschlagen, die beim *Interviewer* ansetzen: Durch entsprechende Auswahl, Schulung und konkrete Instruktionen zur Abwicklung der Befragung wird versucht, den *Interviewerein-fluss* auszuschalten. Untersuchungen zeigen aber, dass selbst ein normiertes Rollenverhalten zu Verzerrungen führen kann, da ein- und dasselbe Verhalten je nach Befragtentyp andersartige Wirkungen auslöst, so dass auch hier Ergebnisunterschiede durch das Interviewerverhalten auftreten (vgl. Mayntz/Holm/Hübner 1978, S. 115 f.).

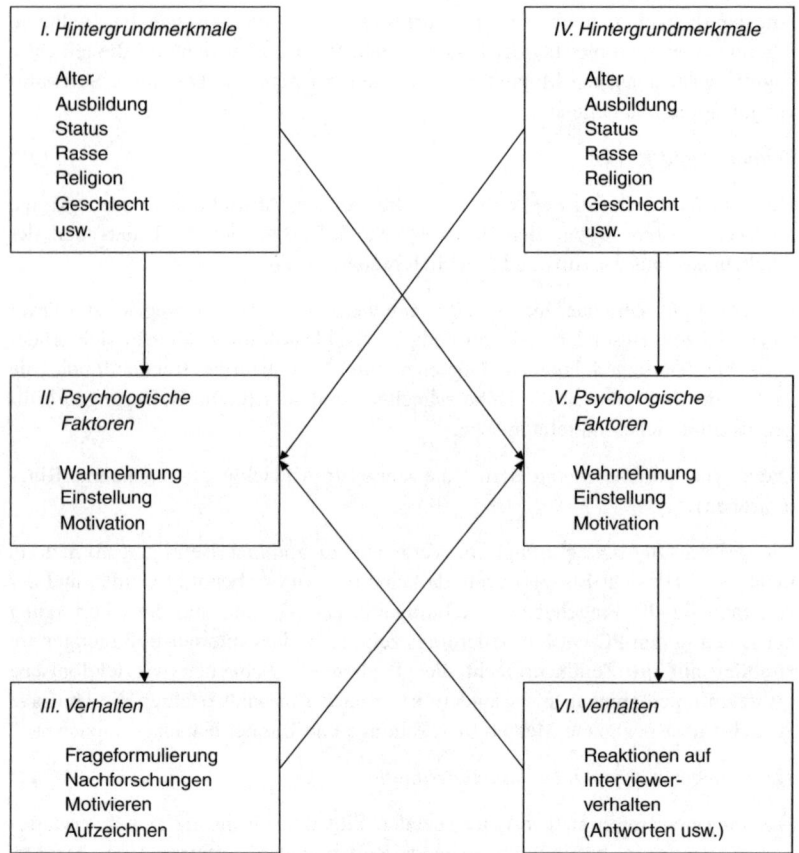

Abb. 18: Fehlerquellen aufgrund der Interviewer-Befragten-Beziehung

Die Schwierigkeiten, systematische Verzerrungen aufgrund der Interviewsituation auszuräumen, ergeben sich aus der Vielzahl der Einflussfaktoren und deren Wechselwirkung, die das Verhalten von Interviewer und Befragten und damit auch die Antworten beeinflussen (vgl. Wilk-Ketels 1974, S. 230 ff.; Mayntz/ Holm/Hübner 1978, S. 116 ff.; Atteslander/Kneubühler 1975, S. 20 ff.). Nach Kahn/Cannell (1957, S. 193) lassen sich die Faktoren wie folgt darstellen:

Betrachten wir zunächst die Auskunftsperson:

Die Merkmale des Interviewers (Geschlecht, Alter etc.) sowie die eigenen Hintergrundmerkmale des Befragten prägen seine Wahrnehmung, Problemerwartungen und Einstellungen (V). Hierdurch nimmt er den Interviewer in einer Rolle wahr, die vom „neugierigen Fremden" bis zum „Steuerfahnder" reichen können. Dies schlägt sich bei der Auskunftsperson in typischen Reaktionen nieder, wie z. B. Hilfsbereitschaft, Antwortverweigerung etc. In diesen Prozess fließt zugleich auch das Verhalten des Interviewers, nämlich seine Sprechweise, die Art, Fragen zu stellen usw. ein.

Der gleiche Sachverhalt trifft wiederum auf den Interviewer zu, der sich aufgrund der äußeren Merkmale des Befragten und dessen Verhalten während der Interviewsituation ein Bild des Befragten schafft (II.), das seine Fragen und die von ihm registrierten Antworten beeinflusst (III.). Überdies kommt es zu Ergebnisbeeinflussungen durch die Ansichten und den Wissensstand des Interviewers hinsichtlich des Untersuchungsthemas.

Der Interviewereinfluss ist demnach bei *mündlichen*, insbesondere bei nichtstandardisierten Befragungen (z. B. bei psychologischen Tests) am höchsten und verliert mit zunehmender Standardisierung an Gewicht. Um Ergebnisverzerrungen zu vermeiden, wird in der Praxis häufig auf *Mehrthemenumfragen* übergegangen, da hier der Einfluss eines Interviewers bzw. die Rollenerwartung des Befragten sich nicht konsistent in eine Richtung auf die Ergebnisse heterogener Themen auswirken dürften. Zudem arbeitet man in den großen Marktforschungsinstituten mit umfangreichen und soziodemographisch heterogenen Interviewerstäben, so dass sich eventuelle Verzerrungen insgesamt kompensieren.

Bei computergestützter persönlicher Befragung sowie bei *Internet-Befragungen* ist der Interviewereinfluss weitgehend ausgeschaltet. Einflüsse auf das Antwortverhalten gehen allenfalls von der Gestaltung des Fragebogens aus, wobei durch zufallsgesteuerte Rotation der Fragen Reihenfolgeeffekte vermieden werden können.

Bei *Telefonbefragungen* ist der Interviewereinfluss nicht in dem Ausmaß wie bei mündlicher Befragung gegeben. Dennoch üben die Verhaltenserwartungen des Befragten sowie die Sprechweise von Interviewer und Auskunftsperson einen Einfluss auf die Ergebnisse aus. Bei zentraler Abwicklung der telefonischen

Befragung kann jedoch eine weitgehende Kontrolle des Interviewerverhaltens erfolgen.

Weitgehend unverzerrte Ergebnisse liefert in dieser Hinsicht die *schriftliche Befragung*, wobei auch hier das Begleitschreiben, die Fragebogengestaltung und das Untersuchungsthema dazu führen, dass sich der Befragte ein Bild von dem Forscher bzw. dem Auftraggeber und deren möglichen Erwartungen macht. Insgesamt dürften diese Einflüsse sich jedoch weit weniger auswirken als diejenigen, die von einem Interviewer ausgehen.

Die Wahl der Kommunikationsform muss daher unter Beachtung des Forschungsvorhabens und der gewünschten Informationsqualität sowie der Zeit und Kostenbeschränkungen erfolgen. In der Praxis werden aufgrund der Vor- und Nachteile der Methoden häufig Kombinationen eingesetzt.

3.3.1.2 Fragebogenaufbau

Fragebogen werden bei allen Kommunikationsformen benutzt. Bei mündlicher Befragung ist zudem zwischen Fragebogen für standardisierte Interviews und Leitfäden für teilstandardisierte Interviews zu unterscheiden. Die Probleme des Fragebogenaufbaus sind dabei verschieden. Die nachfolgenden Ausführungen beschränken sich auf die wichtigste Befragungsmethode, nämlich das standardisierte persönliche Interview.

Im Fragebogen wird die Marktforschungsfrage, die den Anlass zur Befragung lieferte, in eine Sprache übersetzt, die auf den Befragtenkreis zugeschnitten ist (vgl. Noelle 1963, S. 54; Mayntz/Holm/Hübner 1978, S. 106). Es erfolgt somit eine Operationalisierung der Forschungsfrage, wobei das zu untersuchende Phänomen in einzelne Variablen zerlegt wird. Soll z. B. die Einstellung gegenüber einer Marke untersucht werden, dann kann diese durch mehrere Produkteigenschaften repräsentiert werden, auf denen die Auskunftspersonen die Marke einstufen müssen. Neben Variablen, die sich auf den Untersuchungsgegenstand beziehen, enthält der Fragebogen außerdem eine Reihe von Fragen zur Person (z. B. zum Alter, Beruf, Einkommen, zur Persönlichkeit usw.), die bei der Auswertung häufig zur Klassenbildung herangezogen werden, um Zusammenhänge zwischen diesen Variablen und dem Forschungsgegenstand aufzudecken (z. B. variiert die Einstellung in verschiedenen Altersklassen?). Zudem werden diese Merkmale auch zur weiteren Beschreibung von psychographischen bzw. Kaufverhaltens-Segmenten verwendet. Schließlich werden die soziodemographischen Merkmale auch zur Überprüfung der Repräsentanz der Stichproben herangezogen.

Um die Untersuchungsziele zu erreichen, müssen zusätzlich Fragen aufgenommen werden, die die Befragten zur Mitarbeit motivieren, die Auskunftsfähigkeit der Befragten erhöhen und Störeffekte ausschalten (Noelle-Neumann 1974,

S. 244 ff.). Nachfolgend werden einige Erfahrungsregeln behandelt, die sich auf die Gestaltung und Anordnung der Fragen beziehen (vgl. Noelle-Neumann 1974, S. 243 ff.; Payne 1951; Raab 1974, S. 255 ff.; Stroschein 1965).

3.3.1.3 Fragenformulierung und Antwortmöglichkeiten

Während bei der Behandlung von direkten und indirekten Fragen auf Formulierungsmöglichkeiten eingegangen wurde, die psychologische Antwortbarrieren abbauen, geht es hier um die *Verständlichkeit der Fragen* und *die Art der Antwortmöglichkeiten*. In der Marktforschungspraxis wurden hierzu einige *Richtlinien* erarbeitet:

* Die sprachliche Form soll einfach, klar und verständlich sein.
* Worte mit Doppelbedeutung sowie suggestive, wertende und hypothetische Fragen sind zu vermeiden (vgl. aber oben zu den „projektiven Fragen").
* Untersuchungsgegenstand der Frage sowie Ort und Zeit, auf die sie sich bezieht, müssen genau abgegrenzt sein.
* Es ist zu überprüfen, ob die Auskunftsperson das notwendige Wissen bzw. das notwendige Einfühlungsvermögen besitzt. Falls nicht, sind entsprechende Erinnerungshilfen einzubauen.

Hinsichtlich der Antwortformulierungen sind *offene* und *geschlossene* Fragen zu unterscheiden.

Offene Fragen verlangen von der Auskunftsperson, dass sie ihre Antworten selbst formuliert. Sie werden mit Erfolg als *Kontakt-* bzw. *Eisbrecherfrage* am Anfang eines Interviews verwendet, um den Befragten zur Mitarbeit zu ermuntern (z. B. „Was tun Sie dagegen, wenn Sie eine Erkältung haben?"). *Sachfragen* werden offen formuliert, wenn es um die Ermittlung des Wissensstands des Befragten geht (z. B. Markenkenntnis) oder, wenn bei Antwortvorgabe eine Einengung der Antwortvielfalt zu befürchten ist, weil der Forscher nicht alle Antwortmöglichkeiten kennt (Tiefeninterviews, projektive Tests), bzw. weil die Befragten sich eine Antwortvorgabe aussuchen, die nicht ihrer Meinung entspricht. Große Nachteile offener Fragen entstehen durch den breiten Spielraum, der dem Interviewereinfluss eingeräumt wird, insbesondere durch die selektive und fehlerhafte Aufzeichnung der Antworten, sowie durch den erheblichen Aufwand bei der Kategorisierung und Auswertung. Um diese Nachteile auszuräumen und um den Befragten trotzdem das psychologisch wichtige Gefühl einer offenen Frage zu vermitteln, wird bei einfachen Sachverhalten zur *Feldverschlüsselung* gegriffen. Der Auskunftsperson wird eine offene Frage gestellt, die möglichen Antworten sind jedoch im Fragebogen enthalten, so dass der Interviewer nur noch die entsprechende Antwort ankreuzen muss (zur Verschlüsselung [Kodierung]) siehe unten):

Frage 10:   „Kaufen Sie gelegentlich Sonnenblumenöl?"
            (Antworten nicht vorlesen, Feldschlüsselung)

                                    Schlüssel

Ja   0   □

Nein   1   □

Weiß nicht   2   □

Bei *geschlossenen Fragen* werden die Antwortkategorien entweder schon in die Frage eingebaut oder in einer Liste aufgeführt, die vorgelesen oder dem Befragten (mitunter auch als Kartenstapel) überreicht wird.

Die einfachste Form der Antwortvorgabe ist die *Antwortdichotomie* („ja", „nein", „stimme zu", „stimme nicht zu" etc.), wobei zumeist noch eine neutrale Kategorie („keine Antwort", „weiß nicht" usw.) aufgeführt wird.

Bei Themen, in denen das Antwortspektrum durch die Alternativfrage zu sehr eingeengt wird, verwendet man stattdessen *Multiple-Choice-Fragen*. Die Auskunftsperson kann dann aus mehreren Antwortalternativen eine oder bei Mehrfachnennungen mehrere wählen. Eine Spezialform ist die *Skalafrage*, bei der die Kategorien intensitätsmäßig abgestufte Zustimmung bzw. Ablehnung repräsentieren (z. B. „sehr gut", „ziemlich gut", „es geht", „ziemlich schlecht", „sehr schlecht", „keine Antwort"). Die konkrete Ausgestaltung kann sehr unterschiedlich sein. Häufig werden graphische Skalen verwendet und außer der Benennung der Extremwerte auf die verbale Bezeichnung der Kategorien verzichtet.

Durch die Antwortvorgaben wird der Interviewereinfluss zurückgedrängt, die Abwicklung des Interviews beschleunigt und die Auswertung einfacher und billiger. Nachteilig wirkt sich aus, dass die Befragten dazu neigen, die erste bzw. die letzte Antwortkategorie zu wählen. Bei Nummerierung der Kategorien weichen sie oft auf die mittlere Position aus. Außerdem ist sicherzustellen, dass die Antwortkategorien vollständig sind und sich gegenseitig ausschließen.

3.3.1.4   Länge des Fragebogens und Reihenfolge der Fragen

Die Auskunftsbereitschaft und die Auskunftsfähigkeit der Befragten hängt weniger von der Anzahl der Fragen ab, sondern von der Dauer des Interviews. Bei Endverbraucherbefragungen werden als maximale Interviewdauer Werte zwischen 30 und 45 Minuten genannt. Maßgeblich für die zuträgliche Dauer sind jedoch auch der Schwierigkeitsgrad der Fragen, die Fragebogengestaltung und das Interesse an der Thematik. Für die *Fragenreihenfolge* hat sich folgendes Schema bewährt:

1. Kontaktfragen (Abbau von Misstrauen, Motivierung),
2. Sachfragen (sie beziehen sich auf den eigentlichen Untersuchungszweck),

3. Kontrollfragen (Überprüfung zuvor gegebener Antworten),
4. Fragen zur Person (sie gehören an das Ende, um nicht den Eindruck eines Verhörs zu erwecken).

Bei der Anwendung von Sachfragen ist soweit möglich durch thematische Abwechslung, durch Variation der Fragetechnik und der Antwortmöglichkeiten eine Monotonie des Fragebogens zu vermeiden. Mitunter werden Erholungsfragen zwischengeschaltet, die der Abwechslung und der Interessenweckung dienen.

Von großer Bedeutung ist die Vermeidung von *Ausstrahlungseffekten*, die dadurch entstehen, dass vorausgehende Fragen die Gedanken der Auskunftsperson inhaltlich in eine bestimmte Richtung lenken bzw. ihn emotionalisieren. Hierdurch werden die nachfolgenden Antworten beeinflusst (so genannter *Halo-Effekt*). Um dies zu vermeiden, werden zwischendurch *Pufferfragen* gestellt, die Ausstrahlungseffekte abbauen sollen. Das Bemühen der Auskunftsperson, logisch widerspruchsfrei zu antworten, führt zum so genannten *Konsistenzeffekt*. Durch wechselnde Themenkreise bzw. durch Pufferfragen lassen sich vermutete Konsistenzeffekte einschränken (hinsichtlich weiterer Effekte, insbesondere durch die Skalengestaltung vgl. unten). Vorteile bieten in dieser Hinsicht *Mehrthemenumfragen*, bei denen durch Mischen der Themenbereiche Ausstrahlungs- und Konsistenzeffekte vermindert werden können, sowie computergestützte Befragungen, weil hier die Fragenreihenfolge randomisiert werden kann.

Die bisherigen Ausführungen haben gezeigt, dass das *Interview als Messprozess* zu betrachten ist, in dessen Verlauf Daten gewonnen werden sollen, die möglichst frei von systematischen Verzerrungen sind (vgl. Atteslander/Kneubühler 1975, S. 19). Zwar sind viele Einzelheiten bekannt, die zu einem systematischen Messfehler führen (Interviewereinfluss, vom Befragten ausgehende Einflüsse, Frageformulierung und Fragebogenaufbau), doch liegen bis jetzt nur „*vorwissenschaftliche Kunstregeln*" zu ihrer Eliminierung vor, deren Umsetzung im konkreten Fall äußerst schwierig ist und die trotz aller Bemühungen (z. B. *Probebefragungen*) nicht gewährleisten, dass der *systematische Fehler* in Grenzen gehalten wird (vgl. Atteslander/Kneubühler 1975, S. 21 ff.). Damit ist die Validität der Befragung in Frage gestellt. Mögliche, aber kostspielige Auswege bieten sich in der Kontrolle der Störfaktoren durch experimentelle Forschungsdesigns. Eine weitere, in der Marktforschung viel zu wenig beachtete Alternative stellt die Beobachtung dar.

3.3.2 Beobachtung

Die Beobachtung ist eine Datenerhebungsmethode, die auf die planmäßige Erfassung sinnlich wahrnehmbarer Tatbestände gerichtet ist, wobei der Beobachter sich gegenüber dem Beobachtungsgegenstand rezeptiv verhält (vgl. Grümer 1974, S. 26).

3.3.2.1 Beobachtungsmethoden

Die recht heterogenen Beobachtungsmethoden können auf verschiedene Weise eingeteilt werden. Wichtige Unterscheidungsmerkmale sind der *Strukturierungsgrad,* die *Durchschaubarkeit der Beobachtungssituation* für die Beobachteten, das *Ausmaß der Teilnahme* des Beobachters am zu beobachtenden Feld und die *Methode der Datensammlung* (vgl. im Folgenden Grümer 1974, S. 36 ff.; Mayntz/Holm/Hübner 1978, S. 87 ff.).

Wie bei der Befragung, so liegt auch bei der Beobachtung ein Kontinuum *standardisiert – nichtstandardisiert* vor. Bei *standardisierter Beobachtung* wird der zu beobachtende Sachverhalt durch ein präzises Beobachtungsschema mit einer Reihe von Beobachtungskategorien strukturiert. Es wird somit nur das erfasst, was in die Beobachtungskategorien fällt. Die standardisierte Beobachtung eignet sich nur für relativ einheitliche und leicht überschaubare Vorgänge. Die Vorteile liegen, ähnlich wie bei der Befragung, in der Einschränkung des Beobachtereinflusses bei der Erfassung und Kodierung der relevanten Tatbestände und in den größeren Möglichkeiten hinsichtlich der Quantifizierung und Auswertung. Demgegenüber eignet sich die *nichtstandardisierte Beobachtung* für relativ komplexe Themen, über die noch wenig bekannt ist. Nichtstandardisierte Beobachtungen werden daher in der Explorationsphase von Forschungsvorhaben zur Hypothesenfindung eingesetzt.

Hinsichtlich der Durchschaubarkeit der Beobachtungssituation ist zwischen *offener* und *verdeckter* Beobachtung zu unterscheiden. Auch hier ist der Grad der Durchschaubarkeit auf einem Kontinuum einzuordnen, der von völliger Unkenntnis (so genannte „biotische" Situation) einerseits über die Kenntnis des Untersuchungsziels bis hin zur Kenntnis, dass man beobachtet wird, reicht (vgl. Spiegel 1970, S. 43 ff.). Da sich bei offener Beobachtung die Versuchspersonen mitunter anders verhalten („Beobachtungseffekt"), ist die verdeckte Beobachtung vorzuziehen. Allerdings fordert die Abschirmung von Störfaktoren bzw. Anwendung von technischen Hilfsmitteln häufig eine Beobachtung im Labor, so dass zumindest eine teilweise offene Beobachtung notwendig wird.

Vor allem in den Sozialwissenschaften spielt die Unterscheidung „*teilnehmende – nichtteilnehmende*" Beobachtung eine herausragende Rolle (vgl. z. B. Friedrichs/Lüttke 1973). Die beiden Formen unterscheiden sich durch die Rolle des Beobachters, die er im zu beobachtenden sozialen Feld spielt (vgl. Grümer 1974, S. 45). Bei der teilnehmenden Beobachtung nimmt der Forscher aktiv am Leben des Beobachtungsfeldes teil. Ihren Ursprung hatte die teilnehmende Beobachtung in der ethnologischen Forschung. In der Soziologie wird sie vor allem zur Erforschung von Randgruppen (Straßenbanden, Strafanstalten, Sekten) und komplexen sozialen Einheiten (Freizeitheime, Gemeinden, wirtschaftliche Organisationen) angewandt (vgl. die Übersicht bei Friedrichs/Lüttke 1973, S. 24 f.). In der Marktforschung sind ihre Anwendungsmöglichkeiten auch wegen der hohen Kosten und der langen Zeitdauer der Erhebung begrenzt. Wegen der starken Einflüsse des Beobachters (Selektivität der Wahrnehmung, Rollenkonflikte usw.) ist dieses Verfahren lediglich in den explorativen Phasen des Forschungsprozesses einsetzbar. Im Folgenden werden einige typische Marktforschungsprobleme aufgeführt, die mit teilnehmender Beobachtung angegangen werden können:

- Im Investitionsgüterbereich kann der Marktforscher als Außendienstmitarbeiter auftreten, um Argumente der Kunden für und wider das eigene Produkt oder um Verwenderprobleme zu ermitteln.
- Als Grundlage für ein Schulungsprogramm von Außendienstmitarbeitern sollen Erkenntnisse über das Außendienstverhalten gesammelt werden. Ein Marktforscher begleitet daher Außendienstmitarbeiter auf ihren Verkaufsfahrten.
- Zur Ermittlung des Beratungs- und Empfehlungsverhaltens des Handels tritt ein Marktforscher in Geschäften als Kunde auf.
- Um Hypothesen über das Auswahlverhalten von Abnehmern beim Kauf von Produkten zu gewinnen, arbeitet ein Marktforscher als Verkäufer in einem Geschäft.

Wie ersichtlich, kann die teilnehmende Beobachtung vor allem in Situationen eingesetzt werden, in denen noch wenig über das zu untersuchende Phänomen bekannt ist und bei denen Interviews zu Angaben führen, die dem tatsächlichen Verhalten nicht entsprechen, weil der Befragte entweder sein wirkliches Verhalten nicht zugeben möchte oder weil ihm sein tatsächliches Verhalten überhaupt nicht bewusst ist. Tiefeninterviews und projektive Tests, die ebenfalls hier eingesetzt werden könnten, leiden demgegenüber häufig unter den mangelnden Verbalisierungsmöglichkeiten der Versuchspersonen.

Der Schwerpunkt der Beobachtung in der Marktforschung liegt jedoch auf der *nichtteilnehmenden Beobachtung*. Der Beobachter steht hierbei in personeller und räumlicher Distanz zum Beobachtungsfeld. Häufig wird dabei eine standardisierte Beobachtung gewählt, bei der außerdem der Beobachter den Versuchspersonen unbekannt bleibt (z. B. Beobachtung durch einen Ein-Weg-Spiegel). Das Anwendungsgebiet beschränkt sich zumeist auf relativ einfache Sachverhalte (wie z. B. der Feststellung des „Wanderverhaltens" in Geschäften, der Ermittlung der Aufmerksamkeitswirkung von Anzeigen in Zeitschriften, oder der Seherforschung, bei der mit einem entsprechenden Gerät festgestellt wird, welches Fernsehprogramm zu welchen Zeiten durch welche Familienmitglieder betrachtet wird).

Die Beobachtungsverfahren unterscheiden sich, wie aus dem letzten Beispiel ersichtlich, durch die *Techniken der Datensammlung*. Prinzipiell lassen sich Beobachtungsdaten durch einen Beobachter oder durch technische Geräte erfassen (z. B. Handels- bzw. Haushaltspanels auf Scannerbasis).

Wichtige *apparative Hilfsmittel* sind zudem Kameras und Videorekorder zur Beobachtung des Einkaufsverhaltens in Geschäften, die Augenkamera zur Blickregistrierung beim Lesen von Anzeigen, das Psychogalvanometer zur Registrierung des Hautwiderstandes (Indikator für die emotionalen Reaktionen) bei Betrachten von Werbespots und dergleichen (vgl. auch Zou 1999).

Darüber hinaus kann auch das Internet im Rahmen standardisierter apparativer Beobachtung zur Analyse des Informations- und Interaktionsverhalten (Nutzungsverhalten) eingesetzt werden (vgl. ausführlich Rank 1998, S. 191 ff.). Hierbei steht insbesondere die Werbewirkung (Bannerwirkung) und das Informationssuchverhalten der Internetnutzer auf einer Webseite im Mittelpunkt des Interesses.

Der Vorteil dieser Verfahren liegt in der vollständigen und von subjektiven Einflüssen freien Datenerfassung. Außerdem können die Daten leicht durch verschiedene Personen kodiert werden. Darüber hinaus lassen sich viele Verhaltensweisen erst durch sie erfassen, weil sie dem menschlichen Auge nicht zugänglich sind. Probleme entstehen aber durch den Beobachtungseffekt, wenn die Versuchspersonen mit umfangreichen Apparaturen konfrontiert werden müssen.

3.3.2.2 Vor- und Nachteile der Beobachtung

Als *Vorzüge* der Beobachtung lassen sich anführen (vgl. Friedrichs/Lüttke 1973, S. 20 f.; Hüttner 1979, S. 56 f.; Kinnear/Taylor 1996, S. 345):

- Das Verfahren ist nicht auf die Auskunftsbereitschaft und die Verbalisierungsfähigkeiten der Versuchsperson angewiesen.
- Sie erlaubt die Erfassung von Sachverhalten, die den Versuchspersonen selbst nicht bewusst sind, da es sich um selbstverständliches, nicht reflektiertes Verhalten handelt (z. B. Fragen zur Auswahl zwischen mehreren Marken auf einem Regal im Geschäft).
- Sie gestattet es, Verhaltenssequenzen zu erfassen, die sonst nur durch umständliche, wiederholte Interviews zu erheben wären (z. B. Konsumverhalten zu verschiedenen Jahreszeiten, Inanspruchnahme der Einrichtungen von Freizeitzentren).
- Bestimmte Daten können nur durch Beobachtung erfasst werden (z. B. Fixationspunkte in Werbeanzeigen, d. h. Stellen, auf denen der Blick beim Betrachten längere Zeit ruht).
- Insbesondere bei verdeckter, standardisierter Beobachtung entfällt weitgehend der „Interviewereinfluss".

Die Beobachtung hat jedoch mehrere *Nachteile*, die ihren Einsatz in der Marktforschung beschränken (vgl. Grümer 1974, S. 34 ff.; Hüttner 1979, S. 56 f.):

- Nicht beobachtbare Sachverhalte (z. B. psychische Zustände), aber auch sozioökonomische und demographische Daten (Alter, Schulbildung, Beruf, Zahl der Kinder etc.) lassen sich nur schwer oder überhaupt nicht durch beobachtbare Indikatoren operationalisieren (z. B. Einstellung zum Auto durch das beobachtete Pflegeverhalten). Andererseits sind hypothetische Konstrukte wie phasische Aktivierung (gemessen durch Hautwiderstand), Informationsaufnahme (gemessen durch Blickregistrierung), Antwortsicherheit (gemessen durch die verstrichene Reaktionszeit) gerade durch die apparative Beobachtung reliabler und valider zu messen als durch die Befragung.

- Die konsequente Anwendung des Zufallsprinzips ist bei bestimmten Fragestellungen nicht möglich. Wird z. B. das Einkaufsverhalten in Supermärkten beobachtet, so erfolgt hierbei eine mehr oder weniger „willkürliche", bestenfalls jedoch eine „systematische Auswahl" (vgl. zu den Auswahlverfahren Kap. 5).

- Die interessierenden Phänomene treten manchmal nur in großen Zeitabständen auf, so dass die Erhebungsdauer zu lang wird und die Kosten des Verfahrens zu hoch sind.

- Die persönliche Beobachtung leidet unter der Selektivität der Wahrnehmung. Zudem ist bei komplexen Fragestellungen und Anwendung der standardisierten Beobachtung ein umfassendes Beobachtungsschema mit sich gegenseitig ausschließenden Kategorien notwendig. Dadurch sind Beobachter schnell in ihrer Datenerfassungskapazität überfordert.

Die Behandlung der beiden Erhebungsmethoden der Primärforschung hat gezeigt, dass es von der Forschungsfrage und den zu erhebenden Daten abhängt, welches Verfahren jeweils zweckmäßig ist. Es gibt Daten, die sich leichter, schneller und billiger durch die Befragung erheben lassen. Andererseits gibt es Sachverhalte, die aus den gleichen Gründen eher durch Beobachtung zu ermitteln sind. Insoweit schließen sich die beiden Verfahren nicht aus, sondern sie ergänzen sich innerhalb eines Forschungsprojekts.

4 Operationalisierung und Messung der zu erhebenden Eigenschaften

4.1 Operationale Definition und Messung

Befragung und Beobachtung liefern Daten über Eigenschaften (Merkmale) von Untersuchungsobjekten (Merkmalsträgern). Im Rahmen eines Marktforschungsprojekts interessieren Merkmale wie Einkommen, Alter, Markentreue oder Einstellungen von Verbrauchern sowie Images, Bekanntheitsgrade oder Distribution von Marken. Welche Eigenschaften aus der Vielzahl vorhandener Eigenschaftsdimensionen relevant sind, wird zuvor durch das Marktforschungsziel und die dadurch spezifizierten Informationsbedürfnisse bestimmt. Um von diesen zunächst nur theoretisch formulierten Eigenschaften zu konkreten Messwerten zu gelangen, sind zwei Probleme zu lösen: das der „Operationalisierung" und das der „Messung". Die nachfolgende Abbildung gibt einen Überblick über die Zusammenhänge.

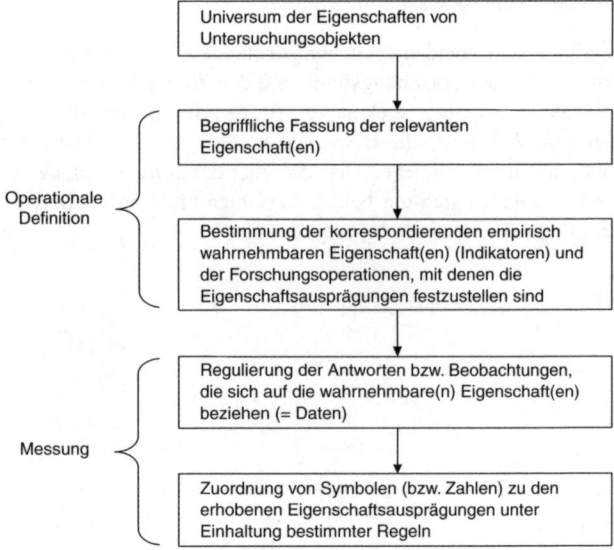

Abb. 19: Operationalisierung und Messung von Eigenschaften

4.1.1 Operationale Definition von Eigenschaften

Die operationale Definition von Eigenschaften erfordert zweierlei:

- eine präzise theoretisch-begriffliche Fassung der interessierenden Eigenschaften,
- die Angabe der in der Realität wahrnehmbaren Merkmale („Indikatoren"), die die theoretisch-begrifflich formulierten Eigenschaften repräsentieren, und der konkreten Maßnahmen, mit deren Hilfe sie zu messen sind.

In der Marktforschung treten teilweise Begriffe auf, aus denen unmittelbar ersichtlich ist, was damit gemeint ist und wie sie zu messen sind. Beispiele sind hierfür die „Absatzmenge" eines Produkts oder der „Produktpreis". Obgleich hier schon zu erkennen ist, dass diese Eigenschaften des Produkts durch einen Zählvorgang zu erfassen sind, muss eine operationale Definition auch hier angeben, wann und wo zu zählen ist. So kann z. B. die Absatzmenge eines Handelsbetriebes am Ende eines Zeitabschnitts dadurch ermittelt werden, dass zum Lagerbestand zu Beginn der Periode die Einkäufe während der Periode addiert und der Lagerbestand am Ende der Periode subtrahiert werden. Stattdessen hätte man sie auch durch Aufzeichnung der jeweils verkauften Mengen pro Verkaufsakt feststellen können.

Das Beispiel zeigt zugleich, dass auch bei direkt wahrnehmbaren Eigenschaften Messfehler auftreten können. In voller Schärfe stellt sich das Problem jedoch erst bei Begriffen, die keinen unmittelbaren Bezug zu empirisch wahrnehmbaren Sachverhalten aufweisen. Eigenschaften (bzw. theoretische Begriffe) wie „Werbewirkung", „Einstellung", „Soziale Schicht" usw. sind *hypothetische Konstrukte*, aus deren Begriffsdefinition nicht ohne weiteres hervorgeht, wie man das Vorhandensein des damit umrissenen Phänomens empirisch erfassen kann (vgl. Mayntz/Holm/Hübner 1978, S. 19 f.).

In diesen Fällen muss die operationale Definition auch empirisch wahrnehmbare Merkmale (*Indikatoren*) angeben, anhand derer festgestellt werden kann, ob und inwieweit das theoretische Konstrukt vorliegt. Zudem sind Instruktionen anzuführen, wie diese Indikatoren zu messen sind und wie hieraus schließlich ein Messwert für das theoretische Konstrukt zu erhalten ist. So könnte z. B. der soziale Status einer Person einfach durch die subjektive Rangordnung von Berufen erfasst werden. Stattdessen könnte man den sozialen Status auch aus einer gewichteten Summe mehrerer gemessener Indikatoren (Ausbildung in Jahren, Grad des Abschlusses, berufliche Stellung, Einkommen, Hausbesitz etc.) berechnen (vgl. Schnell/Hill/Esser 1999, S. 128).

Liegt die operationale Definition der relevanten Eigenschaften vor, so kann nun im Rahmen des Messprozesses festgestellt werden, ob ein Untersuchungsobjekt die betreffende Eigenschaft aufweist, bzw. welche Merkmalsausprägung der Eigenschaft im konkreten Fall gegeben ist.

4.1.2 Messung von Eigenschaften

Unter Messen versteht man den Vorgang der Datenerhebung mittels Beobachtung oder Befragung und die Zuordnung von Symbolen (zumeist Zahlen) zu den registrierten Merkmalsausprägungen nach bestimmten Regeln (vgl. Stevens 1965, S. 1). Dabei ist die Zuordnungsregel nicht in das Belieben des Forschers gestellt. Sie ergibt sich vielmehr aus den Eigenarten des abzubildenden empirischen Tatbestandes. Hierzu ein Beispiel (vgl. Sixtl 1982, S. 3; Fischer 1974, S. 116 ff.): Angenommen, eine Gruppe von Schülern soll nach ihrer Körpergröße geordnet werden. Die Rangordnung der Schüler kann durch Nebeneinanderstellen je zweier Schüler erreicht werden. Wesentlich ist, dass die Rangordnung der Körpergrößen schon *vor* der Zuordnung von Zahlen und *unabhängig* von diesen besteht und festgestellt werden kann. Eine Rangskala der Schüler kann nun dadurch erstellt werden, dass dem größten die Rangzahl 1, dem zweitgrößten die Rangzahl 2 usw. zugeordnet wird. Im vorliegenden Fall erhält man eine „Ordinalskala". Genauso gut hätte man auch die Zahlen 1, 4, 9 etc. oder eine beliebige Zahlenfolge verwenden können. Hieraus ist ersichtlich, dass eine *monotone Transformation* einer Rangordnungsskala wiederum eine gleichwertige Skala ergibt. Transformationen, die die gewählten numerischen Relationen nicht zerstören, werden als *zulässig* bezeichnet. Bei jedem Skalenniveau sind nur ganz bestimmte Transformationen zulässig.

4.2   Skalenarten

Die bekannteste Einteilung der Skalen nach ihrem Messniveau stammt von Stevens (1965). Danach sind Nominal-, Ordinal-, Intervall- und Verhältnisskala zu unterscheiden. Nominal- und Ordinalskalen werden als *nichtmetrische*, Intervall- und Verhältnisskalen als *metrische* Skalen bezeichnet.

4.2.1   Nominalskala

Die einfachste Form des Messens ist die Nominalskalierung. Die Zahlen dienen lediglich der *Bezeichnung von Klassen*, z. B. „männlich" wird mit „1", „weiblich" mit „2" bezeichnet. Die zulässigen statistischen Operationen sind die Ermittlung der absoluten und relativen Häufigkeiten in den Klassen. Um Beziehungen zwischen zwei nominalskalierten Merkmalen zu ermitteln, können daher *Kontingenzkoeffizienten* herangezogen werden, als Signifikanztest ist z. B. der *Chiquadrat-Test* anwendbar.

4.2.2 Ordinalskala

Ordinalskalen bringen die Untersuchungsobjekte hinsichtlich ihrer Merkmalsausprägungen in eine *Rangordnung*. Die Zahlen bezeichnen Rangplätze, nicht aber die Quantität einer Eigenschaft. Ein Beispiel ist die Rangordnung von Marken entsprechend der geäußerten Präferenzen einer Auskunftsperson. Ist die Präferenzrangordnung $A < B < C$ und die sie abbildenden Zahlenwerte 1, 2, 3, so lässt sich über die Differenzen zwischen den Präferenzen im empirischen System und daher auch über die *Abstände* zwischen den Zahlen *keine Aussage* machen. Damit dürfen auch nicht die mathematischen Operationen der Addition, Subtraktion, Multiplikation und Division Verwendung finden. Zulässige statistische Berechnungen sind z. B. die Ermittlung des *Medians* und der *Rangkorrelation* sowie die Signifikanzermittlung mittels des *Mann und Whitney-U-Tests*.

4.2.3 Intervallskala und Verhältnisskala

Bei Intervallskalen sind die Abstände zwischen zwei Punkten berechenbar. Ihnen liegt eine *standardisierte Messeinheit* zugrunde. Hierzu zählen die Temperaturskalen sowie einige Einstellungsskalen, auf die noch einzugehen ist.

Die Konstruktion von Intervallskalen für hypothetische Konstrukte ist relativ schwierig. Der Grund liegt darin, dass eine Intervallskala voraussetzt, dass die *Abstände im empirischen System direkt verglichen werden können*. Hierzu ein Beispiel: Will man z. B. die Differenzen von je zwei Holzlatten vergleichen, so ist dies ohne Zuordnung von Zahlen im empirischen System möglich, indem man zunächst zwei Holzlatten nebeneinander stellt und die Größendifferenz mit Kreide markiert. Ebenso wird mit zwei anderen Holzlatten verfahren. Anschließend ist ein unmittelbarer Vergleich der Größenunterschiede der beiden Lattenpaare möglich (vgl. Fischer 1974, S. 117). Die Intervallskaleneigenschaft ist somit *vor* und *unabhängig* von irgendwelchen Zahlenzuordnungen gegeben.

Bei hypothetischen Konstrukten ist eine derartige Erfassung von Differenzen nicht möglich. Als Ersatz für das nicht unmittelbar beobachtbare empirische Phänomen wird daher von den beobachteten Reaktionen der Auskunftspersonen (z. B. Ankreuzen auf Skalen) auf die Unterschiede zweier Stimuli (z. B. Marken) geschlossen. Inwieweit die Messwerte dann tatsächlich die wahren Unterschiede auf Intervallskalenniveau repräsentieren, hängt davon ab, ob mit dieser Datenerhebung eine adäquate Abbildung des empirischen Systems erfolgt. Um dies zu gewährleisten, wird die Abfrage und die Skalenkonstruktion so gestaltet, dass die Auskunftspersonen ihre Urteile weitmöglichst auf Intervallskalenniveau abgeben können (vgl. Gigerenzer 1981, S. 303).

Ein typisches Beispiel ist die Heranziehung von Ratingskalen zur Einstufung von Marken auf produktbezogenen Eigenschaften. So kann die Beurteilung der Waschkraft von Vollwaschmitteln wie folgt festgestellt werden:

Marke X hat eine hohe Waschkraft

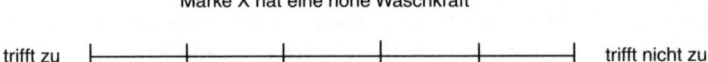

trifft zu   trifft nicht zu

Die Auskunftsperson muss ein Kreuz an der Stelle der Skala anbringen, die ihre Meinung repräsentiert. Wird zudem eine zweite Marke *Y* auf der Skala eingestuft, so könnte man zwischen den beiden Punkten eine Differenz ermitteln. Ob diese *Differenzbildung zulässig* ist, hängt jedoch davon ab, ob die Auskunftsperson tatsächlich in der Lage ist, ihre subjektiven Urteile hinsichtlich der beiden Marken auf Intervallskalenniveau auszudrücken. Die Erfahrung zeigt nun, dass Verbraucher zumindest in den *mittleren Bereichen* der Ratingskala zu *äquidistanten* Urteilen fähig sind, während in Extrembereichen jedoch eine systematisch verzerrte Einstufung der zu beurteilenden Objekte erfolgt. (Dieser Fall ist z. B. gegeben, wenn die Auskunftsperson neben PKWs wie VW Golf, Opel Vectra und BMW 318i auch gehobene Fabrikate von Mercedes oder gar Ferrari einstufen müssen.) Im Grunde liegt somit ein Skalenniveau vor, dass zwischen Ordinal- und Intervallskala liegt. Parallel durchgeführte nichtmetrische und metrische Auswertungen der Daten haben jedoch in vielen Fällen keine gravierenden Unterschiede erbracht, so dass für die praktische Arbeit durchaus von der Annahme des Intervallskalenniveaus ausgegangen werden kann. Ist diese Annahme falsch, so ist zu erwarten, dass die Auswertung zu unplausiblen Ergebnissen führt. Stehen Auswertungsresultate jedoch nicht im Widerspruch zu den bisherigen theoretischen Überlegungen, so besteht *kein Anlass,* an der Intervallskaleneigenschaft zu zweifeln.

Besitzt zudem eine Skala noch einen eindeutigen Nullpunkt, so liegt eine *Verhältnisskala* vor (z. B. bei Eigenschaften wie Umsatz, Preis, Marktanteil, Einkommen usw.). Auf Verhältnis- (bzw. Ratio-)skalen sind alle mathematischen Operationen anwendbar (Addition, Subtraktion, Multiplikation, Division).

4.3 Reliabilität und Validität von Messungen

Das Ziel einer Messung besteht darin, möglichst fehlerfreie Messwerte zu erhalten. Da dies so gut wie nie möglich ist (selbst eine Atomuhr weicht irgendwann von der wahren Zeit ab, und eine mechanische Eieruhr enthält noch gravierendere Messfehler), versucht man sich dadurch zu behelfen, dass man die Messung mehrmals wiederholt (z. B. die Messung der Länge eines Brettes bevor man es abschneidet).

Wiederholt man eine Messung mehrfach, so wird *angenommen*, dass der Mittelwert dieser Messungen am ehesten den korrekten ("wahren") Wert wiedergibt (d. h. die zufälligen Messfehler gleichen sich aus). Ein anderer Fall liegt vor, wenn ein Messinstrument systematische Messfehler enthält (z. B. eine mechanische Uhr, die immer zu schnell läuft, oder eine Auskunftsperson gibt aufgrund ihres Sozialneides an, dass alle PKWs der gehobenen Oberklasse "protzig", "umweltschädlich" und "verschwenderisch" seien, obwohl sie diese Autos insgeheim bewundert). Im letzten Beispiel wird mithin nicht die Einstellung zu PKWs, sondern die Auswirkung des Neidfaktors gemessen. Wiederholte Messungen und Mittelwertbildung führen daher nicht zum "wahren" Wert: Mit anderen Worten man misst nicht das, was man messen wollte.

Mit diesen Ausführungen wurden zwei Gütekriterien zur Beurteilung der Qualität von Messungen angesprochen: die *Reliabilität* (Zuverlässigkeit) und die *Validität* (Gültigkeit).

4.3.1 Begriffsabgrenzungen

Ein Messinstrument ist *reliabel*, wenn wiederholte Messungen einer Eigenschaftsdimension immer wieder den selben Wert liefert. In der Praxis werden die Messwerte jedoch mehr oder weniger um den wahren Wert, bedingt durch Zufallsfehler, streuen. Je geringer diese Streuung ist, desto höher ist die Reliabilität.

Andererseits ist ein Messinstrument *valide*, wenn es genau das misst, was man zu messen beansprucht. Wenn es z. B. in einem Laborexperiment zur Messung der Aktivierungswirkung von Werbeanzeigen gelingt, alle Störfaktoren zu eliminieren, dann ist die Veränderung des Hautwiderstandes einzig und allein auf die verschiedenen Anzeigen zurückzuführen. Fährt allerdings bei Betrachtung einer Anzeige ein Polizeiauto mit Martinshorn vorbei, oder betritt eine adrette Assistentin den Raum, so wird die Hautwiderstandsveränderung durch diese Stimuli verursacht und nicht durch die Anzeige, so dass die Messung systematisch verzerrt wird.

Ein ermittelter Messwert setzt sich daher aus folgenden Komponenten zusammen:

$$x_0 = x_w + x_s + x_z$$

mit x_0 = beobachteter Messwert
$\quad\;x_w$ = wahrer Messwert
$\quad\;x_s$ = systematischer Fehler
$\quad\;x_z$ = Zufallsfehler

Der *Zusammenhang zwischen Reliabilität und Validität* sei anhand des folgenden Beispiels veranschaulicht (nach Kinnear/Taylor 1996, S. 233):

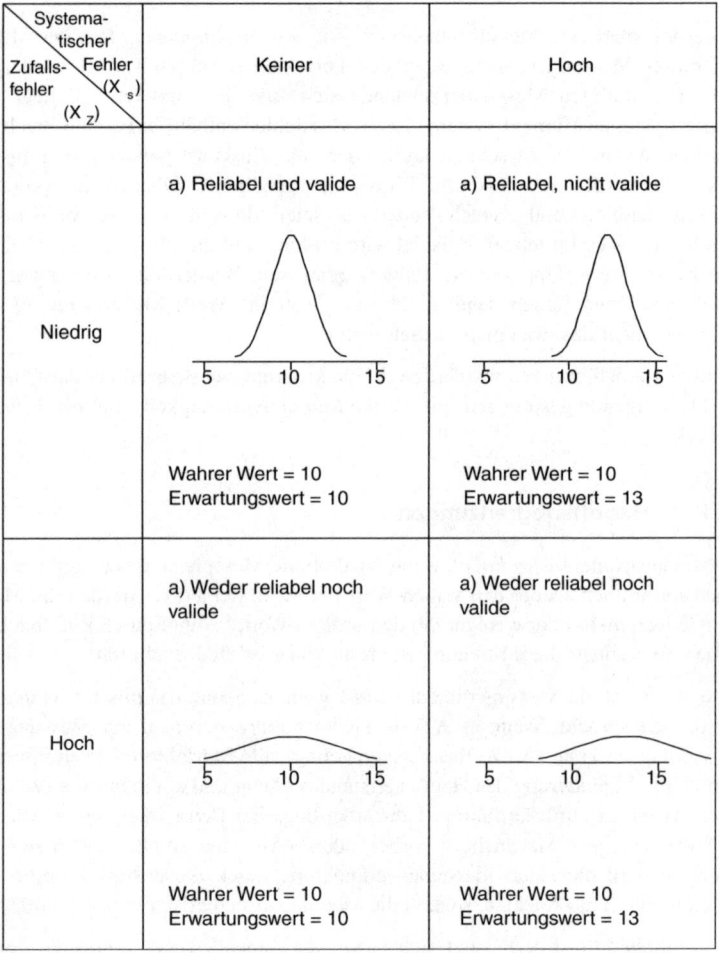

Abb. 20: Reliabilität und Validität

112

Angenommen, der Marktanteil eines Produktes, der 10 % beträgt, soll mittels eines Haushaltspanels erfasst werden.

In Fall a) entspricht der Erwartungswert der Verteilung des Stichprobenmittelwerts genau dem wahren Marktanteil von 10 %. Der geringe Zufallsfehler ist aus der steilen Verteilung zu ersehen. Wiederholte Messungen führen in diesem Falle zu geringen Zufallsabweichungen. Die Messung ist daher zugleich valide und reliabel.

Fall b) weist zwar die gleiche steile Verteilung auf und ist daher reliabel, jedoch liegt ein systematischer Fehler vor (z. B. geben die Haushalte im Sample aus Prestigegründen einen durchweg höheren Verbrauch bei diesem Produkt an). Die Messung würde zwar bei Wiederholung immer den selben Erwartungswert in Höhe von 13 % erbringen, sie ist aber nicht valide.

In Fall c) entspricht der Erwartungswert dem wahren Marktanteilswert, jedoch deutet die flache Verteilung einen hohen Zufallsfehler an. Wiederholte Messungen erbringen stark unterschiedliche Marktanteile, so dass die Messung definitionsgemäß weder reliabel noch valide ist.

In Fall d) kommt als weiteres noch ein systematischer Fehler hinzu, so dass ebenfalls keine Validität und Reliabilität gegeben ist.

Als Fazit ist festzuhalten, dass bei Validität einer Messung die Reliabilität ebenfalls gewährleistet ist. Mangelnde Reliabilität führt zugleich zu mangelnder Validität. Doch selbst bei empirisch festgestellter Reliabilität ist die Validität der Messung nicht immer gewährleistet (Fall b).

4.3.2 Schätzung von Reliabilität und Validität

Die *Zuverlässigkeit* (Reliabilität) eines Messinstruments lässt sich durch die Stabilität der Messwerte bei wiederholten oder parallelen Messungen unter gleichen Rahmenbedingungen feststellen.

So wird beim „*Test-Retest-Verfahren*" die Messung in identischen Situationen an den selben Untersuchungsobjekten wiederholt (z. B. wenige Tage nach einer Befragung wird dieselbe Befragung bei den selben Auskunftspersonen wiederholt). Ein Maß für die Reliabilität ist dann die Korrelation zwischen den ersten und den zweiten Befragungsergebnissen. Allerdings kann sich in der Zwischenzeit eine Veränderung der „wahren" Werte bei den Auskunftspersonen ergeben haben, so dass fälschlicherweise eine mangelhafte Reliabilität konstatiert wird.

Bei der „*Split-Half*"-Technik wird davon ausgegangen, dass das zu messende Konstrukt durch ein Universum beobachtbarer Merkmale repräsentiert wird. So kann man die Einstellung zu Marken durch verschiedene Items (unter „Item" sind alle möglichen Stimuli zu verstehen, die den Auskunftspersonen vorgelegt werden (Fragen, Bildvorlagen, Behauptungen, Listen, Kartenspiele etc.)) erfassen, die alle gleichermaßen als Indikatoren der Einstellung fungieren. Zur Überprüfung der Reliabilität werden die Items in zwei Hälften geteilt und die Reaktionen der Auskunftspersonen auf beide Itembatterien erfasst. Für jede Auskunftsperson werden dann anhand der beiden Itembatterien zwei Einstellungsmesswerte errechnet. Die Reliabilität der Messung lässt sich wiederum als Korrelation der beiden Messungen berechnen. Zu kritisieren ist hierbei, dass es selten gelingt, zwei gleichwertige Itembatterien zu erstellen, d. h. bei mehrdimensionalen Konstrukten ist anzunehmen, dass durch die Halbierung jeweils verschiedene Dimensionen des Konstrukts repräsentiert werden.

In der verwandten Technik der „alternativen Formen" konstruiert man zwei verschiedene Messinstrumente über den gleichen Gegenstand und vergleicht die Messergebnisse. Hier treffen dieselben Einwände wie bei der Split-Half-Technik zu.

Die Validität von Messungen ist wesentlich schwerer als die Reliabilität zu schätzen, da man, wie schon erwähnt, den wahren Wert nicht kennt. Daher wird in der Praxis eine Anzahl von Heuristiken angewandt, die verschiedene Aspekte der Validität überprüfen.

Die Inhaltsvalidität bezieht sich auf das Ausmaß, mit dem die herangezogenen Indikatoren das zugrundeliegende hypothetische Konstrukt repräsentieren. Soll z. B. die Einstellung von PKW-Besitzern gegenüber Automarken mit Hilfe von Einstufungen der Marken bei Produkteigenschaften ermittelt werden, so ist darauf zu achten, dass alle einstellungsrelevanten Eigenschaften vorgelegt werden. Dies wäre sicherlich nicht der Fall, wenn nur Eigenschaften in den Fragebogen aufgenommen werden, die sich lediglich auf das Styling, nicht aber auf die Beurteilung der Wirtschaftlichkeit, Verkehrssicherheit etc. beziehen. Eine objektive Überprüfung der Inhaltsvalidität ist jedoch nicht möglich, da bei vielen Begriffen das „Universum" sie repräsentierender Indikatoren unbekannt ist. Häufig werden „Experten" zur Beurteilung der Inhaltsvalidität herangezogen oder Plausibilitätsüberlegungen vorgenommen.

Bei der Übereinstimmungsvalidität wird ein „Außenkriterium" gleichzeitig erfasst und das Messergebnis damit korreliert. Z. B. können neben der Einstellung zu Marken zugleich die Kaufmengen der Auskunftspersonen bei diesen Marken oder die globale Präferenz gegenüber den Marken erfasst werden.

Bei der Prognosevalidität wird anhand des Messergebnisses das zukünftig zu erwartende Außenkriterium prognostiziert (z. B. Kaufabsichtsnennungen bei Gebrauchsgütern zur Prognose der tatsächlichen Käufe).

Bei der *Konstruktvalidität* wird von den Messergebnissen auf das zugrunde liegende hypothetische Konstrukt geschlossen. Stimmen Erklärungen oder Prognosen anhand der beobachteten Messergebnisse mit den in der Theorie vorhergesagten Beziehungen überein, so ist anzunehmen, dass die Messung valide ist. Besagt z. B. eine Hypothese „Je größer das Traditionsbewusstsein, desto negativer ist die Einstellung gegenüber ausländischen Automarken", so ist je eine Skala für „Traditionsbewusstsein" und eine für „Einstellung gegenüber ausländischen Automarken" zu bestimmen. Wird aufgrund der Messergebnisse die Hypothese bestätigt, dann sind die Messinstrumente und die Hypothese gültig. Andernfalls können die Messinstrumente nicht valide gewesen sein und/oder die Hypothese war falsch.

4.4 Einstellungsmessung

Da in der Marktforschung die Diskussion zur Messung von Eigenschaften im Rahmen der Einstellungsmessung eine lange Tradition hat, sollen die verschiedenen Ansätze an diesem Beispiel skizziert werden.

4.4.1 Einstellungsbegriff und Einstellungsmodelle

Einstellungen sind erlernte, relativ dauerhafte psychische Neigungen von Individuen, gegenüber Umweltstimuli positiv oder negativ zu reagieren (vgl. Triandis 1975, S. 2; Trommsdorff 1975, S. 8; Six 1975, S. 271 ff.).

Die große Bedeutung von Einstellungen für das Marketing ergibt sich aus der Hypothese, dass Einstellungen sowohl einzelne psychische Prozesse (z. B. Produktwahrnehmung) als auch das Kaufverhalten steuern (zur Relation von Einstellung, Kaufabsicht und Kaufverhalten vgl. Kroeber-Riel/Weinberg 2003, S. 171 ff.).

Einen Aufschwung erlebte die marketingorientierte Einstellungsforschung insbesondere dadurch, dass neben der Beziehung zwischen *Einstellung und Verhalten* die *Einstellung* selbst wiederum *als Funktion anderer hypothetischer Konstrukte* betrachtet wurde. Demnach resultieren Einstellungen aus dem Zusammenwirken von drei *Komponenten*, „die miteinander übereinstimmen und sich gegenseitig beeinflussen und stützen" (Meinefeld 1977, S. 24):

1. Unter der *affektiven* (motivationalen, emotionalen) Komponente werden die gefühlsmäßigen Bewertungen von Umweltstimuli verstanden.
2. Die *kognitive* Komponente repräsentiert das Wissen von Personen über das Einstellungsobjekt (z. B. die im Langzeitgedächtnis gespeicherten Eigenschaften einer Marke).

115

3. Die *konative* Komponente bringt die Verhaltensneigung der Individuen (z. B. die Kaufbereitschaft) zum Ausdruck.

Verschiedene Operationalisierungen der Einstellung entstehen dadurch, dass an verschiedenen Komponenten angeknüpft wird:

Häufig wird „Einstellung" mit der *affektiven Komponente* gleichgesetzt (z. B. bei Lavidge/Steiner 1961, S. 59 ff.; Osgood/Suci/Tannenbaum 1957, S. 189 f.; Heemeyer 1981, S. 77 ff.). Zur Messung der affektiven Komponente werden zumeist *mehrere verbale Gefühlsäußerungen* der Befragten erfasst, die sich alle auf *ein einziges latentes* (d. h. nicht direkt beobachtbares) *Kontinuum* beziehen („*eindimensionale Einstellungsmodelle*"). Der Einstellungswert ergibt sich dann durch Aggregation der Itemwerte.

Die *kognitive Komponente* lässt sich durch *Wahrnehmungsurteile* (z. B. Aussagen über die Ähnlichkeit von Marken) oder durch *verbal zu äußernde Überzeugungen* bezüglich der Objekteigenschaften erheben.

Die *konative Komponente* kann durch *Beobachtung des Verhaltens* oder durch Äußerung von *Verhaltensabsichten* erfasst werden.

Während *ältere Ansätze* auf eine *eindimensionale Messung der affektiven Komponente* abstellen, setzte mit Rosenberg (1956, S. 367 ff.) die Entwicklung von Messmodellen ein, die die Einstellung als *Indexwert aus dem Zusammenwirken von affektiver und kognitiver Komponente operationalisieren*. Von den Fachvertretern, die die Einstellung mit der affektiven Komponente gleichsetzen, werden diese Modelle als *Imagemodelle* bezeichnet. Der aus der Verrechnung von affektiven und kognitiven Messwerten resultierende Gesamtwert wird von ihnen dementsprechend als *Imagemesswert* interpretiert (vgl. z. B. Heemeyer 1981, S. 78 ff.). Da dem Imagebegriff jedoch die gleichen Merkmale wie dem Einstellungsbegriff zugeschrieben werden (vgl. Trommsdorff 1975, S. 79), wird im Weiteren auf den Imagebegriff verzichtet und auch bei diesen Modellen durchgängig von Einstellungsmodellen gesprochen (so auch Kroeber-Riel/Weinberg 2003, S. 197 f; Hammann/Erichson 2000, S. 334 ff.). Bei diesen Einstellungsmodellen erfolgt die Erfassung der kognitiven Komponente durch Rückgriff auf den *mehrdimensionalen Vorstellungsraum*, in dem Personen wahrgenommene Umweltstimuli einordnen. Sie werden daher auch als „*mehrdimensionale*" Einstellungsmodelle bezeichnet. Die Einstellung einer Person z. B. zu einem Produkt folgt nach diesen Modellen aus der subjektiven Wahrnehmung der Produkteigenschaften und ihrer Bedeutung (Wert oder Wichtigkeit). Dieses mehrdimensionale System wahrgenommener oder bewerteter Produkteigenschaften wird anschließend (wie auch bei den eindimensionalen Modellen) durch eine *Integrationsregel zu einem einzigen Einstellungswert aggregiert*. Mit anderen Worten, auch „mehrdimensionale Einstellungsmodelle" zielen letztlich darauf ab, die Einstellung auf eine eindimensionale Variable, d. h. zu einem *Index* zu reduzieren (vgl. zur Indexbildung Mayntz/Holm/Hübner 1978, S. 44 ff.), und auch hier gibt ein *Einstellungswert den Grad der Zustimmung oder Ablehnung* gegenüber einem Objekt an (vgl. auch Fishbein 1966, S. 478; Trommsdorff 1975, S. 11).

Die nachfolgende Übersicht zeigt eine Zusammenfassung der bisherigen Ausführungen. Im linken Teil ist die Stellung des hypothetischen Konstrukts „Einstellung" und seiner Komponenten im Kaufentscheidungsprozess aufgeführt. Marketing-Stimuli wirken zunächst auf die drei Komponenten ein, diese prägen die Einstellung, welche selbst wiederum das Kaufverhalten steuert. Im mittleren Teil sind einige Beispiele für empirisch wahrnehmbare Indikatoren der Einstellung bzw. ihrer Komponenten aufgeführt. Im rechten Teil werden Beispiele für die nachfolgend behandelten Einstellungsmodelle gegeben.

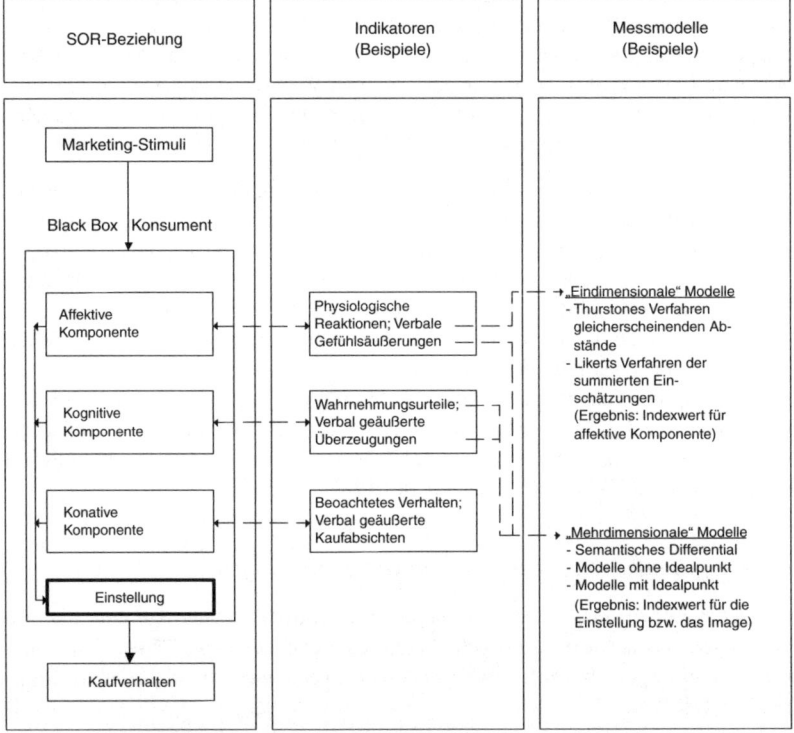

Abb. 21: Einstellungskomponenten und Einstellung im SOR Paradigma; Indikatoren und Messmodelle

117

4.4.2 Methoden der Einstellungsmessung

Entsprechend der herangezogenen Indikatoren kommen als *Datenerhebungsmethoden* die *Befragung* oder die *Beobachtung* in Betracht. Der Schluss vom *beobachteten Verhalten* auf die Einstellung leidet darunter, dass zwischen (Kauf-)Verhalten und Einstellung eine Anzahl weiterer Variablen wirkt (z. B. situative Einflussfaktoren oder soziale Einflüsse des Verhaltens). Wird die Einstellung z. B. zu Werbeanzeigen oder Marken aufgrund *von physiologischen Reaktionen* geschätzt (z. B. Pupillenerweiterung, Hautwiderstand), dann lässt sich im Grunde nur etwas über die Intensität der affektiven Komponente, jedoch nichts über die positive oder negative Richtung aussagen (lediglich bei der Pupillometrie gibt es Ansätze zur Richtungsmessung).

Im Rahmen der *Befragung* können Einstellungen mit Hilfe *projektiver Tests* ermittelt werden. Sie bieten sich an, wenn die Auskunftspersonen auf direkte Fragen nicht antworten wollen oder können. Nachteilig ist die mangelnde Quantifizierbarkeit. Eine Bedeutung besitzen diese Verfahren für die Ermittlung einstellungsrelevanter Produkteigenschaften, die in mehrdimensionalen Modellen Verwendung finden (vgl. z. B. die Anwendung von Wortassoziationstests zur Ermittlung einstellungsrelevanter Produkteigenschaften und die darauf beruhende mehrdimensionale Einstellungsmessung bei Böhler 1979a, S. 270 ff.).

Zumeist wird für die Einstellungsmessung die *standardisierte Befragung* angewandt, bei der den Auskunftspersonen eine Liste von Items (d. h. Fragen, Bildvorlagen oder Behauptungen (Statements)) vorgelegt werden. Dabei herrschen Antwortvorgaben vor, bei denen die Befragten ihre Zustimmung oder Ablehnung zu dem im Item wiedergegebenen Sachverhalt dichotom (z. B. „stimme zu", „stimme nicht zu") oder durch Ankreuzen einer intensitätsmäßig abgestuften Ratingskala angeben müssen. Aus diesen Antworten wird dann der gesuchte Einstellungsmesswert errechnet. Einige der hierfür in Frage kommenden ein- und mehrdimensionalen Messverfahren auf der Basis von standardisierten Befragungen werden anschließend in den Grundzügen aufgezeigt (vgl. auch Süllwold 1969; Sixtl 1982; Dawes 1977; Green/Tull 1982, S. 159 ff.).

4.4.2.1 Eindimensionale Messung von Einstellungen

Bei den eindimensionalen Messverfahren müssen die Befragten auf eine Batterie von Statements antworten, die sich alle auf eine einzige latente Dimension beziehen. Traditionsgemäß werden dabei Statements verwendet, die die *affektive* Komponente erfassen.

Hinter diesen Modellen steht jedoch im Grunde das Persönlichkeitsbild eines mit starken Vorurteilen und globalen Wertpräferenzen behafteten Menschen: *die emo-*

tionale Komponente wird in den Vordergrund gestellt, eine kognitiv differenzierte Auseinandersetzung mit dem Einstellungsobjekt findet nicht statt (vgl. Gigerenzer 1981, S. 312). Da es sich in psychologischen Gegenstandsbereichen erwiesen hat, dass *Eindimensionalität einen Sonderfall* darstellt, und da mehrdimensionale Modelle für die Marketing-Politik eine größere Aussagefähigkeit besitzen, werden die eindimensionalen Ansätze (z. B. „Methode der gleicherscheinenden Abstände" von Thurstone und die „Methode der summierten Einschätzungen" von Likert) nicht weiter betrachtet (vgl. hierzu Churchill/Iacobucci 2002, S. 375 ff.).

4.4.2.2 Mehrdimensionale Messung von Einstellungen

Bei mehrdimensionalen Modellen wird davon ausgegangen, dass jedes Einstellungsobjekt eine Reihe von Eigenschaften aufweist (z. B. Produkteigenschaften von Marken). Die Einstellung resultiert dann aus den differenzierten Vorstellungen einer Person über die Objekteigenschaften (kognitive Komponente) und der Bewertung dieser Eigenschaften (affektive Komponente).

4.4.2.2.1 Semantisches Differential

Das Semantische Differential einschließlich seiner Modifikationen ist das am häufigsten verwendete Verfahren zur Messung von einstellungsrelevanten Objekteigenschaften. In seiner ursprünglichen Form wurde dieses Verfahren von Osgood/Suci/Tannenbaum (1957) zur *Messung von Wortbedeutungen* durch eine Anzahl *siebenstufiger Ratingskalen* entwickelt. Die Pole dieser Skalen werden mit gegensätzlichen Adjektiven gekennzeichnet, die sich auf drei (durch Faktorenanalyse extrahierte) latente Dimensionen des „semantischen Raumes" beziehen.

Gegensatzpaare wie gut – schlecht, süß – sauer, harmonisch – unharmonisch sind Indikatoren einer *evaluativen* Dimension. Diese repräsentiert die affektive Komponente der Einstellung. Osgood/Suci/Tannenbaum (1957, S. 189 f.) *beschränken den Einstellungsbegriff auf diese Komponente*: der durchschnittliche Messwert einer Person auf den wertenden Skalen wird von ihnen als Einstellungsmesswert bezeichnet. Eine zweite Dimension des semantischen Raumes wird durch Adjektivpaare wie stark – schwach, hart – weich, groß – klein usw. repräsentiert, weshalb sie sich als „*Stärke*" umschreiben lässt. Die dritte Dimension wird mit „*Aktivität*" umschrieben und durch Gegensatzpaare wie aktiv — passiv, langsam – schnell, laut – leise erfasst.

Osgood/Suci/Tannenbaum (1957) haben für eine Vielzahl von zu beurteilenden Stimuli die jeweils passenden Attributspaare zusammengestellt, wobei darauf geachtet wurde, dass für jede latente Dimension gleich viele Attributpaare aufgenommen wurden.

119

Zur Datenerhebung wird Auskunftspersonen eine Liste der Attributpaare mit graphisch unterteilten 7-stufigen Ratingskalen überreicht. Am Kopf der Vorlage steht der Stimulus, der durch den Befragten sukzessive auf den Skalen einzustufen ist, z. B.:

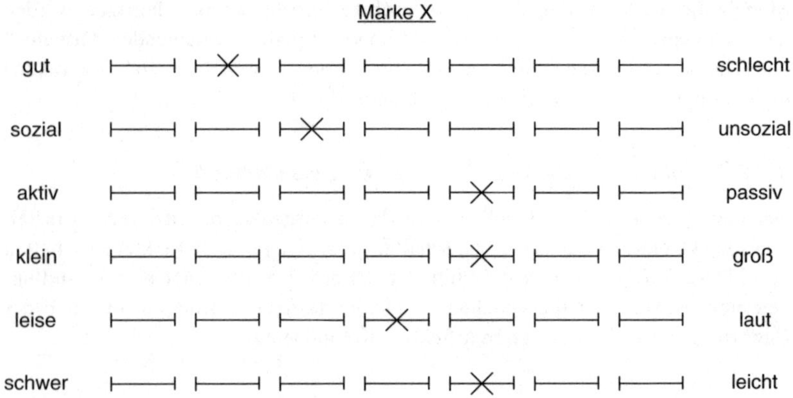

Marke X

Abb. 22: Semantisches Differential

Zur Auswertung wird jedem Abschnitt der Ratingskala ein Zahlenwert zugeordnet (z. B. –3, –2, –1, 0, +1, +2, +3 oder von 1 bis 7). Zudem wird angenommen, dass Intervallskalenniveau vorliegt.

Die einfachste Auswertungsmethode besteht darin, durch graphische Verbindung der Kreuze ein *Polaritätsprofil* zu erstellen. Einen Informationswert hat dieses Profil jedoch nur im Vergleich zu anderen Profilen (z. B. zu konkurrierenden Marken oder durch Vergleich des Markenprofils vor und nach der Durchführung einer Werbekampagne oder im Vergleich zu einer ebenfalls einzustufenden „idealen Marke").

Des Weiteren können die Punktwerte jener Gegensatzpaare, die sich auf eine latente Dimension beziehen, addiert werden. Dadurch lässt sich jeder Stimulus durch einen Zahlentripel quantitativ charakterisieren. Der Vergleich zweier Stimuli im mehrdimensionalen Raum kann u. a. auch durch die Berechnung der Euklid-Distanz erfolgen, d. h.

$$d_{ij} = \sqrt{\sum_{k=1}^{m} (x_{ik} - x_{jk})^2}$$

mit x_{ik}, x_{jk} = Werte der Stimuli i und j bei Eigenschaft k
k = Eigenschaften
d_{ij} = linearer Abstand zwischen zwei Stimuli im semantischen Raum (Euklid-Distanz)

Gegen eine *unveränderte Übernahme* des semantischen Differentials im Marketing sprechen mehrere Einwände (vgl. insbesondere Trommsdorff 1975, S. 81 ff.):

- Die Gegensatzpaare haben nur einen metaphorischen Bezug zum Einstellungsobjekt und bieten nur wenige Anhaltspunkte für die Planung der Produkt- und Kommunikationspolitik. Sie sind daher durch produktspezifische Eigenschaften zu ersetzen. Damit entsteht jedoch das Problem der Ermittlung der jeweils objektspezifisch einstellungsrelevanten Produkteigenschaften.

- Die Verwendung von Gegensatzpaaren ist nicht zu empfehlen, da diese häufig keine Pole eines eindimensionalen Kontinuums darstellen. Stattdessen sind einpolige Skalen (so genannte Stapelskalen) zu verwenden, bei denen nur ein Begriff mit intensitätsmäßigen Abstufungen präsentiert wird, z. B. „sehr pflegend" mit den Bezeichnungen der Endpunkte „trifft zu" und „trifft nicht zu".

- Häufig wird für die Verwendung einer sechsstufigen Skala votiert, da eine größere Anzahl von Abstufungen kaum zusätzliche Informationen bringt, und ungerade Zahlen eine Mittelkategorie aufweisen, die mitunter von den Befragten als Ausweichkategorie verwendet wird, statt eine mittlere Eigenschaftsbewertung zu repräsentieren. Allerdings ist dieser *„Zentralitätseffekt"* auch bei geradzahligen Abstufungen zu erwarten.

- Um den Befragten dennoch eine Ausweichmöglichkeit zu gewähren, sei es, weil sie das Item als ungeeignet empfinden bzw. weil sie nicht über die entsprechenden Informationen verfügen, wird von Trommsdorff (1975, S. 92) empfohlen, bei jeder Ratingskala zusätzlich die Kategorie „weiß nicht" aufzuführen. Da diese *„missing values"* allerdings Schwierigkeiten bei der Datenauswertung hervorrufen, sollte eher in der Vorstufe sichergestellt werden, dass die ausgewählten Items der Mehrzahl der Befragten keine Schwierigkeiten bereiten, und dass bei der Durchführung der Befragung die Auskunftspersonen nur die Objekte (z. B. Marken) beurteilen, bei denen sie ein ausreichendes Produktwissen aufweisen (vgl. hierzu Böhler 1979a, S. 262 ff.). Hierdurch lässt sich zugleich ein *„Nachsichtseffekt"* abschwächen, der darin besteht, dass bekannte Marken durchweg günstiger als unbekannte beurteilt werden.

- Im Hinblick auf den Abfragemodus wird empfohlen, zuerst alle Stimuli (z. B. Marken) auf der ersten Ratingskala einstufen zu lassen, dann erst alle Stimuli auf der zweiten Ratingskala usw. Dadurch wird ein *„Halo-Effekt"* der Art vermieden, dass die Einstufung eines Objekts auf einer Skala die Einstufung des selben Objekts auf der nächsten Skala beeinflusst. Ein weiterer *Halo-Effekt*, nämlich die konsistent bessere Einstufung der stärker präferierten Marke auf *allen* Eigenschaftsskalen, sowie *Antworttendenzen* (individuelle Neigung z. B. nur Extremwerte anzukreuzen) werden dadurch ebenfalls abgeschwächt. Diese Art der Abfrage entspricht zugleich dem Vergleich von Produkten in einer realen Einkaufssituation. Allerdings entsteht hierdurch ein *„Reihenfolgeef-*

fekt" in Bezug auf die zu beurteilenden Objekte: die Einstufung der Marke *X* beeinflusst die Beurteilung der nachfolgenden Marke *Y*. Um dies auszugleichen, wird vorgeschlagen, die zu beurteilenden Objekte vor der jeweiligen Abfrage zu randomisieren.

Die weite Verbreitung des auf Marketingsachverhalte zugeschnittenen Semantischen Differentials ist auf die *vermeintlich* leichte und schnelle Konstruktion der Itembatterie, die Einfachheit der (graphischen) Auswertung und die mühelose Interpretierbarkeit der Ergebnisse durch die Marketing-Entscheider zurückzuführen. Werden zudem die Rohdaten einer Faktoren- oder einer Diskriminanzanalyse unterzogen, so können die Positionen der Stimuli in einem niedrig dimensionierten Raum (meist zwei oder drei Dimensionen) übersichtlich graphisch abgebildet werden (siehe unten). Der Wert dieses modifizierten Semantischen Differentials hängt jedoch weitgehend davon ab, inwieweit es gelingt, die für die Befragten einstellungsrelevanten Eigenschaften aufzudecken. Letzteres gilt im Übrigen auch für die nachfolgend diskutierten anderen mehrdimensionalen Modelle. Gegenüber dem Semantischen Differential zeichnen sich diese aber darin aus, dass affektive und kognitive Statements nicht mehr isoliert nebeneinander stehen. Stattdessen wird, nach deren getrennter Erhebung, eine Integration der beiden Komponenten zu einem Einstellungswert vorgenommen.

4.4.2.2.2 Mehrdimensionale Einstellungsmodelle ohne Idealobjekt

Mehrdimensionale Modelle zur Errechnung eines Einstellungswertes ohne die Heranziehung von Idealobjekten gehen auf Rosenberg (1956) und Fishbein (1966) zurück. Beim *Fishbein-Modell* errechnet sich der Indexwert für die Einstellung wie folgt:

$$E_j = \sum_{k=1}^{m} B_{jk} \cdot a_{jk}$$

mit B_{jk} = wahrgenommene Wahrscheinlichkeit, inwieweit das Objekt *j* eine Eigenschaft *k* besitzt (kognitive Komponente) = *„strength of belief"*
a_{jk} = Bewertung der Eigenschaft k an Objekt j (affektive Komponente) = *„evaluative aspect of belief"*
E_j = Einstellungswert bei Objekt j
j = 1, ... , *n*
k = 1, ... , *m*

Fishbein geht von folgenden Annahmen aus:

- Affektive und kognitive Komponente sind multiplikativ verknüpft (*Multiplikativitätsprämisse*). Hieraus resultiert für jede Dimension *k* ein *Eindruckswert* = $B_{jk} \cdot a_{jk}$.

122

- Durch Addition der m Eindruckswerte ergibt sich der Einstellungswert zu Objekt *j* (*Additivitätsprämisse*).

Die jeweiligen Daten werden mit Ratingskalen erhoben (vgl. Trommsdorff 1975, S. 55; Freier 1979, S. 167; Kroeber-Riel/Weinberg 2003, S. 194 f.), z. B.:

1. Wahrgenommene Wahrscheinlichkeit, dass Objekt *j* die Eigenschaft *k* besitzt (strength of belief):

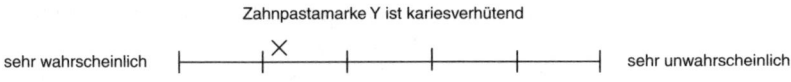

2. Bewertung der Eigenschaft *k* (evaluative aspect of belief):

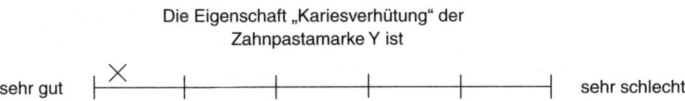

Zur Verrechnung kann man hohen Wahrscheinlichkeiten und positiven Bewertungen jeweils hohe Punktwerte zuordnen. Die Gesamteinstellung E_j ist dann umso positiver, je höher der Punktwert ist. Allerdings ist eine sinnvolle Aussage nur durch den Vergleich mehrerer Einstellungsobjekte bzw. im Vergleich mehrerer Personen, die ein Objekt beurteilen, möglich. Da Fishbein von der Wahrscheinlichkeit ausgeht, inwieweit ein Objekt eine Eigenschaft besitzt, werden implizit kategoriale Merkmale (vorhanden/nicht vorhanden) unterstellt (vgl. hierzu Freier 1979, S. 173). Bei kontinuierlich ausgeprägten Merkmalen tritt das Problem auf, dass der Befragte Interpretationsschwierigkeiten hat: eine niedrige Ausprägung der „Kariesverhütung bei Marke *Y*" kann von ihm höchst unterschiedlich eingestuft werden. Ist er *sehr sicher*, dass Marke *Y* zwar wenig, aber doch etwas kariesverhütend ist, so kann er in Bezug auf die Wahrscheinlichkeit „sehr wahrscheinlich" ankreuzen. Genauso gut kann er sich jedoch auf die Merkmalsausprägung beziehen und „sehr unwahrscheinlich" ankreuzen.

In diesen Fällen ist es sinnvoller, die kognitive Komponente als wahrgenommenes Maß der Eigenschaftsausprägung abzufragen (vgl. Freter 1979, S. 166). Im „*adequacy-value*"-*Modell* lautet die Frage daher:

Die Erhebung der affektiven Komponente (gut vs. schlecht) sowie die Verrechnung zum Einstellungswert erfolgt wie im Fishbein-Modell. Eine häufig eingesetzte Modellvariante besteht darin, dass die kognitive Komponente, wie beim

123

adequacy-value-Modell die affektive Komponente, statt als Bewertung (gut –
schlecht) als *Wichtigkeit* einer Eigenschaft (Kariesverhütung ist wichtig –
unwichtig) erhoben wird (so genanntes „*adequacy-importance*"-*Modell*; vgl. z. B.
Mazis/Atohtola/Klippel 1975, S. 40).

Wenn auch durch das adequacy-value- bzw. adequacy-importance-Modell die
Probleme der intensitätsmäßig abgestuften Eigenschaften in der kognitiven Komponente bewältigt werden, so treten nun Schwierigkeiten bei der affektiven Komponente auf. Die Zahlenzuordnung zu den Komponenten und deren Multiplikation unterstellt das Motto „Je mehr, desto besser" (vgl. Freter 1979, S. 174 f.).
Als Ausweg böte sich an, für jede graduelle Abstufung der Eigenschaft eine
Bewertung vornehmen zu lassen. Da diese Erhebungsweise zu aufwendig ist, sind
Modelle vorzuziehen, bei denen der Befragte zum einen die kognitive Komponente durch Angabe des von ihm wahrgenommenen Ausmaßes der Eigenschaft
verbalisiert, während die affektive Komponente durch Angabe der idealen Eigenschaftsausprägung erhoben wird (so genannter Idealpunkt).

4.4.2.2.3 Mehrdimensionale Einstellungsmodelle mit Idealobjekten

Wie schon angedeutet, wird bei diesen Modellen die affektive Komponente
dadurch erhoben, dass die Befragten z. B. jenes Ausmaß einer Eigenschaft angeben, welches sie als ideal empfinden. Die Position idealer Eigenschaftsausprä-
gungen im m-dimensionalen Raum repräsentiert damit ein subjektives hypotheti-
sches *Idealprodukt*. Der *Einstellungsmesswert einer Person errechnet sich aus
dem Abstand einer von ihr beurteilten „Realmarke" zu seinem „Idealprodukt"
im m-dimensionalen Eigenschaftsraum*. Daher gilt: je *näher* eine Realmarke bei
der Idealmarke positioniert ist (d. h. je geringer die Distanz), *desto positiver* ist
die Einstellung der betreffenden Person zur Realmarke. Mitunter werden die
Eigenschaftsdimensionen zusätzlich noch *gewichtet*, d. h. eine gleich große Ent-
fernung der Realmarke von der Idealmarke wirkt sich bei einer wichtigeren
Eigenschaft negativer auf die Einstellung aus als bei einer unwichtigeren Eigenschaft.

Zur Berechnung der Distanz wird in der Regel auf die *Minkowski-r-Metrik* mit *r*
= 1 (*City-Block-Distanz*) oder *r* = 2 (*Euklid-Distanz*) zurückgegriffen (vgl. die
Modellvarianten bei Lehmann 1971, S. 47 ff.; Beckwith/Lehmann 1973,
S. 141 ff.; Ginter 1974, S. 30 ff.; Trommsdorff 1975, S. 72 ff.):

$$E_j = \left[\sum_{k=1}^{m} w_k \left| B_{jk} - I_k \right| r \right]^{\frac{1}{r}}$$

mit w_k = Bedeutungsgewicht der Eigenschaft k

B_{jk} = wahrgenommene intensitätsmäßige Ausprägung der Eigenschaft k bei
Objekt j (kognitive Komponente)

I_k = ideal empfundene intensitätsmäßige Ausprägung der Eigenschaft k (affektive Komponente)

E_j = Einstellungswert bei Objekt j

j = 1, ..., n

k = 1, ..., m

r = 1, ..., ∞ (meist jedoch r = 1, r = 2)

Da empirische Untersuchungen zeigen, dass die Verwendung von Bedeutungsgewichten w_k die Erklärungsfähigkeit der Modelle kaum erhöhte (vgl. hierzu Trommsdorff 1975, S. 63 ff.; Freter 1979 und die dort aufgeführte Literatur, S. 176), schlagen einige Vertreter der Idealobjektmodelle vor, auf sie zu verzichten.

Im deutschsprachigen Raum fand daher vor allem der Vorschlag von Trommsdorff Beachtung, als Integrationsregel die City-Block-Distanz ohne Verrechnung der Eindruckswerte mit Bedeutungsgewichten heranzuziehen, d. h.:

$$E_j = \sum_{k=1}^{m} \left| B_{jk} - I_k \right|$$

Ein *Eindruckswert* ergibt sich aus der Distanz zwischen der Realmarke und dem Idealpunkt einer Eigenschaft. Die *Summe der Eindruckswerte* stellt den *Einstellungsmesswert* dar. Zur Erhebung der Daten können wiederum Ratingskalen herangezogen werden. Zur Einstufung der Idealausprägungen kann man auf zwei Verfahren zurückgreifen (vgl. Trommsdorff 1975, S. 126 ff.): Die Befragten müssen bei *direkter* Abfrage auf der Ratingskala einer Eigenschaft die ideale Merkmalsausprägung ankreuzen. Falls zu vermuten ist, dass die Auskunftsperson hierdurch überfordert ist, kann stattdessen die vom Befragten meist präferierte Realmarke als „Idealpunkt" verwendet werden.

4.4.2.2.4 Ermittlung relevanter Produkteigenschaften

Neben den Operationalisierungsproblemen, die mit der Erfassung der einzelnen Komponenten und der Wahl der Integrationsformel zur Berechnung des Einstellungsmesswertes zusammenhängen, bereitet bei allen Modellen die Ermittlung der einstellungsrelevanten Produkteigenschaften Schwierigkeiten:

Als Verfahren kommen u. a. in Betracht:

- Expertenangaben,
- Tiefeninterviews, Gruppeninterviews,
- Projektive Tests (TAT, Wortassoziationstests),
- Ähnlichkeitsvergleiche von Marken und anschließende nichtmetrische mehrdimensionale Skalierung,
- Repertory Grid.

Bei der Ermittlung der einstellungsrelevanten Produkteigenschaften anhand von Expertenangaben besteht die Gefahr, dass für die Abnehmer irrelevante Eigenschaften genannt werden. Demgegenüber ist dieses Verfahren billiger und schneller als die anderen Techniken.

Um möglichst sicher zu gehen, dass die aus der Sicht der Verbraucher relevanten Eigenschaften gefunden werden, sind diese zu befragen. Allerdings ist aus Gründen der Auskunftsfähigkeit und Auskunftsbereitschaft auf *indirekte* Methoden abzustellen. Hierzu kann auf *Tiefen-* oder *Gruppeninterviews* oder auf *projektive Verfahren* zurückgegriffen werden.

Fishbein (1967, S. 395) schlägt vor, jene 10 bis 12 Eigenschaften als einstellungsrelevant („*salient*") zu erachten, die von den Befragten am häufigsten mit dem Einstellungsobjekt assoziiert werden (vgl. hierzu auch die Untersuchung von Böhler 1979a, S. 270 ff.).

Mitunter wird auch vorgeschlagen, auf Verfahren der *nichtmetrischen mehrdimensionalen Skalierung* (*NMDS*) zurückzugreifen, um den Beurteilungsraum und damit die einstellungsrelevanten Eigenschaften aufzudecken (zu den Verfahren vgl. die Übersicht bei Böhler 1977b, S. 240 ff.). Zu diesem Zweck müssen die Befragten die interessierenden Einstellungsobjekte (z. B. Marken einer Warengruppe) nach ihrer Ähnlichkeit beurteilen. Aus diesen Ähnlichkeitsdaten wird dann mit Hilfe von NMDS-Techniken der mehrdimensionale Beurteilungsraum erstellt. Dabei erhält man jedoch nur die unbenannten Dimensionen und die Positionen der Marken als Punkte im Eigenschaftsraum. Um Konsequenzen für die Marketing-Politik ziehen zu können, müssten nun wieder die Dimensionen interpretiert werden, sei es mit Hilfe von Experten oder durch Konsumenten.

Das *Repertory Grid* geht auf Kellys „*Theory of Personal Constructs*" (vgl. Kelly 1955) zurück, in der angenommen wird, dass sich eine Person im Laufe ihrer Entwicklung einen Bezugsrahmen schafft, „innerhalb dessen Objekte oder Ereignisse verglichen, bewertet und unterschieden werden" (Müller-Hagedorn/Vornberger 1979, S. 186). Das Gerüst dieses Bezugsrahmens besteht aus bipolaren Konstrukten. Um die Produkteigenschaften zu ermitteln, werden entsprechend der Theorie Kellys den Auskunftspersonen drei Objekte (z. B. Marken) aus der Gesamtheit der interessierenden Objekte vorgelegt und gefragt, welche zwei Objekte einander ähnlicher und gleichzeitig unterschiedlich zum dritten sind. Sodann muss der Befragte angeben, worin sich die beiden Objekte im Unterschied zum dritten ähnlich sind. Diese Aufgabe wird für ein neues Markentripel wiederholt, bis die Auskunftsperson keine neuen Unterscheidungsmerkmale mehr nennen kann.

Betrachtet man die nunmehr vorliegenden Produkteigenschaften als Korrelate der latenten Dimensionen des kognitiven Beurteilungsraumes, so ist einsichtig, dass bestimmte latente Dimensionen durch recht viele, andere wiederum nur durch wenige Eigenschaften vertreten sind. Eine unveränderte Übernahme der vorliegenden Eigenschaften für eines der kognitiven Modelle würde dann unweigerlich zu einer impliziten Gewichtung führen, da häufiger vertretene Dimensionen stärker in den Einstellungswert E_j eingehen. Will man dies vermeiden, so können durch eine Faktorenanalyse die *empirische Dimensionalität* und die mit diesen Dimensionen korrelierenden Produkteigenschaften aufgedeckt werden. Für jede empirisch vorgefundene Dimension sind dann gleich viele Produkteigenschaften in den Fragebogen aufzunehmen. Diese Vorgehensweise stellt jedoch nicht sicher, dass auf diesem Wege die „wahren" latenten Dimensionen des kognitiven Raumes gefunden wurden, zumal die Dimensionalität des Beurteilungsraumes je nach der „kognitiven Komplexität" eines Individuums unterschiedlich ist (vgl. hierzu auch Freter 1979, S. 173; Gigerenzer 1981, S. 127).

4.4.2.2.5 Aussagewert mehrdimensionaler Einstellungsmodelle

Neben den offenkundigen theoretischen Vorzügen mehrdimensionaler Einstellungsmodelle mit Idealpunkt sind auch ihre Stärken bei der Diagnose der Marktsituation und der Planung der Marketing-Maßnahmen hervorzuheben. Um dies zu veranschaulichen, sei ein Beispiel aufgegriffen, in dem die Einstellung gegenüber Biermarken ermittelt wurde. Zu diesem Zweck wurden zunächst mit Hilfe von Wortassoziationen einstellungsrelevante Produkteigenschaften generiert (vgl. Böhler 1979a, S. 280 ff.). Von diesen Eigenschaften wurden lediglich jene 12 Kriterien in einer standardisierten Befragung mit einpoligen Ratingskalen verwendet, die die Verbraucher als trennscharf und wichtig beurteilten. Nach der Einstufung der Realmarken und der Angabe der als ideal empfundenen Merkmalsausprägung wurden die ursprünglichen 12 Eigenschaften mit Hilfe der Faktorenanalyse auf die grundlegenden Dimensionen des Vorstellungsraumes komprimiert. Danach ziehen Verbraucher drei Dimensionen zur Beurteilung von Biermarken heran:

Dimension I: Qualität
Dimension II: Preis
Dimension III: Hell/Dunkel

In den weiteren Ausführungen wird der Einfachheit halber die dritte Dimension vernachlässigt. Der Beurteilungsraum aus den Dimensionen I und II wird in Abb. 23 dargestellt.

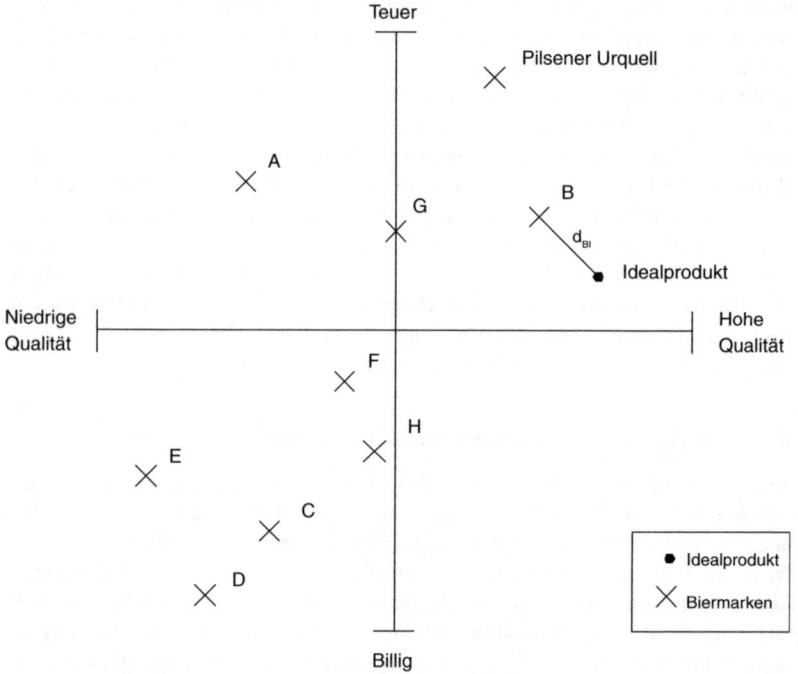

Abb. 23: Position von Realmarken und Idealprodukt im zweidimensionalen Eigenschaftsraum

In der Abbildung ist das Idealprodukt eines Befragten sowie die durchschnittlich empfundene Wahrnehmung der Realmarken eingetragen. Die hier dargestellte Abbildung des *Ist-Zustandes* liefert schon wichtige Anhaltspunkte für die Marketing-Politik:

- Sie zeigt die *Art* und *Anzahl* der zur Beurteilung von Marken herangezogenen *Eigenschaften* auf. Dadurch wird sichergestellt, dass Anbieter in ihrer Produkt- und Kommunikationspolitik tatsächlich die für den Verbraucher wichtigen Beurteilungsmerkmale zugrunde legen.

- Operationalisiert man die Einstellung als *Euklid-Distanz* zwischen Real- und Idealmarke, so ist aus den Positionen der Real- und Idealobjekte zu ersehen, inwieweit es durch die bisherige Marketing-Politik gelungen ist, an die Idealvorstellung der Verbraucher heranzukommen. Im Schaubild ist die Distanz zwischen Marke B und dem Idealprodukt (d_{BI}) am geringsten. Das Markenpositionsbild eignet sich daher bei wiederholten Anwendungen für die *Erfolgskontrolle* absatzpolitischer Maßnahmen.

- Werden die Idealvorstellungen aller Befragten eingetragen, so sind diese meist unregelmäßig über den Beurteilungsraum verteilt. Neben Punktehäufungen gibt es relativ unbesetzte Regionen. Mit Hilfe der *Clusteranalyse* können somit Verbraucher mit ähnlichen Idealvorstellungen zu *Marktsegmenten* aggregiert werden (vgl. hierzu Böhler 1977b). Idealproduktsegmente, die weit von der vorhandenen Realmarke entfernt liegen (negative Einstellung zum Warenangebot), stellen *Marktnischen* (vgl. Spiegel 1961, S. 102 ff.) dar, die durch das vorhandene Güterangebot nicht ausgeschöpft werden.

Im vorliegenden Beispiel konnten drei Segmente ermittelt werden: Segment I bevorzugt helles, teures und gutschmeckendes Bier; Segment II präferiert dunkles, gutschmeckendes Bier in mittlerer Preislage; Segment III stellt eine Marktnische dar, da es am liebsten helles, gutschmeckendes aber zugleich billiges Bier trinkt. (Hier zeigt sich zugleich ein Problem der direkten Abfrage von Idealvorstellungen, da manchmal widersprüchliche und kaum realisierbare Eigenschaftskombinationen verlangt werden. Dies kann durch andere Abfragetechniken, in denen Verbraucher Kompromisse berücksichtigen müssen, umgangen werden (vgl. z. B. Böhler 1977b, S. 103 ff.).

Aus diesen Informationen können Ansatzpunkte für die Marketing-Politik abgeleitet werden:

- Durch Werbemaßnahmen können die Eigenschaften, bei denen die eigene Marke besonders gut abschneidet, hervorgehoben werden.
- Durch produkt- und kommunikationspolitische Maßnahmen kann die Realmarke näher an ein Idealproduktsegment herangeführt werden, oder es ist ein neues Produkt für eine aufgefundene Marktnische einzuführen. Zu diesem Zweck sind durch Produktgestaltung die entsprechenden Eigenschaften zu realisieren und durch Werbemaßnahmen diese Eigenschaften den Verbrauchern zu vermitteln.
- Das Unternehmen kann versuchen, durch Kommunikationsmaßnahmen aller Art, Anzahl und Gewicht der beurteilungsrelevanten Eigenschaften zu verändern (z. B. ökologische Brauart von Bier statt Preiswürdigkeit).
- Daneben kann eine Umpositionierung der Idealvorstellungen angestrebt werden. Dies läuft auf eine Veränderung der Bedürfnisse der Verbraucher hinaus und ist, wie die Veränderungen der einstellungsrelevanten Eigenschaften, allerdings nur schwer möglich.

Den bisherigen Ausführungen zur Diagnose der Marktsituation und zur Gestaltung der Marketing-Politik auf der Grundlage mehrdimensionaler Einstellungsmodelle liegen jedoch zwei Prämissen zugrunde, die im Einzelfall häufig nicht erfüllt sind:

1. Einstellung, hier operationalisiert als Distanz zwischen Real- und Idealprodukt, ist ein geeigneter Indikator des Kaufverhaltens.

2. Die Erkenntnisse des Einstellungsmodells sind geeignete Anhaltspunkte für absatzpolitische Maßnahmen.

Häufig ist der prognostische Wert von Einstellungen gering. Dafür ist zum einen die Tatsache verantwortlich, dass neben der Einstellung weitere Verhaltenseinflüsse wirksam werden, so wenn z. B. trotz positiver Einstellung zu einer Marke ihr Konsum in Widerspruch zu anderen persönlichen Normen oder zu Gruppennormen steht, oder wenn Bedingungen der Kaufsituation (hoher Preis, mangelnde Verfügbarkeit usw.) ihren Erwerb verhindern (vgl. hierzu Kroeber-Riel/Weinberg 2003, S. 171 ff. und die dort angegebene Literatur). Des Weiteren gibt es gerade im Konsumgüterbereich eine Vielzahl von Produkten, für die Verbraucher sich kaum engagieren bzw. die sie impulsiv kaufen. Im ersten Fall wird mit direkten Fragen nach ihrer Einstellung ihr Erinnerungsvermögen überfordert, im zweiten Fall erfolgt der Kauf automatisch als Reaktion auf die Reizkonstellation (spontaner Kauf von Tiefkühlkost), so dass dieses Verhalten nicht durch eine eventuell vorhandene Einstellung kontrolliert wird. In diesem Sinne sind viele Einstellungsuntersuchungen anhand standardisierter Befragungen als bloße *Messartefakte* zu betrachten, die kaum einen Aussagewert für das Marketing besitzen.

Auch wenn eine valide Messung mehrdimensional operationalisierter Einstellungen erfolgte, so tritt nun das Problem auf, die nur subjektiv wahrgenommenen, verbal umschriebenen Eigenschaften in entsprechende, konkrete Produktmerkmale umzusetzen. So ist z. B. die Eigenschaft „modernes Styling" bei PKWs im Grunde so global, dass sich hieraus kaum Anhaltspunkte für die Entwicklungsingenieure eines Automobilproduzenten ergeben.

Des Weiteren ist gerade im Markenartikelbereich die Tatsache zu beachten, dass Verbraucher ihre Idealvorstellungen an den Eigenschaften des Marktführers orientieren (vgl. dazu im Vollwaschmittelbereich Dichtl/Müller-Heumann 1972, S. 249 ff.). Für die Mitbewerber wäre es dann geradezu gefährlich, ihre Marke an das Idealprodukt heranzuführen. Stattdessen sind durch *kreative* Leistungen neue, positiv erlebte Eigenschaftsdimensionen aufzuspüren. Das Markenpositionsmodell führt demgegenüber eher zu gleichförmigen Argumentationen und Produktvarianten konkurrierender Anbieter, die sich an dem recht häufig phantasiearmen Vorstellungsbild des Durchschnittverbrauchers orientieren.

5 Auswahl der Erhebungseinheiten und Durchführung der Primärerhebung

Nachdem die Gestaltung des Fragebogens bzw. des Beobachtungsschemas entsprechend den Operationalisierungsvorschriften für die zu erhebenden Merkmale abgeschlossen ist, folgt nun der nächste Arbeitsschritt im Marktforschungsprozess: die Bestimmung der *Erhebungseinheiten*, von denen die Daten zu beschaffen sind, sowie die *Abwicklung und Kontrolle der Primärerhebung*.

5.1 Grundlagen und Grundbegriffe von Teilerhebungen

5.1.1 Vorzüge von Teilerhebungen

Sollen Aussagen über eine größere Gesamtheit gemacht werden, so kommen grundsätzlich zwei Vorgehensweisen in Betracht:

Eine Möglichkeit besteht darin, die Daten bei allen Einheiten der Gesamtheit zu erheben. Diese *Vollerhebung* (Zensus) kommt in der Marktforschung nur in Frage, wenn die interessierende Gesamtheit relativ klein ist. Anwendungsfälle finden sich z. B. im Investitionsgüterbereich, etwa beim Anlagen- oder Maschinenbau, wenn nur einige Dutzend Abnehmer vorhanden sind. Zudem sind die Anwendungen in der Amtlichen Statistik (z. B. Volkszählung, Industriezensus) zu erwähnen. Meist wird man sich jedoch auf eine bestimmte Auswahl aus der Gesamtheit beschränken, d. h. eine *Teilerhebung* vornehmen, und von den dort vorgefundenen Ergebnissen auf die Situation in der Gesamtheit schließen, denn *Teilerhebungen bieten gegenüber Vollerhebungen mehrere Vorteile*:

- Sie sind *billiger*.
- Sie sind *weniger zeitaufwendig*.
- Sie sind *genauer*. Eine Vollerhebung benötigt mehr Interviewer, mehr Personen, die die Fragebogen kodieren usw. Dadurch schleichen sich viele Fehler ein, die kaum eliminiert werden können. Es entsteht daher ein weitaus größerer *systematischer Fehler* als bei Teilerhebungen.
- Eine Teilerhebung ist der einzige Weg, wenn die Erhebung zur *Zerstörung* der Erhebungseinheiten führt (z. B. Lebensdauertest von Glühbirnen, Crash-Tests

von PKWs etc.) oder wenn durch die Erhebung ein *Testeffekt* zu befürchten ist (z. B. wiederholte Erhebungen zur Erinnerungswirkung von Werbeanzeigen sollten bei verschiedenen Personen erfolgen).

5.1.2 Erstellung des Auswahlplans

Falls eine Teilerhebung durchzuführen ist, so muss ein *Auswahlplan* erstellt werden, in dem festgelegt wird, wie die Erhebungseinheiten zu bestimmen sind. Der Auswahlplan umfasst folgende Schritte:

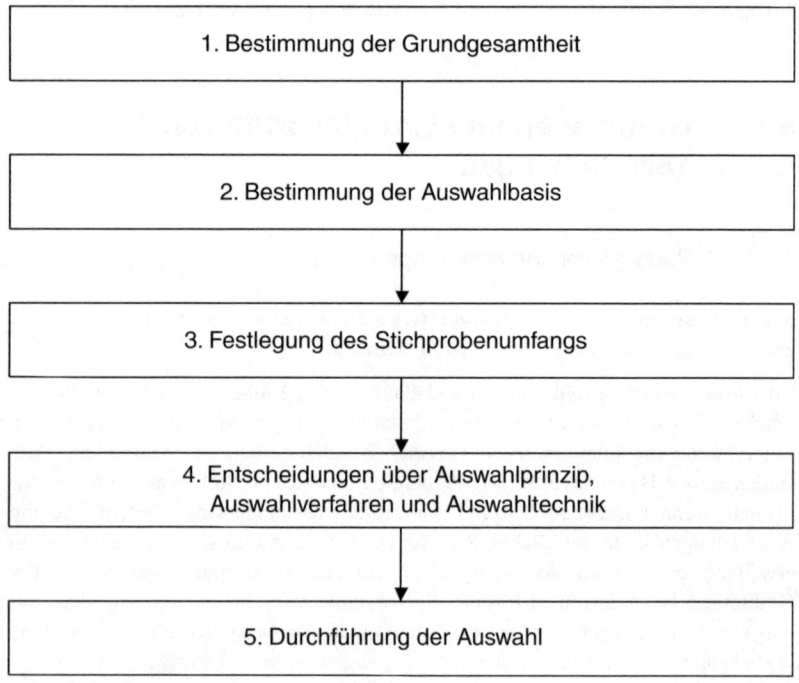

Abb. 24: Arbeitsschritte des Auswahlplans

1. Schritt:

Bevor eine Teilerhebung durchgeführt werden kann, ist die *Grundgesamtheit* genau zu definieren. Eine exakte Abgrenzung der Grundgesamtheit, über die eine Aussage gemacht werden soll, setzt voraus, dass die *Erhebungseinheiten*, die *Auswahleinheiten* sowie das *Gebiet* und die *Zeit* in der Definition angegeben sind.

Erhebungseinheiten sind die Personen, Haushalte, Produkte, Geschäfte, Unternehmen usw., bei denen die entsprechenden Daten zu erheben sind. In den nachfolgenden Beispielen werden wir uns auf Personen als Erhebungseinheiten beschränken.

Die *Auswahleinheit* ist das Element oder eine Gruppe von Elementen, die auf einer bestimmten Stufe des Auswahlvorgangs zur Verfügung steht. Häufig hat man nicht die Möglichkeit, die Erhebungseinheiten direkt zu bestimmen, so z. B. wenn keine Liste der Erhebungseinheiten vorliegt, aus denen die Erhebungseinheiten auszuwählen sind. Soll z. B. eine Erhebung bei Mitgliedern der Einkaufsabteilung von industriellen Großabnehmern (Einkäufe über 400.000,– € p.a.) durchgeführt werden, so ist auf der ersten Stufe des Auswahlprozesses eine Auswahl aus den Unternehmen vorzunehmen, „die Einkäufe von mindestens 400.000,– € p.a. tätigen". Diese Unternehmen stellen dabei die Auswahleinheiten dar. Auf der nächsten Stufe werden innerhalb dieser Unternehmen Mitglieder der Einkaufsabteilung bestimmt, die dann befragt werden. Die Auswahleinheiten sind in dieser Stufe mit den Erhebungseinheiten identisch. Bei mehrstufigen Auswahlverfahren unterscheiden sich daher Auswahleinheiten und Erhebungseinheiten in allen Stufen mit Ausnahme der letzten. Der erste Arbeitsschritt ist abgeschlossen, wenn das *Gebiet* und der *Zeitraum*, in dem die Erhebung stattfinden soll, angegeben sind. Nachfolgend werden zwei Beispiele für Grundgesamtheiten, in denen Erhebungseinheiten und Auswahleinheiten identisch sind bzw. auseinanderfallen, gegeben:

Beispiel 1

a) Erhebungseinheiten:	Deutsche, in Privathaushalten lebende Personen von 16 bis 75 Jahren
b) Auswahleinheiten:	Deutsche, in Privathaushalten lebende Personen von 16 bis 75 Jahren
c) Gebiet:	Bundesrepublik Deutschland
d) Zeit:	01. bis 15. 05. 2002

Beispiel 2

a) Erhebungseinheiten:	Deutsche, in Privathaushalten lebende Personen ab 14 Jahren
b) Auswahleinheiten:	1. Stufe: Amtliche Stimmbezirke
	2. Stufe: Privathaushalte
	3. Stufe: Deutsche, in Privathaushalten lebende Personen ab 14 Jahren
c) Gebiet:	Bundesrepublik Deutschland
d) Zeit:	07. 01. 2002 bis 24. 02. 2002

2. Schritt:

Die *Auswahlbasis* (*Auswahlgrundlage*) ist eine Abbildung der Grundgesamtheit, z. B. ein Verzeichnis der Wohnbevölkerung, ein Telefonbuch, eine Liste der Stimmbezirke oder eine Landkarte, aus der die Auswahleinheiten entnommen werden. Da die *Auswahlbasis* häufig nicht mit der Grundgesamtheit übereinstimmt (z. B. Sterbefälle, Zuzüge oder Abwanderung, die noch nicht registriert wurden), wird die Auswahl im Grunde nicht bei der Grundgesamtheit, sondern bei der von ihr mehr oder weniger stark abweichenden *Erhebungsgesamtheit* vorgenommen. Stärkere Abweichungen sollten jedoch vermieden werden, weil sonst die Teilauswahl nicht mehr repräsentativ für die Grundgesamtheit ist.

3. Schritt:

Nun ist festzulegen, wie viele Erhebungseinheiten in die Auswahl gelangen sollen. Die Bestimmung des *Stichprobenumfangs* wird in Kap. 5.3.1.4 behandelt.

4. Schritt:

Hier sind Entscheidungen über das *Auswahlprinzip*, das *Auswahlverfahren* und gegebenenfalls die *Auswahltechnik* zu fällen. Die Zusammenhänge zeigt folgende Übersicht:

Teilerhebungen

Prinzipien:	Nach dem Zufallsprinzip	Nicht nach dem Zufallsprinzip

Verfahren:	1. Einfache Zufallsauswahl	1. Willkürliche Auswahl
	2. Geschichtete Auswahl	2. Konzentrationsverfahren
	3. Klumpenauswahl	3. Typische Auswahl
		4. Quotenauswahl

Techniken:	1. Zufallszahlenauswahl
	2. Schlussziffernverfahren
	3. Systematische Auswahl
	4. Geburtstag- und Buchstabenverfahren

Abb. 25: Auswahlprinzipien, -verfahren und -techniken

5. Schritt:

Im letzten Schritt sind die Erhebungseinheiten unter Anwendung eines in Schritt 4 aufgeführten Verfahrens und (bei Zufallsverfahren) durch Einsatz einer Auswahltechnik zu bestimmen.

5.2 Nicht auf dem Zufallsprinzip beruhende Auswahlverfahren

Diese Verfahren überlassen die Auswahl der Erhebungseinheiten mehr oder weniger dem subjektiven Ermessen des Forschers oder des Interviewers, ohne dass ein Zufallsmechanismus zum Zuge kommt. Infolgedessen kann die Genauigkeit der Ergebnisse nicht geschätzt werden, da die Wahrscheinlichkeit, mit der ein Element der Grundgesamtheit in die Auswahl gelangt, nicht berechenbar ist.

5.2.1 Willkürliche Auswahl

Bei der willkürlichen Auswahl (bzw. *„Auswahl aufs Geratewohl"*) werden die Erhebungseinheiten aus der Grundgesamtheit gewählt, die besonders leicht und bequem zu erreichen sind (mitunter wird auch der englische Ausdruck *„convenience sample"* verwendet, vornehmlich, um zu verschleiern, dass ein willkürliches Verfahren herangezogen wurde). Typische Beispiele sind: Ansprechen von Hausfrauen im Supermarkt mit der Bitte um Teilnahme an einem Produkttest; Verwendung von Studenten als Teilnehmer an einem Experiment über das Entscheidungsverhalten in Unternehmen; Aufforderung an Rundfunk- oder Fernsehteilnehmer, ihre Meinung über bestimmte Programme zu äußern; Aufforderung an Internetnutzer, einen Fragebogen auszufüllen etc.

In der Regel werden willkürliche Auswahlen nicht zu repräsentativen Teilgesamtheiten der jeweiligen Grundgesamtheit führen: Je nach Uhrzeit sind berufstätige Hausfrauen oder Hausfrauen mit Kindern nicht im Supermarkt anzutreffen; Studenten zeigen ein anderes Entscheidungsverhalten als Manager; und Hörer, die von sich aus ihre Meinung kundtun, unterscheiden sich in ihren Persönlichkeitsmerkmalen oder ihren Einstellungen von anderen.

Daher kann die „Auswahl aufs Geratewohl" nur in wenigen Fällen als akzeptabler Ersatz dienen, z. B. in der explorativen Phase von Forschungsvorhaben.

5.2.2 Konzentrationsverfahren

Beim Konzentrations- oder *Abschneideverfahren* werden bestimmte *Teile der Grundgesamtheit von der Erhebung ausgeklammert.* Häufig konzentriert man sich z. B. bei Untersuchungen im Industrie- oder Handelssektor auf die umsatzstärksten Unternehmen, da die Einbeziehung der Kleinbetriebe keine zusätzlichen Erkenntnisse bringt oder unverhältnismäßig hohe Kosten verursachen würde.

5.2.3 Typische Auswahl

Eine typische Auswahl liegt vor, wenn Erhebungseinheiten herangezogen werden, von denen man *annimmt,* dass sie am *ehesten repräsentativ* für die Grundgesamtheit sind. Beispiele sind die Auswahl der als typisch für den Gesamtmarkt geltenden Testmärkte oder die Befragung von Einkaufsleitern, um das Urteil von Einkaufsgremien über ein Produkt zu erfahren.

Gesamtanzahl der Interviews	12
Stadtteil	
Wilmersdorf	1 2 3 4 5 6 7
Dahlem	1 2 3 4 5
Geschlecht	
Männlich	1 2 3 4 5
Weiblich	1 2 3 4 5 6 7
Alter	
20-29 Jahre	1 2
30-39 Jahre	1 2 3
40-49 Jahre	1 2 3
50-59 Jahre	1
60-69 Jahre	1 2
70 Jahre und älter	1
Beruf	
Arbeiter	1 2 3
Angestellter/Beamter	1 2 3
Selbstständig/Freiberuflich	1
Nicht berufstätig	1 2 3 4 5

Abb. 26: Quotenanweisung

5.2.4 Quotenauswahl

Bei der Quotenauswahl wird die *Teilauswahl analog zu der Verteilung einiger Merkmale der Grundgesamtheit aufgebaut*. In der Praxis werden zu diesem Zweck meist nur einige wenige Merkmale herangezogen (z. B. Alter, Geschlecht, Beruf, Gemeindegrößenklasse), deren Verteilung in der Grundgesamtheit bekannt ist. Ist z. B. die Grundgesamtheit u. a. als „Personen über 16 Jahre" definiert, so ist aus der amtlichen Statistik bekannt, dass es sich um 54 % Frauen und 46 % Männer handelt. Eine Stichprobe von 1.000 Personen über 16 Jahre muss daher 460 Männer und 540 Frauen enthalten.

Die Abwicklung erfolgt dadurch, dass jeder Interviewer eine *„Quotenanweisung"* erhält, auf der die Anzahl der Interviews, die Quotenmerkmale und die Quoten pro Merkmal angegeben sind. Innerhalb der Quotenanweisung bleibt es dem Interviewer überlassen, welche Personen er befragen möchte (Abb. 26 nach Wettschureck 1974, S. 183).

Diese Form der Quotenanweisung hat allerdings den entscheidenden Nachteil, dass sie die *Verteilungen getrennt für jedes Merkmal* angibt. Hierdurch kann es zu Verzerrungen der Teilauswahl kommen. Im obigen Beispiel könnte es im Extremfall vorkommen, dass die 5 zu befragenden Männer alle in Dahlem wohnen, nicht berufstätig und im Alter zwischen 20 bis 39 Jahren sind. Um dies zu vermeiden, können *kombinierte Quotenanweisungen* verwendet werden. Da 2 Stadtteile, 2 Geschlechtergruppen, 6 Altersgruppen und 4 Berufskategorien unterschieden werden, würde man $2 \times 2 \times 6 \times 4 = 96$ Untergruppen erhalten. Für jede Gruppe wäre die Prozentzahl der Fälle in der Grundgesamtheit zu ermitteln und die Teilauswahl entsprechend zu quotieren.

Geschlecht \ Stadtteil	Wilmersdorf	Dahlem
Männlich	3	2
Weiblich	4	3

Abb. 27: Kombinierte Quotenanweisung

Es ist einsichtig, dass diese Vorgehensweise jedoch nur bei wenigen Merkmalen und wenigen Merkmalsausprägungen anwendbar ist, da sonst die Suche nach geeigneten Personen schwierig und zeitaufwendig wird.

Das Quotenverfahren hat einige Nachteile, die in der Fachliteratur zeitweilig zu heftiger Diskussion führten (Noelle 1963, S. 132 ff.):

- Da hier kein *Zufallsmechanismus* zum Zuge kommt, kann nicht mit Hilfe eines mathematisch-statistischen Kalküls auf den wahren Wert in der Grundgesamtheit geschlossen werden.
- Die Auswahl der Erhebungseinheiten durch den Interviewer führt trotz Einhaltung der Quotenmerkmale zu *Verzerrungen*: er vermeidet z. B. ihm unsympathische Personen oder Personen, die in bestimmten Gegenden wohnen; schwer erreichbare Personen oder solche, die die Antwort verweigern, werden durch andere mit den geforderten Merkmalen ersetzt; er sucht bei mehreren Aufträgen häufig dieselben Personen auf, deren Mitarbeitsbereitschaft er kennt (z. B. Bekanntenkreis); die Auskunftspersonen werden zudem nur in einem eng begrenzten regionalen Gebiet ausgewählt. Inwieweit hierdurch Verzerrungen entstehen, hängt davon ab, ob die ausgewählten Personen sich im Hinblick auf den Untersuchungsgegenstand von der Grundgesamtheit unterscheiden.
- Damit die Quotenauswahl zu einem repräsentativen Ergebnis führt, muss die Teilgesamtheit nicht nur in den kontrollierten Merkmalen der Grundgesamtheit entsprechen (häufig jedoch unzureichende oder veraltete Statistiken!), sondern darüber hinaus auch bei den *interessierenden Untersuchungsmerkmalen* (z. B. Markenbekanntheit, Einstellungen usw.) *mit der Grundgesamtheit übereinstimmen* (vgl. Mayntz/Holm/Hübner 1978, S. 83). Um dies zu gewährleisten, müssten *Quotenmerkmale gewählt* werden, die mit *dem Untersuchungsgegenstand stark korrelieren* (z. B. Alter und Geschlecht, wenn es um die Einstellung zur Mode geht).

In der Praxis ist man jedoch auf die Merkmale beschränkt, bei denen aus der amtlichen Statistik und sonstigen Veröffentlichungen die Merkmalsverteilung in der Grundgesamtheit bekannt ist. Allerdings zeigen *Ergebnisvergleiche zwischen Quotenverfahren und Zufallsverfahren*, bei denen ein- und derselbe Fragebogen vorgelegt wurde, bei fast allen Einzelfragen *keine nennenswerten Unterschiede*.

Aus diesem Grunde und wegen der leichten und billigen Abwicklung ist das Quotenverfahren in der Marktforschungspraxis am weitesten verbreitet.

5.3 Auf dem Zufallsprinzip beruhende Auswahlverfahren

Bei diesen Auswahlverfahren werden die Erhebungseinheiten nicht nach subjektivem Ermessen, sondern durch einen *Zufallsmechanismus* bestimmt. Somit hat jede Erhebungseinheit eine berechenbare und von 0 verschiedene Wahrscheinlichkeit, in die *Stichprobe* zu gelangen.

Hierdurch kommt ein wahrscheinlichkeitstheoretisches Modell zur Geltung, das es ermöglicht, die „wahren" Werte der Grundgesamtheit (*Parameter*) anhand der *Stichprobenwerte* innerhalb bestimmter „Bereiche" zu schätzen (zur Einführung vgl. Kellerer 1963; Deming 1966; Stenger 1971; Cochran 1972; Wettschureck 1974, S. 173 ff.; Schaich 1990; Hartung/Elpelt/Klösener 1999; Bleymüller/Gehlert/Gülicher 2002). Die Größe dieser Bereiche hängt c.p. von der Streuung des interessierenden Merkmals in der Grundgesamtheit ab. Zieht man z. B. eine Stichprobe aus einer recht einheitlichen Grundgesamtheit, so wird der Stichprobenwert relativ nahe beim wahren Wert liegen.

Beispiel:

Anhand einer Stichprobe von 10 Waschmittelpaketen wird auf das durchschnittliche Füllgewicht bei allen Paketen eines Fertigungsloses geschlossen.

Ist die Streuung des Merkmals in der Grundgesamtheit sehr groß, so ist anzunehmen, dass sich von Stichprobe zu Stichprobe sehr unterschiedliche Werte ergeben, je nachdem, welche Elemente erhoben werden.

Beispiel:

Mit einer Stichprobe von 10 Lebensmittelgeschäften soll auf den Durchschnittsumsatz sämtlicher Lebensmittelgeschäfte geschlossen werden. Da die Werte in der Grundgesamtheit sich zwischen einigen Tausend € und mehreren Millionen € bewegen, ist bei verschiedenen Stichproben mit recht unterschiedlichen Durchschnittsumsätzen zu rechnen.

Im Rahmen von Zufallsstichproben werden zwei Fälle unterschieden:

- *Heterograder Fall*: Das zu untersuchende Merkmal ist *metrisch* skaliert (Alter, Einkommen, Umsatz, Marktanteil usw.). Die Fragestellung lautet z. B. „Wie hoch ist der durchschnittliche Umsatz einer Marke pro Lebensmittelgeschäft bzw. wie hoch ist der Gesamtumsatz der Marke?"
- *Homograder Fall*: Das Merkmal ist *dichotom* (z. B. Geschlecht) oder *multichotom* (z. B. Familienstand: ledig, verheiratet, verwitwet, geschieden). Multichotome Merkmale sind auf den dichotomen Fall zurückzuführen (z. B. ver-

heiratet, nicht verheiratet). Eine homograde Fragestellung lautet z. B. „Wie hoch ist der Anteil weiblicher Leser der Zeitschrift *xy*?".

Für die beiden Fälle haben sich folgende *Symbole* eingebürgert (wobei N = Umfang der Grundgesamtheit, n = Stichprobenumfang):

		Parameter („Wahrer Wert")	Schätzwert (Stichprobenwert)
Heterograder Fall:	Mittelwert	μ	$\bar{x}$
	Varianz	σ^2	s^2
Homograder Fall:	Anteil derer, die das Merkmal besitzen	P	p
	Anteil derer, die das Merkmal nicht besitzen	(1-P) oder Q	(1-p) oder q
	Varianz	σ^2	s^2

Abb. 28: Fragestellungen und Symbole bei Zufallsauswahlen

5.3.1 Einfache Zufallsauswahl

Die *einfache* oder *uneingeschränkte* Zufallsauswahl lässt sich am besten durch das so genannte „*Urnenmodell*" beschreiben: Eine Urne enthält für jedes Element der Grundgesamtheit eine Kugel mit der Angabe des Merkmalswertes des Elementes, das sie repräsentiert. Die Kugeln sind gut durchzumischen, anschließend ist eine Stichprobe vom Umfang n zu entnehmen. Hierdurch hat *jedes Element* der Grundgesamtheit nicht nur eine bekannte und von 0 verschiedene Wahrscheinlichkeit, sondern darüber hinaus die *gleiche Wahrscheinlichkeit* $\left(\frac{1}{N}\right)$, in die Stichprobe zu gelangen. Da wir im Folgenden immer vom „*Fall ohne Zurücklegen*" ausgehen, können aus einer Grundgesamtheit vom Umfang N und einem Stichprobenumfang n insgesamt

1) $$K = \binom{N}{n} = \frac{N!}{n!(N-n)!}$$

Stichproben gezogen werden. Weiterhin besitzt bei der einfachen Zufallsauswahl *jede Stichprobe die gleiche Wahrscheinlichkeit,* nämlich $\dfrac{1}{\binom{N}{n}}$.

5.3.1.1 Häufigkeitsverteilung des Stichprobenmittelwerts

Zur Ableitung der Häufigkeitsverteilung des Stichprobenmittels $\bar{x}$ gehen wir zunächst von einer heterograden Fragestellung aus, bei der eine Urne N Kugeln mit den Merkmalswerten $x_1...,x_N$, enthält. Zieht man hieraus eine Stichprobe vom Umfang n, so liegen $x_1...,x_N$, Merkmalswerte vor. Die Parameter der Grundgesamtheit errechnen sich wie folgt:

Arithmetisches Mittel:

2a) $\quad \mu = \frac{1}{N} \cdot \sum\limits_{i=1}^{N} x_i$ mit $i = 1, \ldots , N$

Varianz:

2b) $\quad \sigma^2 = \frac{1}{N} \sum\limits_{i=1}^{N} (x_i - \mu)^2$ mit $i = 1, \ldots, N$

Für das *arithmetische Mittel der Stichprobe* gilt:

3a) $\quad \bar{x} = \frac{1}{n} \cdot \sum\limits_{i=1}^{n} x_i$ mit $i = 1, \ldots, n$

Die *Stichprobenvarianz* ist definiert als:

3b) $\quad s^2 = \frac{1}{n} \cdot \sum\limits_{i=1}^{n} (x_i - \bar{x})^2 \cdot \frac{n}{n-1} = \frac{1}{n-1} \cdot \sum\limits_{i=1}^{n} (x_i - \bar{x})^2$

Würde man nun *alle K* Stichproben ziehen, die überhaupt möglich sind, so ließe sich feststellen, dass von Stichprobe zu Stichprobe mehr oder weniger unterschiedliche $\bar{x}$-Werte auftreten. Zeichnete man all diese Stichprobenmittelwerte in ein Diagramm ein, mit den Mittelwerten $\bar{x}_k$ auf der Abszisse und den Häufigkeiten ihres Eintretens $(f(\bar{x}_k))$ auf der Ordinate, so würde man feststellen, dass einige Mittelwerte recht selten, andere recht häufig auftreten. Hier stellt sich nun die Frage, wie die *Parameter dieser Verteilung* lauten und *welche Form* diese Verteilung besitzt.

Der Mittelwert aller K Stichprobenmittelwerte ist:

4a) $\quad \frac{1}{K} \cdot \sum\limits_{k=1}^{K} \bar{x}_k = \mu$

Da der Mittelwert aller Stichprobenmittelwerte gleich dem Parameter μ ist, handelt es sich bei $\bar{x}$ um einen *unverzerrten* Schätzwert für μ:

$$E(\bar{x}) = \mu$$

Würde man auf diesem Wege die *Varianz der Stichprobenmittelwerte* berechnen, so ist diese:

4b) $\quad \sigma_{\bar{x}}^2 = \dfrac{1}{K} \sum_{k=1}^{K} \left(\bar{x}_k - \mu\right)^2$.

Allerdings wäre diese Vorgehensweise ein beschwerlicher Weg, da selbst bei kleinen Grundgesamtheiten recht viele Stichproben zu bilden sind, um $\sigma_{\bar{x}}^2$ zu ermitteln. Es lässt sich jedoch zeigen, dass man die Varianz der Stichprobenmittel $\sigma_{\bar{x}}^2$, aus der Varianz der Merkmalswerte in der Grundgesamtheit σ^2 (vgl. 2b) ableiten kann (eine anschauliche Beweisführung findet sich in Bleymüller/Gehlert/Gülicher 2002, S. 77). Für das *Modell ohne Zurücklegen* gilt:

4c) $\quad \sigma_{\bar{x}}^2 = \dfrac{\sigma^2}{n} \cdot \dfrac{N-n}{N-1}$

Die *Standardabweichung* („Standardfehler") ist sodann:

4d) $\quad \sigma_{\bar{x}} = \dfrac{\sigma}{\sqrt{n}} \cdot \sqrt{\dfrac{N-n}{N-1}}$

Dabei ist $\dfrac{N-n}{N-1}$ der *Korrekturfaktor für endliche Grundgesamtheiten*, der sich bei relativ großem N im Verhältnis zu n dem Wert 1 nähert. Als Faustregel gilt ein „Auswahlsatz" von $\dfrac{n}{N} < 0,05$. Im Folgenden wird der Einfachheit halber von dem in der Praxis häufigsten Fall $\dfrac{n}{N} < 0,05$ ausgegangen, so dass der Korrekturfaktor vernachlässigt werden kann.

Wenden wir uns nun der *Verteilungsform der Stichprobenmittelwerte* zu. Der *Zentrale Grenzwertsatz* zeigt, dass die Verteilung des arithmetischen Mittels $\bar{x}$ mit wachsendem Stichprobenumfang n gegen eine *Normalverteilung mit dem Erwartungswert* $E(\bar{x}) = \mu$ *und der Varianz Var* $(\bar{x}) = \dfrac{\sigma^2}{n}$ strebt. Dabei ist es *gleichgültig, wie die Verteilung der Merkmalswerte x_i in der Grundgesamtheit aussieht.* Auf den Beweis des Zentralen Grenzwertsatzes sei hier verzichtet. Abbildung 29 belegt ihn anhand einiger Beispiele (in Anlehnung an Kurnow/Glasser/Ottman 1959, S. 182 f.). Zeile 1 zeigt die Merkmalsverteilung von x_i bei drei verschiedenen Grundgesamtheiten. Die Zeilen 2 bis 4 zeigen die entstehenden Verteilungen der Stichprobenmittelwerte bei $n = 2$, $n = 5$ und $n = 30$. Als *Faustregel* gilt, dass *ab $n > 30$ $\bar{x}$ normalverteilt ist.*

Inwieweit hilft uns die Kenntnis der Verteilungsform für die *Schätzung der unbekannten Parameter* weiter, da wir *nicht alle*, sondern *nur eine einzige* Stichprobe ziehen? Die Antwort hängt mit den Eigenschaften der Normalverteilung zusammen:

Als Maß für die relative Häufigkeit der Fälle, die zwischen zwei Merkmalswerten liegen, dient der Flächenanteil der Normalverteilung zwischen den beiden Werten. Um festzustellen, wie viele Stichprobenmittelwerte innerhalb eines

Merkmalsverteilung der Grundgesamtheit:

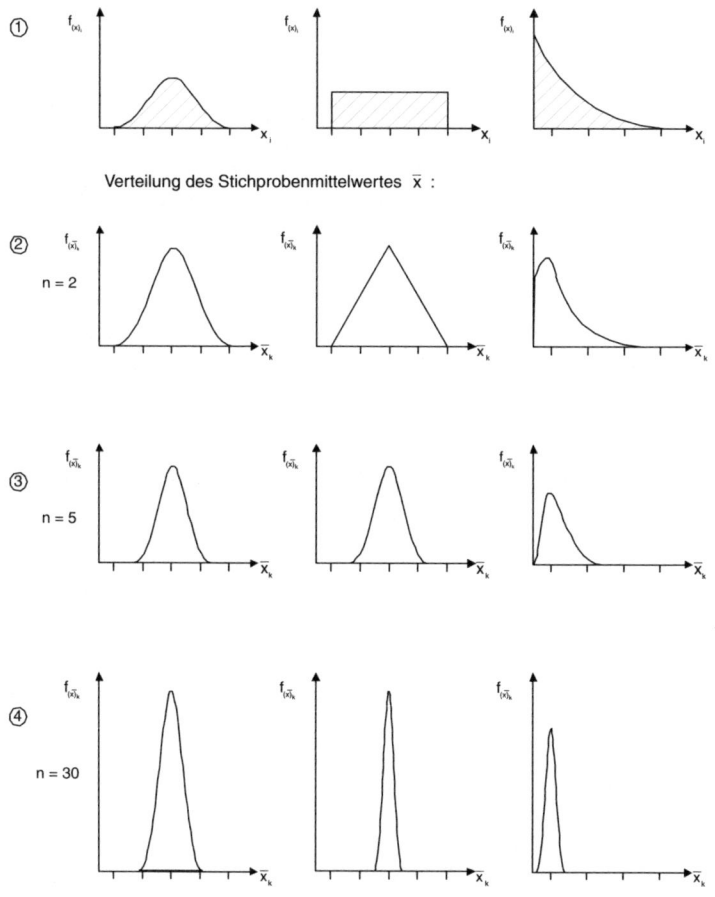

Abb. 29: Häufigkeitsverteilung des Stichprobenwertes bei verschiedenen Grundgesamtheiten und Stichprobengrößen

bestimmten Bereiches liegen, wird als Einheitsmaß die Standardabweichung $\sigma_{\bar{x}}$
herangezogen. Geht man von μ aus z Standardabweichungen $\sigma_{\bar{x}}$ nach rechts und
links, so lässt sich unmittelbar angeben, wie viel Prozent aller möglichen Mittelwerte in diesem Bereich liegen.

Abb. 30 zeigt die Prozentsätze für einige typische z-Werte, Abb. 31 veranschaulicht den Sachverhalt graphisch:

143

z	Prozentsatz der von $\mu \pm z \cdot \sigma_{\bar{x}}$ eingeschlossenen Fläche an der Gesamtfläche der Normalverteilung
1	68,3
1,96	95,0
2	95,5
3	99,7

Abb. 30: z -Werte und zugehörige Vertrauenswahrscheinlichkeiten

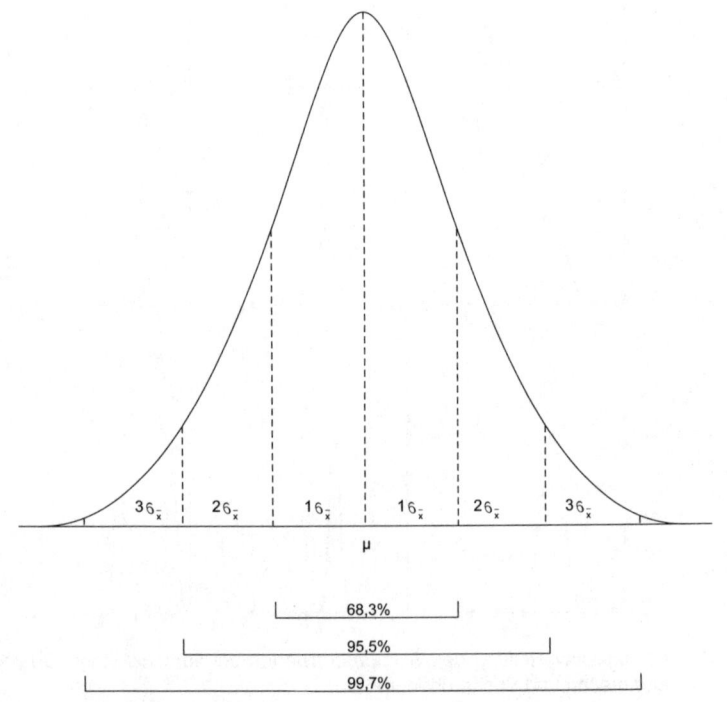

Abb. 31: Flächenanteile der Normalverteilung

Setzt man z. B. für z den Wert 2 ein, so kann bei einem bekannten μ und $\sigma_{\bar{x}}$ davon ausgegangen werden, dass ein Stichprobenmittelwert $\bar{x}$ mit einer Wahrscheinlichkeit von 95,5 % im Intervall $[\mu \pm 2\sigma_{\bar{x}}]$ liegt. Es gilt somit:

$$W(\mu - 2 \cdot \sigma_{\bar{x}} \leq \bar{x} \leq \mu + 2 \cdot \sigma_{\bar{x}}) = 0,955$$

Ersetzt man die Wahrscheinlichkeit 0,955 durch den Ausdruck $1 - \alpha$, so gilt allgemein:

5) $\quad W(\mu - z \cdot \sigma_{\bar{x}} \leq \bar{x} \leq \mu + z \cdot \sigma_{\bar{x}}) = 1 - \alpha$

Man bezeichnet diesen zu μ symmetrischen Bereich auch als *Wahrscheinlichkeitsintervall*.

Unser Problem besteht jedoch nicht darin, von einem *bekannten Parameter* μ *auf den Stichprobenmittelwert zu schließen*. Vielmehr interessiert uns der Bereich, in dem sich der *unbekannte Parameter* μ bei einem *vorgefundenen Mittelwert* $\bar{x}$ und der Wahrscheinlichkeit $1 - \alpha$ befindet.

5.3.1.2 Schätzung des Mittelwertes der Grundgesamtheit

Der gesuchte Bereich für μ wird *Konfidenzintervall* oder *Vertrauensbereich* genannt. Zu seiner Ermittlung gehen wir von 5) aus. Addiert man zunächst zu der linken Seite der Ungleichung:

$\mu - z \cdot \sigma_{\bar{x}} < \bar{x}$

auf beiden Seiten $z \cdot \sigma_{\bar{x}}$ so folgt:

$\mu < \bar{x} + z \cdot \sigma_{\bar{x}}$

Entsprechend ergibt sich für die rechte Seite nach Subtraktion von $z \cdot \sigma_{\bar{x}}$:

$\bar{x} - z \cdot \sigma_{\bar{x}} < \mu$

Damit erhält man für das gesuchte Konfidenzintervall die Wahrscheinlichkeit:

6) $\quad W(\bar{x} - z \cdot \sigma_{\bar{x}} \leq \mu \leq \bar{x} + z \cdot \sigma_{\bar{x}}) = 1 - \alpha$

Wird die „*Vertrauenswahrscheinlichkeit*" $1 - \alpha$ vorgegeben, so ergibt sich bei einem *konkreten* Stichprobenmittelwert das Konfidenzintervall:

7) $\quad \bar{x} - z \cdot \sigma_{\bar{x}} \leq \mu \leq \bar{x} + z \cdot \sigma_{\bar{x}}$

Für $z = 1,96$ folgt z. B., dass μ mit einer Wahrscheinlichkeit von 95 % im Bereich $\bar{x} \pm 1,96 \cdot \sigma_{\bar{x}}$ liegt. Wählt man eine Vertrauenswahrscheinlichkeit von $1 - \alpha$, so kann es mit einer Wahrscheinlichkeit von α vorkommen, dass μ außerhalb des um den $\bar{x}$-Wert gelegten Konfidenzintervalls liegt. Um dieses Risiko möglichst gering zu halten, wählt man in der Marktforschung zumeist eine Vertrauenswahrscheinlichkeit von $1 - \alpha = 0,95$ und größer.

Beispiel:

Eine Befragung von 10.000 Rundfunkgerätebesitzern, die durch uneingeschränkte Zufallsauswahl ermittelt wurden, ergibt, dass das Durchschnittsalter bei $\bar{x}$ = 45 Jahren liegt. Die Varianz sei σ^2 = 100. Wie groß ist der 95,5 %-Vertrauensbereich für den tatsächlichen Wert μ?

Das konkrete Konfidenzintervall für $z = 2$ ist:

$$45 - 2 \cdot \frac{10}{\sqrt{10.000}} \leq \mu \leq 45 + 2 \cdot \frac{10}{\sqrt{10.000}}$$

$$45 - 2 \cdot 0,1 \leq \mu \leq 45 + 2 \cdot 0,1$$

$$44,8 \leq \mu \leq 45,2$$

Die Ermittlung des Konfidenzintervalls nach Gleichung 7) bereitet keine Schwierigkeiten, wenn $\sigma_{\bar{x}}$ bekannt ist. In der Marktforschungspraxis kann davon in der Regel jedoch nicht ausgegangen werden. Aus diesem Grunde ist man gezwungen, den *Standardfehler aus der Stichprobe* zu berechnen $(s_{\bar{x}} = \frac{s}{\sqrt{n}})$ und diesen als Schätzer für $\sigma_{\bar{x}}$ zu verwenden. Die Verteilung des Stichprobenmittels $\bar{x}$ folgt aber dann der *Student-t-Verteilung* mit $n - 1$ Freiheitsgraden, wenn folgende Bedingungen erfüllt sind:

- Die Variable x muss in der Grundgesamtheit annähernd normalverteilt sein, wenn es sich um eine kleine Stichprobe handelt.
- Bei schiefen Verteilungen muss die Stichprobe umso größer sein, je schiefer die Verteilung und je größer die Varianz σ ist.

Der Vertrauensbereich lautet dann $\left(\frac{n}{N} < 0,05\right)$:

$$8) \quad \bar{x} - t \cdot \frac{s}{\sqrt{n}} \leq \mu \leq \bar{x} + t \cdot \frac{s}{\sqrt{n}}$$

Allerdings nähert sich die t-Verteilung mit wachsendem n asymptotisch an eine Normalverteilung an. In der Praxis wird als Faustregel der Wert $n > 30$ herangezogen und ab diesem Stichprobenumfang mit den Werten der z-Tabelle gearbeitet.

Würde im obigen Beispiel die Stichprobenvarianz s^2 = 100 betragen, so ist in diesem Falle (n = 10.000) von einer Normalverteilung auszugehen. Einer Vertrauenswahrscheinlichkeit von 95,5 % entspricht somit ein $t = 2$.

Da $\left(\frac{n}{N} < 0,05\right)$, gilt $s_{\bar{x}} = \frac{10}{\sqrt{10.000}} = 0,1$ und das Konfidenzintervall ist:

$$45 - 2 \cdot 0,1 \leq \mu \leq 45 + 2 \cdot 0,1$$

$$44,8 \leq \mu \leq 45,2$$

Das Durchschnittsalter in der Grundgesamtheit μ bewegt sich somit bei $1 - \alpha$ im Bereich zwischen 44,8 und 45,2 Jahren.

5.3.1.3 Stichprobenverteilung und Konfidenzintervall für Anteilswerte

Im homograden Fall lauten die Formeln, falls $x_i = 1$ (Merkmal vorhanden) bzw. $x_i = 0$ (Merkmal nicht vorhanden):

Anteilswert in der Grundgesamtheit:

9a) $\quad \mu = P = \frac{1}{N} \sum_{i=1}^{N} x_i$

Varianz:

9b) $\quad \sigma^2 = \frac{1}{N} \sum_{i=1}^{N} \left(x_i - \mu \right)^2 = P \cdot Q$

Die entsprechenden Stichprobenwerte sind:

Anteilswert:

10a) $\quad \bar{x} = p = \frac{1}{n} \sum_{i=1}^{n} x_i$

Varianz:

10b) $\quad s^2 = \frac{1}{n} \sum_{i=1}^{n} \left(x_i - \bar{x} \right)^2 \cdot \frac{n}{n-1} = p \cdot q \cdot \frac{n}{n-1}$

Beim *Ziehen ohne Zurücklegen* erhält man für die *Standardabweichung der Anteilswerte*:

11a) $\quad \sigma_p = \sqrt{\frac{P \cdot Q}{n}} \cdot \sqrt{\frac{N-n}{N-1}}$ bzw.

11b) $\quad s_p = \sqrt{\frac{p \cdot q \cdot n}{n(n-1)}} \cdot \sqrt{\frac{N-n}{N-1}} = \sqrt{\frac{p \cdot q}{n-1}} \cdot \sqrt{\frac{N-n}{N-1}}$

Auch hier gilt *mit wachsendem Stichprobenumfang der Zentrale Grenzwertsatz*, so dass die Verteilung des Anteilswertes p sich *asymptotisch der Normalverteilung nähert*. Als *Faustregel* geht man von der Größe $n \cdot p \cdot q \geq 9$ aus. Bei einem Auswahlsatz $\frac{n}{N} < 0,05$ ist der Korrekturfaktor zu vernachlässigen. Das Konfidenzintervall für einen bestimmten Anteilswert p bei gegebener Vertrauenswahrscheinlichkeit ist dann:

12a) $\quad p - z \cdot \sigma_p \leq P \leq p + z \cdot \sigma_p$

Da auch hier σ_p zumeist unbekannt sein wird, ist als Schätzwert der Stichprobenwert s_p zu verwenden, d. h. für $\frac{n}{N} < 0,05$ und $n \cdot p \cdot q \geq 9$ gilt:

12b) $\quad p - z \cdot s_p \leq P \leq p + z \cdot s_p$

Beispiel:

In der obigen Stichprobe von n = 10.000 wurde zugleich ein Anteil der Werbefunkhörer von 10 % der Rundfunkgerätebesitzer ermittelt. Wie lautet der Vertrauensbereich für P bei einer Wahrscheinlichkeit von 95,5 %?

Da $n \cdot p \cdot q > 9$, kann die Tabelle der Standardnormalverteilung herangezogen werden. Demnach ist $z = 2$. Aufgrund eines Auswahlsatzes von $\frac{n}{N} < 0,05$ ist auf den Korrekturfaktor zu verzichten. Daher ergibt sich:

Anteilswerte $p = 0,1$; $q = 0,9$

Standardfehler $s_p = \sqrt{\frac{0,09}{9999}} \approx \frac{0,3}{100} = 0,003$

Konfidenzintervall bei 95,5 %-Vertrauenswahrscheinlichkeit

$0,10 - 2 \cdot 0,003 \leq P \leq 0,10 + 2 \cdot 0,003$

$0,094 \leq P \leq 0,106$

Der Prozentsatz der Werbefunkhörer befindet sich daher mit einer Wahrscheinlichkeit von 95,5 % im Bereich zwischen 9,4 und 10,6 %.

5.3.1.4 Bestimmung des notwendigen Stichprobenumfangs

Aus der Formel für die Standardabweichung („Standardfehler") beim Fall ohne Zurücklegen (und ab $\frac{n}{N} < 0,05$): $\sigma_{\bar{x}} = \frac{\sigma}{\sqrt{n}}$ ist zu ersehen, dass der Standardfehler beliebig verringert werden kann, wenn man den Stichprobenumfang erhöht. Damit wird auch der Vertrauensbereich enger und die Schätzung der Parameter präziser.

Andererseits verbreitert sich der Vertrauensbereich mit wachsender Vertrauenswahrscheinlichkeit. Hätte man z. B. eine 99,7 %ige Vertrauenswahrscheinlichkeit verlangt ($z = 3$), dann wäre im Beispiel $P = 0,10 \pm 0,009$. Damit *verlaufen Sicherheitsgrad und Stichprobenfehler konträr*. Beide lassen sich nur verbessern, wenn der Stichprobenumfang erhöht wird.

Um den notwendigen Stichprobenumfang n bei einem gegebenen Sicherheitsgrad $1 - \alpha$ und einem maximal zulässigen Konfidenzintervall berechnen zu können, muss Formel 7) nach n aufgelöst werden:

7) $\mu = \bar{x} \pm z \cdot \sigma_{\bar{x}}$ bzw. $\mu = \bar{x} \pm z \frac{\sigma}{\sqrt{n}}$

Daraus folgt für die *Absolute Fehlerspanne e*:

13) $e = |\mu - \bar{x}| = z \cdot \frac{\sigma}{\sqrt{n}}$

Hieraus lässt sich bei *vorgegebener* Fehlerspanne und Vertrauenswahrscheinlichkeit sowie bei *bekannter* Standardabweichung in der Grundgesamtheit der notwendige Stichprobenumfang bestimmen. Er ist:

14) $n = \dfrac{z^2 \cdot \sigma^2}{e^2}$

Entsprechend gilt für den homograden Fall:

15a) $e = |P - p| = z \cdot \dfrac{\sigma}{\sqrt{n}} = z \cdot \sqrt{\dfrac{P \cdot Q}{n}}$

15b) $n = \dfrac{z^2 \cdot P \cdot Q}{e^2}$

Da σ bzw. P jedoch zumeist unbekannt sind, müssen entweder entsprechende Näherungswerte aus früheren Untersuchungen ähnlicher Art oder anhand einer kleineren Voruntersuchung gewonnen werden. Falls keine begründeten Schätzungen möglich sind, kann man im homograden Fall den ungünstigsten Wert für P, nämlich 0,5, einsetzen.

Beispiel:

Das Durchschnittsalter von Rundfunkgerätebesitzern soll mit einer Vertrauenswahrscheinlichkeit $1 - \alpha = 0{,}955$ und einem maximal zulässigen absoluten Fehler von $e = 0{,}5$ Jahren geschätzt werden. Für den Anteil der Werbefunkhörer wird ein absoluter Fehler von $e = 1\,\%$ zugelassen. Die Standardabweichung $a = 10$ bzw. der Anteilswert $P = 0{,}1$ seien anhand von früheren Untersuchungen geschätzt worden. Der benötigte Stichprobenumfang n ist:

- im heterograden Fall $n = \left(\dfrac{2 \cdot 10}{0{,}5}\right)^2 = 1600$

- im homograden Fall $n = \dfrac{4 \cdot 0{,}1 \cdot 0{,}9}{0{,}01 \cdot 0{,}01} = 3600$.

Wäre keine sinnvolle Schätzung von P möglich gewesen, dann ist unter der Annahme $P = 0{,}5$

$n = \dfrac{4 \cdot 0{,}5 \cdot 0{,}5}{0{,}01 \cdot 0{,}01} = 10.000$

Wie man sieht, variiert der notwendige Stichprobenumfang bei mehreren zu untersuchenden Merkmalen mitunter beträchtlich. Nimmt man wie im Beispiel an, dass P unbekannt ist, so wäre ein Stichprobenumfang von $n = 10.000$ notwendig. In der Praxis wird man jedoch nur dann so vorgehen, wenn das Merkmal mit dem maximalen Stichprobenumfang äußerst wichtig ist. Anderenfalls wird man Abstriche hinsichtlich des Konfidenzintervalls oder der Vertrauenswahrscheinlichkeit machen und aus Kostengründen eine kleinere Stichprobe wählen.

Parameter	Konfidenzintervall	Standardfehler bei Ziehen ohne Zurücklegen	Anzuwendende Verteilung	
			Kleine Stichprobe	Große Stichprobe
μ (σ bekannt)	$\bar{x} - z \cdot \sigma_{\bar{x}} \leq \mu \leq \bar{x} + z \cdot \sigma_{\bar{x}}$	$\sigma_{\bar{x}} = \dfrac{\sigma}{\sqrt{n}} \cdot \sqrt{\dfrac{N-n}{N-1}}$*	Normalverteilung, falls Grundgesamtheit normalverteilt	Normalverteilung, falls $n > 30$
μ (σ unbekannt)	$\bar{x} - t \cdot s_{\bar{x}} \leq \mu \leq \bar{x} + t \cdot s_{\bar{x}}$	$s_{\bar{x}} = \dfrac{s}{\sqrt{n}} \cdot \sqrt{\dfrac{N-n}{N-1}}$*	Studentverteilung mit $n-1$ Freiheitsgraden, falls Grundgesamtheit normalverteilt	Normalverteilung; notwendiger Stichprobenumfang abhängig von der Merkmalsverteilung in der Grundgesamtheit Faustregel $n > 30$
P	$p - z \cdot s_p \leq P \leq p + z \cdot s_p$	$s_p = \sqrt{\dfrac{p \cdot q}{n-1} \cdot \dfrac{N-n}{N-1}}$*	Hypergeometrische Verteilung	Normalverteilung; falls $n \cdot p \cdot q \geq 9$

Stichprobenumfang	
σ^2 bekannt bzw. begründete Schätzung gegeben	1. $n = \dfrac{z^2 \cdot \sigma^{2}}{e^2}$**
	2. $n = \dfrac{z^2 \cdot P \cdot Q}{e^2}$

* Bei einem Auswahlsatz von $\frac{n}{N} < 0{,}05$ kann der Korrekturfaktor $\sqrt{\frac{N-n}{N-1}}$ vernachlässigt werden

** Unter der Annahme, dass $\frac{n}{N} < 0{,}05$, d.h. ohne Korrekturfaktor

Abb. 32: Konfidenzintervalle, Standardfehler, anzuwendende Verteilung und notwendiger Stichprobenumfang

5.3.1.5 Überblick über wichtige Konfidenzintervalle und notwendige Stichprobengrößen

Zusammenfassend sollen die wichtigsten Formeln für die Konfidenzintervalle und ihre Anwendungsbedingungen sowie für die Berechnung des Stichprobenumfangs in der Abb. 32 gegenübergestellt werden (nach Bleymüller/Gehlert/Gülicher 2002, S. 95).

5.3.2 Geschichtete Auswahl

Obgleich die Grundgedanken der Zufallsauswahl hier anhand der einfachen Zufallsauswahl skizziert wurden, sollte nicht der Eindruck entstehen, dass es sich um das am häufigsten in der Praxis angewandte Verfahren handelt. Die einfache Zufallsauswahl hat zwei *entscheidende Nachteile*, die es nahe legen, andere Verfahren anzuwenden:

- Bei großen Grundgesamtheiten wäre es sehr umständlich, alle Einheiten aufzulisten und hieraus eine einfache Zufallsauswahl vorzunehmen. Häufig fehlt es zudem an brauchbaren Auswahlgrundlagen (Adressenlisten etc.).
- Viele Merkmale weisen in der Grundgesamtheit eine außerordentlich hohe Varianz auf (z. B. Umsätze von Handelsbetrieben). Damit ist aber auch die Stichprobenvarianz s_2 sehr groß und Aussagen mit geringer Fehlerspanne wären nur durch einen hohen Stichprobenumfang möglich.

Im letzteren Fall bietet sich die *geschichtete Zufallsauswahl* an. *Ziel* ist es, die Varianz s^2 und damit auch den Standardfehler $s_{\bar{x}}$ zu verringern, ohne den Stichprobenumfang erhöhen zu müssen. Zu diesem Zweck wird die *Grundgesamtheit in mehrere, sich gegenseitig ausschließende Untergruppen aufgeteilt und aus jeder Untergruppe eine eigene Stichprobe gezogen*. Wenn sich die Mittelwerte $\bar{x}_k$ der k Gruppen untereinander und somit auch vom Gesamtmittelwert $\bar{x}$ unterscheiden, so würde bei einfacher Zufallsstichprobe in die Standardabweichung $s_{\bar{x}}$ sowohl die *Streuung in den Gruppen* als auch die *Streuung zwischen den Gruppen* eingehen. Bei geschichteter Zufallsstichprobe wird $s_{\bar{x}}$ jedoch nur auf der Basis der Streuung in den Gruppen berechnet, die Zwischengruppenstreuung entfällt.

Die Standardabweichung $s_{\bar{x}}$ wird bei geschichteter Zufallsauswahl im Vergleich zur einfachen Zufallsauswahl umso niedriger, je stärker die Mittelwerte der Gruppen voneinander abweichen, d. h. je größer die Zwischengruppenstreuung ist. Die geschichtete Zufallsauswahl bietet zwei Auswertungsmöglichkeiten:

- In jeder Schicht wird $\bar{x}_k$ und $s_{\bar{x}k}$ zur Schätzung der tatsächlichen Werte μ_k und der Vertrauensbereiche je Gruppe herangezogen.

- Aufgrund der Stichprobenwerte $\bar{x}_k$ und $s_{\bar{x}k}$ wird der Durchschnittswert μ der Grundgesamtheit und dessen Vertrauensbereich geschätzt. Zu diesem Zweck müssen der Gesamtmittelwert $\bar{x}$ und die Standardabweichung $s_{\bar{x}}$ aus den ermittelten Einzelwerten der Gruppen errechnet werden. Anschließend kann, wie bei der einfachen Zufallsauswahl, der Vertrauensbereich berechnet werden, der im Gegensatz zu diesem Verfahren jedoch wesentlich enger sein wird.

Häufig wird die Stichprobenbildung so vorgenommen, dass der Stichprobenumfang einer Schicht dem Anteil der Schicht an der Grundgesamtheit entspricht (*proportionale Schichtung*). Soll z. B. der tägliche Durchschnittskonsum an Zigaretten ermittelt werden, wobei die Schichtung nach dem Geschlecht erfolgt, so sind bei einer Stichprobe von $n = 1.000$ eine Schicht von 540 Frauen und eine Schicht von 460 Männern zu bilden, da die Prozentwerte in der Grundgesamtheit 54 % und 46 % betragen. Die Ermittlung des Gesamtmittelwerts $\bar{x}$ ergibt sich dann als:

$$\bar{x} = \sum_{k=1}^{K} \left(\frac{N_k}{N} \right) \cdot \bar{x}_k$$

Dabei ist $\frac{N_k}{N}$ der Anteil der Schicht k an der Grundgesamtheit. Hätte man anhand der Befragung ermittelt, dass Frauen täglich 5 Zigaretten und Männer 10 Zigaretten rauchen, dann wäre der Durchschnittswert:

$$\bar{x} = 0,54 \cdot 5 + 0,46 \cdot 10 = 7,3 \text{ Zigaretten}$$

Allerdings ist es nicht immer sinnvoll, eine proportionale Schichtung vorzunehmen. Falls die Streuung des Zigarettenkonsums bei Frauen wesentlich geringer ist als bei Männern, könnte der *Vertrauensbereich bei gleichem Stichprobenumfang weiter verringert werden*, wenn man weniger Frauen und stattdessen mehr Männer in die Stichprobe nehmen würde (disproportionale Schichtung). Die größere Varianz s_k^2 bei den Männern würde damit durch einen höheren Stichprobenumfang dividiert und $s_{\bar{x}}$ der Gesamtstichprobe geringer.

Von diesem Grundgedanken lässt sich z. B. ACNielsen bei der *disproportional geschichteten Stichprobe im Lebensmitteleinzelhandel* leiten. Die Stichprobe wird dort nach den Nielsen-Gebieten und Geschäftstypen geschichtet, die sich in ihrem Durchschnittsumsatz stark unterscheiden. Dabei werden aus den umsatzstärkeren Schichten mehr Geschäfte ausgewählt als aus den umsatzschwächeren (vgl. Ruppe 1989, S. 12). Durch die disproportionale Schichtung kann trotz der starken Streuung der Merkmalswerte in der Grundgesamtheit mit einem Stichprobenumfang von $n = 1.000$ ein sehr kleiner Standardfehler $s_{\bar{x}}$ erzielt werden. So berichtet ACNielsen für den Endverbraucherabsatz im gesamten Bundesgebiet von einem Standardfehler von nur 2,3 % des Absatzes. Bei einem Endverbraucherabsatz von 1.000 t beträgt die Fehlerspanne demnach $\mu = \bar{x} \pm t \cdot s_{\bar{x}} = 1.000 \pm t \cdot 23$ (vgl. ausführlich zur geschichteten Zufallsauswahl Hartung/Elpelt/Klösener 1999, S. 278 ff.).

5.3.3   Klumpenauswahl

Bei der Klumpenauswahl (cluster sampling) wird die *Grundgesamtheit in sich gegenseitig ausschließende Gruppen von Erhebungseinheiten eingeteilt* und dann *per Zufallsauswahl eine Anzahl von „Klumpen" gezogen.* Im einfachsten Falle werden alle Erhebungseinheiten eines Klumpens in die Stichprobe aufgenommen (*einstufige Klumpenauswahl*). Stattdessen können aus diesen Klumpen pro Zufallsauswahl einzelne Erhebungseinheiten bzw. wiederum kleinere Klumpen bestimmt werden (*zweistufige Klumpenauswahl*).

Die Vorteile dieser Klumpenauswahl sind:

- Häufig verfügt man nicht über eine Liste der Erhebungseinheiten (z. B. Busbenutzer in einer Stadt), wohl aber über eine Liste der Klumpen (z. B. Haushalte). Diese kann man heranziehen und hieraus eine Zufallsauswahl der Haushalte vornehmen. Im Haushalt werden dann alle Busbenutzer befragt.

- Die Liste der Erhebungseinheiten ist oft veraltet. Statt Befragte aus einer veralteten Bevölkerungsliste auszuwählen, wird z. B. das gesamte Stadtgebiet in Häuserblöcke eingeteilt und diese werden durchnumeriert. Anschließend werden per Zufall Häuserblöcke ausgewählt und die darin befindlichen Hausbewohner befragt. (Hierbei handelt es sich um eine so genannte *Flächenstichprobe* als Sonderfall der Klumpenauswahl. Dieses Verfahren wird mehrstufig vor allem in den USA eingesetzt, da dort keine Einwohnermeldepflicht besteht und somit keine Adressliste der US-Bevölkerung vorliegt.)

- Die Abwicklung einer Erhebung ist bei Klumpenauswahl wesentlich *ökonomischer*, da sich durch Befragung aller Erhebungseinheiten eines Klumpens Wegekosten und Zeitaufwand verringern.

Die Vorteile der Klumpenauswahl erklären, dass *dieses Verfahren* (insbesondere in Form der Flächenstichprobe) *weit häufiger als die einfache Zufallsauswahl angewandt wird.* Allerdings sind Nachteile in Kauf zu nehmen. Falls die Klumpen in sich genauso heterogen sind wie die Grundgesamtheit, wird diese durch jeden Klumpen repräsentiert. In diesem Fall würde man das gleiche Ergebnis in Bezug auf den Standardfehler $s_{\bar{x}}$ erhalten wie bei einfacher Zufallsauswahl. In der Praxis wird dieser Fall jedoch nicht eintreten: Die Bewohner von Stadtteilen, und hier wiederum beispielsweise von Häuserblocks, sind hinsichtlich des Untersuchungsmerkmals meist homogener als die Grundgesamtheit, unterscheiden sich zwischen den Klumpen aber erheblich („*Klumpungseffekt*"). Damit vergrößert sich der Stichprobenfehler.

Da die Klumpenauswahl jedoch wesentlich ökonomischer als die einfache Zufallsauswahl ist, kann der Stichprobenumfang im Vergleich zu dieser erhöht werden, so dass bei vergleichsweise niedrigeren Kosten ein niedriger Stichprobenfehler möglich ist (vgl. hierzu die ausführliche Behandlung dieser Probleme bei Neubäumer 1982).

5.3.4 Auswahltechniken zur Gewinnung von Zufallsstichproben

Die Entnahme von Zufallsstichproben aus einer endlichen Grundgesamtheit orientiert sich am *Urnenmodell*, bei dem angenommen wird, dass für alle Erhebungseinheiten jeweils ein entsprechendes Los in einen Behälter gegeben wurde, um nach gründlichem Mischen eine Anzahl Lose im Umfang n zu ziehen. Da dies oft technisch unmöglich oder zumindest unwirtschaftlich ist, werden mehrere *Ersatzverfahren* vorgeschlagen. Weit verbreitet ist die Auswahl anhand von *Zufallszahlentafeln*. Hierbei handelt es sich um Tabellen, in denen Ziffern stehen, die per Zufall zustande kamen (z. B. dadurch, dass man aus einer Urne mit 10 Kugeln, welche die Nummern 0 bis 9 tragen, jeweils eine Kugel mit Zurücklegen entnimmt; meist werden „Pseudo-Zufallszahlen" jedoch per EDV-Programm generiert). Angenommen, die Zufallszahlentabelle enthält folgende Ziffern:

10	09	73	76	52	01	35	35
37	54	20	64	89	47	42	96
08	42	26	19	64	50	93	03
90	01	90	09	37	67	07	15
12	80	79	80	15	73	61	47

Unter der Voraussetzung, dass die Auswahlbasis von 1 bis N durchnumeriert ist, kann anhand einer derartigen Tabelle die Stichprobe gebildet werden. Sind z. B. aus einer Grundgesamtheit von $N = 1.000$ 10 Erhebungseinheiten auszuwählen, dann werden je 3 Ziffern zu einer Zufallszahl zusammengefasst. Beginnt man in der 2. Spalte und in der 3. Zeile, so erhält man die Zufallszahlen 422, 619, 645, 093, 039, 001, 900, 937, 670 und 715 und nimmt die entsprechenden Erhebungseinheiten in die Stichprobe auf. Bei $N = 2.000$ müssten vierstellige Zahlen gebildet werden, wobei die Zufallszahlen $> N$ zu überspringen sind. Bei großen Grundgesamtheiten wäre auch die Zufallszahlentechnik noch recht umständlich. Gebräuchliche Ersatzverfahren sind das *Schlussziffernverfahren*, die *systematische Auswahl mit Zufallsstart*, das *Geburtstagsverfahren* und das *Buchstabenverfahren*.

Das *Schlussziffernverfahren* setzt ebenfalls voraus, dass die Auswahlbasis von 1 bis N durchnumeriert ist.

Sodann wird der *Auswahlsatz* $\frac{n}{N}$ bestimmt. Ist $N = 10.000$ und $n = 10$, so folgt:

$$\text{Auswahlsatz} = \frac{n}{N} = \frac{10}{10.000} = 1\,^0/_{00}$$

Nun wird aus der Ziffernfolge 000 bis 999 eine zufällig ausgewählt. Ist die ermittelte Zahl 253, so gelangen alle Elemente mit den Nummern:

0253	1253	2253	3253	4253
5253	6253	7253	8253	9253

in die Stichprobe. Bei einem Auswahlsatz von 1 % wäre dementsprechend eine zweistellige Zufallsendziffer zu verwenden.

Voraussetzung für dieses Verfahren ist jedoch, dass kein Zusammenhang zwischen der Nummerierung und dem Untersuchungsmerkmal besteht. Die *systematische Auswahl mit Zufallsstart* setzt ebenfalls voraus, dass die Grundgesamtheit durchnumeriert ist und dass die Nummerierung nicht mit dem Untersuchungsmerkmal korreliert.

Bei diesem Verfahren wird zuerst der Quotient $\frac{N}{n}$ berechnet, z. B. $n = 200$; $N = 1.000$; $\frac{N}{n} = 5$. Sodann ist eine Zufallszahl zwischen 1 und 5 zu bestimmen. Ist diese Zahl 3, dann gelangen, beginnend mit 3, die Erhebungseinheiten mit den Ziffern 3, 8, 13, 18, ... , 998 in die Stichprobe.

Beim *Geburtstagsverfahren* werden alle Personen, deren Geburtstag auf einen zufällig bestimmten Jahrestag fällt, in die Stichprobe aufgenommen. Beim *Buchstabenverfahren* werden diejenigen Personen ausgewählt, deren Familienname mit einem zufällig ausgewählten Buchstaben oder einer Buchstabenkombination beginnt. Auch hier ist sicherzustellen, dass das Untersuchungsmerkmal nicht mit den Anfangsbuchstaben korreliert.

Außer beim Zufallszahlenverfahren liegen hier *Sonderfälle der Klumpenauswahl* vor. Ist z. B. die Schlussziffer bestimmt, so bilden alle Elemente mit dieser Schlussziffer einen Klumpen. Demnach haben nicht alle Stichproben die gleiche Wahrscheinlichkeit, gezogen zu werden, wie dies bei einfacher Zufallsauswahl der Fall ist.

5.3.5 Der Gesamtfehler bei Zufallsauswahlen

In den Ausführungen zu den verschiedenen Verfahren der Zufallsauswahl wurde festgestellt, dass sich der dabei auftretende Stichprobenfehler mit einer bestimmten Wahrscheinlichkeit messen lässt. Zudem sinkt der Stichprobenfehler mit zunehmendem Stichprobenumfang. Nun wirkt auf die Ergebnisse einer Erhebung nicht nur der Stichprobenfehler ein. Daneben ist ein *systematischer Fehler* zu unterscheiden, der vielfältige Ursachen haben kann:

- Die Abgrenzung des Marktforschungsproblems, die Ziele des Forschungsvorhabens und die festgestellten Informationsbedürfnisse entsprechen nicht dem tatsächlichen Problem.
- Die Operationalisierung der zu erhebenden Sachverhalte ist unangemessen.

- Das Messinstrument ist nicht valide bzw. reliabel.
- Die Frageformulierungen und der Fragebogenaufbau führt zu systematischen Antwortverzerrungen.
- Der Interviewer beeinflusst die Antworten und macht fehlerhafte Aufzeichnungen.
- Die Abgrenzung der Grundgesamtheit ist falsch gewählt.
- Die Auswahlbasis ist lückenhaft und weicht von der Grundgesamtheit ab.
- Die Auswahltechnik führt zu Verzerrungen der Stichprobe.
- Es liegt eine hohe Antwortverweigerungsrate vor.
- Bei nicht EDV-gestützter Befragung kommt es bei der Auswertung der Fragebogen zu Kodierfehlern.
- Statistische Auswertungsverfahren werden falsch angewandt.
- Die Ergebnisse werden falsch interpretiert.

Damit ist nicht nur auf einen möglichst geringen Stichprobenfehler, sondern auf einen möglichst geringen Gesamtfehler zu achten. Dieser besteht aus:

Gesamtfehler = Stichprobenfehler + systematischer Fehler

Zudem ist ersichtlich, dass *zwar mit wachsendem Stichprobenumfang der Stichprobenfehler sinkt, zugleich steigt aber der systematische Fehler an* (mehr Interviewer, mehr Fragebogen, höherer Kodierumfang usw.). Hinzu kommt, dass häufig weder Richtung noch Ausmaß des systematischen Fehlers bekannt sind. Die Vielzahl der Fehlerursachen belegt, dass nur eine sorgfältige Planung und Abwicklung des *gesamten Forschungsvorhabens* zu einer Verringerung des Gesamtfehlers führen kann.

5.4 Durchführung und Kontrolle der Primärerhebung

Nachdem die Auskunftspersonen durch Anwendung einer Auswahltechnik bestimmt wurden bzw. nach Festlegung des Auswahlvorganges bei nichtzufälligen Auswahlverfahren kann die Primärerhebung erfolgen.

Diese Phase umfasst mitunter eine *Vorlaufstudie* zur Überprüfung und anschließender Korrektur des Fragebogens bzw. der Intervieweranweisungen sowie die Abwicklung und Kontrolle der *Hauptuntersuchung*. In der Hauptuntersuchung fallen folgende Aktivitäten an:

- Auswahl der Interviewer,
- Erstellung des Schulungsmaterials,

- Schulung der Interviewer,
- Kontaktieren der Auskunftspersonen,
- Befragung bzw. Beobachtung,
- Ausfüllen des Fragebogens,
- Rücksendung des Fragebogens,
- Nachfassaktionen bei schwer erreichbaren Auskunftspersonen bzw. Antwortverweigerungen,
- Interviewerkontrolle,
- Überprüfung der Repräsentanz,
- Überprüfung der Durchführung und der Kosten der Erhebung.

Bei der Planung, Durchführung und Kontrolle dieser Aktivitäten sind vier Aspekte von besonderer Bedeutung (in Anlehnung an Hauck 1974, S. 2/147 ff.):

1. *Zeitliche Planung der Projektabwicklung*

Hierunter fällt die Angabe der Zeitdauer des Gesamtprojekts und der einzelnen Teilaufgaben sowie die zeitliche Abstimmung der Teilaktivitäten. Bei umfangreicheren Projekten empfiehlt sich die Anwendung der Netzplantechnik (vgl. hierzu Tull/Hawkins 1987, S. 36 ff.). Die Erfahrung lehrt, dass vor allem die benötigte Zeitdauer für die Präzisierung des Forschungsproblems, die Fragebogenerstellung (einschließlich Pretest) sowie für die Interviewerschulung unterschätzt wird.

2. *Budgetierung*

Eng mit der Zeitplanung hängt die Budgetplanung zusammen. Zu Kostenunterschätzungen kommt es meist infolge zu knapper Zeitvorgaben oder durch Nichtberücksichtigung von immer wieder festzustellenden Verzögerungen aufgrund notwendig gewordener Änderungen der Problemdefinition, Ausfall von Personal (Interviewer etc.), technische Probleme, Auswertungsprobleme etc. Hierfür sind geeignete „Puffer" und genügend Budgetreserven zu planen.

3. *Personal*

Für die Durchführung der oft anspruchsvollen Forschungsvorhaben fehlt es häufig an geeignetem Personal. Bei persönlichen Befragungen bereitet vor allem die Auswahl, Schulung und Aufrechterhaltung des mitunter umfangreichen Interviewerstabs große Probleme. In der Praxis wird kaum ein Industrieunternehmen eine eigene Interviewer-Organisation unterhalten. Falls dennoch Erhebungen in eigener Regie geplant sind, so kann auf hierauf spezialisierte Institute zurückgegriffen werden, die eine „Feldorganisation" unterhalten.

4. *Kontrolle der Erhebung*

Hierunter fällt die Überwachung der zeitlichen Abwicklung, die Überprüfung der Interviewer (z. B. durch telefonische Anfrage, ob das Interview durchgeführt wurde, mitunter auch durch Wiederholung der Befragung bei einigen Personen, um Teilfälschungen aufzudecken), sowie die Kontrolle der *Stichprobenrepräsentanz*. Letztere erfolgt bei Quotenauswahl als auch bei Zufallsauswahl zunächst durch Gegenüberstellung der Stichprobenmerkmale mit bekannten Merkmalen der Grundgesamtheit (Alter, Geschlecht, Beruf, Einkommen etc.).

Bei Zufallsauswahlen entstehen Ausfälle aufgrund der *Nichterreichbarkeit* von Auskunftspersonen oder wegen *Antwortverweigerungen*. In beiden Fällen kann durch telefonische oder schriftliche Nachfassaktionen versucht werden, die Antwortquote zu erhöhen. Allerdings setzt sich die Entwicklung in den letzten Jahren fort, dass die Ausfallquote aufgrund von Antwortverweigerungen steigt. Dies ist insbesondere bei etwas überstrapazierten Grundgesamtheiten infolge häufiger Befragung (z. B. große Industrieunternehmen) festzustellen.

6 Vorbereitung der Datenauswertung

Nachdem in schriftlichen oder persönlichen Interviews die Daten erhoben wurden, sind die ausgefüllten Fragebogen formal und technisch aufzubereiten, damit sie mit Hilfe statistischer Verfahren analysiert werden können. Die nachfolgend aufgeführten Arbeitsschritte beziehen sich auf traditionelle Befragungsformen, in denen ein Fragebogen per Hand ausgefüllt wurde. Da sich inzwischen die computergesteuerte Befragung auf breiter Basis durchgesetzt hat, wobei in der Feldforschung Notebooks eingesetzt werden, entfällt ein Teil der Arbeitsstufen, da die Daten unmittelbar in die EDV eingegeben werden können.

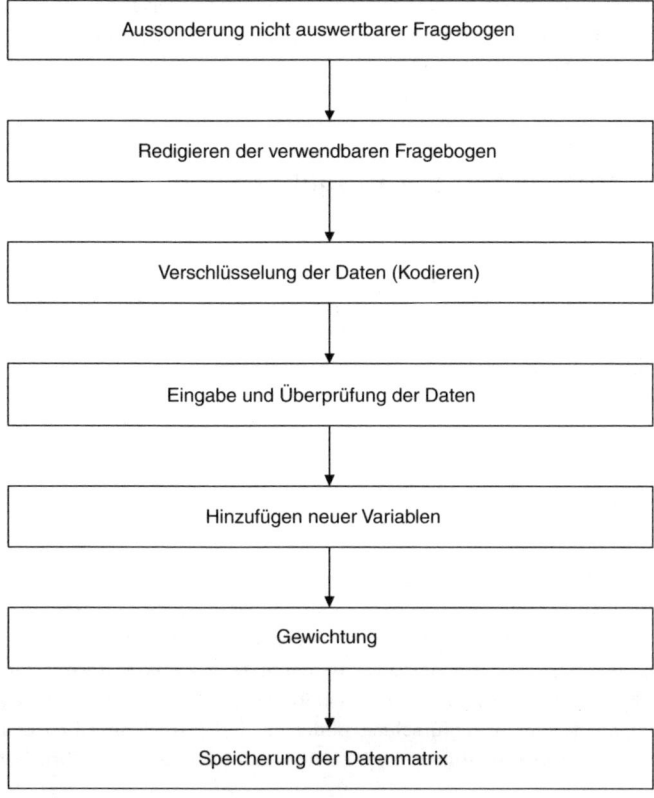

Abb. 33: Aufbereitung des Erhebungsmaterials

6.1 Aussonderung nicht auswertbarer Fragebogen

Bei jeder Primärerhebung größeren Umfangs ist eine Anzahl Fragebogen nicht verwertbar, da

- erhebliche Teile versehentlich oder aufgrund von Antwortverweigerungen nicht ausgefüllt wurden;
- die Befragten offensichtlich wichtige Fragen falsch ausgefüllt haben (z. B. weil sie die Aufgabe falsch verstanden haben);
- eine nicht zulässige Person den Fragebogen ausfüllte;
- der Fragebogen verspätet eingesandt wurde.

Oft können auch durch Kontaktaufnahme mit dem Interviewer oder mit dem Befragten diese Mängel nicht behoben werden, so dass die Eliminierung dieses Materials der einzige Ausweg bleibt.

6.2 Redigieren der Fragebogen

Die restlichen Fragebogen sind nach mehreren Kriterien zu überprüfen, um eine möglichst große Genauigkeit zu gewährleisten. Hierzu gehören die Überprüfung der Lesbarkeit, der Vollständigkeit, der Widerspruchsfreiheit von Antworten und die Aufklärung missverständlicher Antworten (entfällt bei computergestützter Befragung).

6.3 Kodieren

Um die Antworten, die auf eine Frage möglich sind, auswerten zu können, müssen sie einer begrenzten Anzahl von Kategorien oder Codes zugewiesen werden. Unter Kodieren (bzw. Verschlüsseln) wird die Bildung von Antwortkategorien und die Zuweisung von Symbolen (in der Regel Zahlen) zu den Antwortkategorien verstanden. Die Verschlüsselung bildet die Grundlage zur Übertragung der Rohdaten auf einen Datenträger (vgl. zu den nachfolgenden Ausführungen Quitt 1974, S. 367 ff.).

Beispiel:

Frage 30 des Fragebogens lautet:
„Wie alt sind Sie?"

	Schlüssel	Weiter mit Frage 31
Unter 14 Jahre	1	☐
15 – 30 Jahre	2	☐
31 – 45 Jahre	3	☐
46 – 60 Jahre	4	☒
61 Jahre und älter	5	☐

In diesem Falle ist als Antwort auf Frage 30 die Ziffer 4 zu speichern. Bei der Kodierung sind zwei Fälle zu unterscheiden, die Verschlüsselung *geschlossener Fragen* und die Verschlüsselung *offener Fragen.*

Bei der Verschlüsselung *geschlossener Fragen* liegen die Antwortkategorien schon vor (vgl. obiges Beispiel). Es bietet sich daher an, die Antworten schon in den Fragebogen aufzunehmen und dahinter die Kodenummer anzugeben. Der Interviewer muss dann nur die Zahl der genannten Antwortkategorie ankreuzen. Bei *offenen Antworten* sind die Antwortkategorien häufig umfangreich und nicht vorhersehbar. In diesen Fällen entfällt eine Feldverschlüsselung. Stattdessen ist nach Durchsicht einer größeren Anzahl von Fragebogen eine Liste möglicher Antwortkategorien zu erstellen und diesen die Schlüsselzahlen zuzuordnen. Anschließend werden die Fragen kodiert und auf den Computer übertragen. Für die Kodierung haben sich in der Praxis einige Regeln ausgebildet:

- Einzelne Kategorien müssen sich gegenseitig ausschließen.

- Die Kategorien müssen erschöpfend sein (dies wird häufig durch Unterbringung aller selten genannten Fälle in die Kategorie „Sonstiges" erreicht; zusätzlich empfiehlt sich die Rubrik „keine Angaben").

- Es sollten möglichst viele Kategorien gebildet werden. Bei der Kodierung numerischer Antworten (z. B. Umsätze, Mengen, Gewicht, Einstellungsmesswerte etc.) sollte auf Klassenbildungen verzichtet werden. Stattdessen sind die Originalwerte auf den Datenträger zu übernehmen. Dies hat den Vorteil umfassenderer Auswertungsmöglichkeiten. Nicht notwendige Untergliederungen können ohne Schwierigkeiten vor der Datenanalyse aggregiert werden.

6.4 Eingabe und Überprüfung der Daten

Bei der Übertragung der Schlüsselzahlen auf Datenträger schleichen sich erfahrungsgemäß Fehler ein, die eine Gegenkontrolle erforderlich machen. Der Datenbestand wird daher überprüft auf

- unzulässige Schlüsselzahlen (z. B. Kodenummer 3 bei Geschlecht, obwohl nur die Zahlen 1 und 2 vergeben wurden),
- unzulässige Angaben (z. B. Angabe einer Kfz-Versicherung, obwohl laut eigener Angabe kein Wagenbesitz),
- fehlende Angaben,
- unzulässige Mehrfachnennungen etc.

(Bei computergestützter Befragung werden diese Fehler unmittelbar nach der Antworteingabe vom Computer gemeldet.)

6.5 Hinzufügen neuer Variablen

Neue Variablen entstehen z. B. dadurch, dass einige Ausgangsmerkmale zu einem Index zusammenzufassen sind (z. B. Index für Soziale Schicht aus Einkommen, Ausbildung und Beruf, Index der Familienlebenszyklusphase aus Familienstand, Zahl der Kinder und Alter) oder es werden Variablen hinzugefügt, die aus anderen Quellen stammen (z. B. Daten aus anderen Erhebungen zu Vergleichszwecken).

6.6 Gewichtung

Bei Zufallsauswahlen ist häufig eine Gewichtung des Datenmaterials notwendig. Bei *hoher Ausfallquote* werden dadurch die unterrepräsentierten Fälle ausgeglichen. Bei *geschichteten Stichproben* (siehe oben) erfolgt ebenfalls eine Gewichtung der Schichten, die bei *proportionaler Schichtung* dem Anteil der Schicht an der Grundgesamtheit entspricht. Bei *disproportionaler Schichtung* sind die Disproportionen durch einen entsprechenden Gewichtungsfaktor auszugleichen (z. B. Umsatzfaktor im Einzelhandelspanel bei ACNielsen).

Korrekturen durch Gewichtung sind auch notwendig, wenn eine *mehrstufige Auswahl* erfolgt: Handelt es sich bei den Auswahleinheiten der ersten Stufe um

Haushalte, in denen auf der zweiten Stufe die Personen als Erhebungseinheiten bestimmt wurden, so hat ein Befragter in einem 4-Personen-Haushalt nur ein Viertel der Chance, in die Auswahl zu gelangen, wie jemand, der allein lebt. Die Gleichheit wird hierbei z. B. dadurch hergestellt, dass jedes Interview mit der im Haushalt lebenden Personenzahl multipliziert wird. Damit erhält man statt der ursprünglichen Anzahl der Interviews eine neue „Fallzahl".

6.7 Die Datenmatrix

Nach diesen Aufbereitungsprozeduren liegt eine *Datenmatrix* vor, die der statistischen Auswertung zugrunde gelegt wird. Jede Zeile der Datenmatrix entspricht einem Auswertungsfall (z. B. Haushalt) und jede Spalte einer Variablen. Bei $i = 1, \ldots, n$ Fällen und $j = 1, \ldots, m$ Variablen bezeichnet man diese als $n \times m$-Datenmatrix:

Variablen

	1	2	...	j	...	m
1	2500	0	...	32	...	1
2	2700	2	...	45	...	2
3	1500	4	...	21	...	5
.	.	.		.		.
.	.	.		.		.
Fälle i	4800	1	...	50	...	3
.	.	.		.		.
.	.	.		.		.
.	.	.		.		.
n	3400	1	...	28	...	4

Variable 1 = Einkommen in €/Monat

Variable 2 = Anzahl der Kinder

Variable j = Alter des Haushalts-
              vorstands

Variable m = Nielsen-Gebiet

Abb. 34: Datenmatrix bei *n* Fällen und *m* Variablen

7 Datenanalyse

Die weite Verbreitung der EDV und umfangreicher Statistik-Programmpakete eröffnet dem heutigen Marktforscher ein weites Spektrum der verschiedenartigsten Auswertungsverfahren. Leider führt dies mitunter zu dem Fehlschluss, dass der wichtigste Arbeitsschritt eines Forschungsvorhabens in der Anwendung sophistischer Statistikverfahren liegt. Man sollte sich jedoch vor Augen halten, dass auch die eleganteste Auswertungsprozedur nicht in der Lage ist, die Fehler einer schlechten Definition des Marktforschungsproblems, eines unangemessenen Forschungsdesigns, einer unzweckmäßigen Operationalisierung und Messung sowie einer systematisch verzerrten Stichprobe und ungenügender Vorbereitung der Datenauswertung auszugleichen.

Hinzu kommt, dass die Anwendungsvoraussetzungen für die jeweiligen Methoden häufig überhaupt nicht oder nur ungenügend überprüft werden. Während einige Verfahren relativ unsensibel gegen derartige Verstöße sind, reagieren andere wiederum sehr stark, so dass die Schlussfolgerungen aus den Analyseergebnissen falsch sind.

Die Zielsetzung dieses Kapitels kann in Anbetracht der Methodenvielfalt lediglich darin bestehen, einen ersten Überblick über die wichtigsten Verfahren zu geben. Dabei wird, dem Charakter einer Einführung entsprechend, auf die Darstellung des theoretischen Hintergrunds und mathematischer Details verzichtet. Stattdessen wird auf Anwendungsmöglichkeiten, auf den Rechengang anhand einfacher Zahlenbeispiele und die Interpretation der Ergebnisse Wert gelegt.

7.1 Überblick über die Methoden der Datenanalyse

Datenanalyseverfahren lassen sich nach verschiedenen Kriterien klassifizieren. Am gebräuchlichsten sind Einteilungen nach

- der Variablenanzahl,
- der Zielsetzung der Analyse,
- dem Skalenniveau der Variablen,
- der Unterteilung der Datenmatrix.

Anzahl der Variablen

Bezieht sich die Analyse auf nur *eine* einzige Variable, so spricht man von *univariater Datenanalyse*. Werden die *Beziehungen* zwischen *zwei* oder *mehr* Variablen untersucht, dann liegt eine *bivariate* oder eine *multivariate Datenanalyse* vor. Betrachtet man die Analyseverfahren in den drei Gruppen, so zeigt sich, dass lediglich zwischen den univariaten Verfahren einerseits und den Verfahren, die die Beziehungen zwischen zwei und mehr Variablen untersuchen, ein Unterschied besteht. Die bivariaten Verfahren weichen weder in der inhaltlichen Fragestellung noch im mathematischen Aufbau von multivariaten Verfahren ab. Daher wird im Folgenden nur noch zwischen univariaten Verfahren und Verfahren zur Analyse von Beziehungen unterschieden.

Zielsetzung der Analyse

Dient die Datenauswertung der *Beschreibung* einer untersuchten Teilgesamtheit durch geeignete statistische Maßzahlen, so handelt es sich um Verfahren der *deskriptiven* Statistik. Das Datenmaterial wird hierbei in eine überschaubare Form gebracht, so dass man sich schnell einen Überblick über die in der Stichprobe vorgefundenen Merkmalsverteilungen und über die Beziehungen von Merkmalen verschaffen kann. Demgegenüber zielt die *schließende* Statistik darauf ab, *Hypothesen* über die Grundgesamtheit anhand der Stichprobendaten *zu überprüfen*. Die schließende Statistik oder *Inferenzstatistik* beruht auf Wahrscheinlichkeitsaussagen über die Vereinbarkeit von empirisch vorgefundenen Daten mit den zu Beginn des Marktforschungsprozesses formulierten Hypothesen. Z.B. „Der Anteil der weiblichen Käufer der Marke ist 70 %."; „Es besteht ein Zusammenhang zwischen Werbeausgaben und Marktanteil."; „Die Packungsvarianten führen zu unterschiedlichen Absatzmengen."

Skalenniveau der Variablen

Bei der Anwendung deskriptiver oder schließender Verfahren ist darauf zu achten, ob nominal-, ordinal-, intervall- oder verhältnisskalierte Variablen vorliegen. Eine gewisse Schwerpunktsetzung ergibt sich in den nachfolgenden Ausführungen dadurch, dass

- die meisten metrischen Auswertungsverfahren lediglich Intervallskalenniveau voraussetzen;
- auch bei Messung hypothetischer Konstrukte wie z.B. der Einstellung Aussagen gewonnen werden können, die nahe an Intervallskalenniveau heranreichen.

Aus diesen Gründen werden Verfahren zur Analyse nominal- und intervallskalierter Eigenschaften im Vordergrund stehen.

Unterteilung der Datenmatrix

Bei der *Analyse von Beziehungen* zwischen zwei und mehr Variablen ist danach zu unterscheiden, ob die Variablen der Datenmatrix vor der Analyse in Untergruppen unterteilt werden oder nicht. Bei Unterteilung der Datenmatrix in zwei Variablengruppen spricht man von der *Analyse von Abhängigkeiten (Dependenzanalyse)*. Dabei können zwei Fälle unterschieden werden:

1. Eine abhängige Variable (Kriteriumsvariable) und eine oder mehrere unabhängige Variablen (Prädiktorvariablen);
2. Mehrere Abhängige und mehrere Unabhängige.

Wird die Datenmatrix nicht unterteilt, so liegt eine *Interdependenzanalyse* vor.

In der nachfolgenden Abbildung werden nur die im weiteren Verlauf ausführlicher behandelten Methoden aufgezeigt. Die Kennzeichnung der Verfahren nach dem Skalenniveau der Variablen erfolgt in den einzelnen Abschnitten. Die Stoffauswahl ist zudem in zweierlei Hinsicht eingeschränkt: Verfahren der schließenden Statistik werden (von der Varianzanalyse abgesehen) nur im Rahmen der univariaten Datenanalyse behandelt; auf die Verfahren mit mehreren Abhängigen (Kanonische Korrelations-, Multiple Diskriminanz- und Multiple Varianzanalyse) wird wegen ihres recht seltenen Einsatzes in der Praxis verzichtet (ein Überblick über diese Verfahren findet sich bei Böhler 1979b, S. 16 ff.; eine ausführliche anwendungsorientierte Darstellung findet sich bei Backhaus u. a. 2000 sowie Herrmann/Homburg (Hrsg.) 2000, S. 101 ff.).

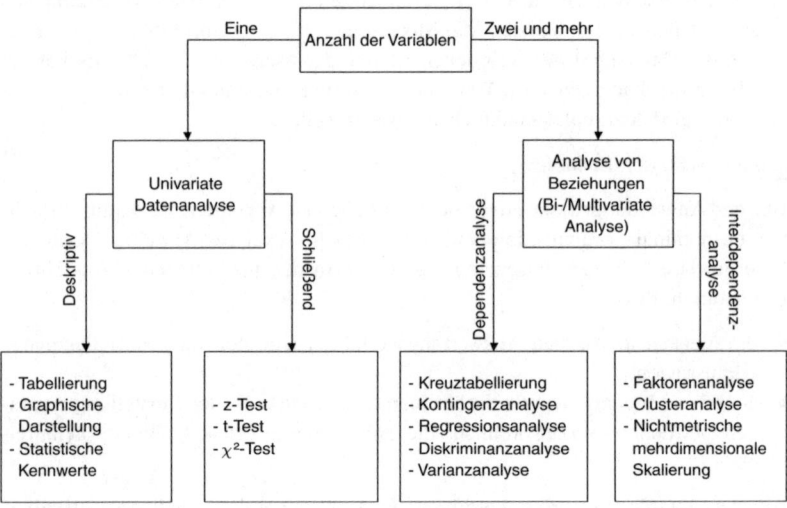

Abb. 35: Überblick über Datenanalyseverfahren

7.2 Univariate Datenanalyse

Viele Marketing-Fragestellungen lassen sich bereits durch statistische Analysen beantworten, die sich jeweils auf *eine einzelne Variable* beziehen. Beispiele sind die Ermittlung des Bekanntheitsgrades einer Marke oder des Marktanteils. Daneben sind univariate Analysen auch dann sinnvoll, wenn mehrere Merkmale *nebeneinander* untersucht werden sollen. Dies ist der Fall, wenn die Käufer einer Marke anhand demographischer, sozioökonomischer oder psychographischer Merkmale beschrieben werden sollen. Des Weiteren bildet die univariate Analyse eine *wichtige Vorstufe zur multivariaten Datenanalyse*, um sich einen ersten Eindruck zu verschaffen.

Wichtige Arbeitsschritte in der univariaten Analyse sind:

1. Tabellarische und graphische Darstellung der *Häufigkeitsverteilung* eines Merkmals;

2. Berechnung von Maßen der *zentralen Tendenz* (Lageparameter) zur Kennzeichnung der Untersuchungseinheiten;

3. Ermittlung von *Streuungsmaßen* zur Kennzeichnung der Homogenität der Untersuchungseinheiten in Bezug auf das untersuchte Merkmal;

4. *Schluss von den Stichprobenergebnissen* auf die Parameter der Grundgesamtheit;

5. *Hypothesentests* zur Überprüfung von Annahmen über die Grundgesamtheit anhand von Stichprobenresultaten.

Die nachfolgenden Abschnitte behandeln die in den Punkten 1) bis 3) genannten Aufgaben der deskriptiven Statistik sowie die unter 5) aufgeführte Überprüfung von Hypothesen. Punkt 4) wurde bereits im Kapitel über Zufallsstichproben dargestellt (vgl. Kap. 5.3.1.2 und 5.3.1.3).

7.2.1 Tabellarische und graphische Darstellung

Die Darstellung der Merkmalsausprägungen einer Variablen mit den dazugehörigen absoluten bzw. relativen Häufigkeiten wird als *Häufigkeitsverteilung* bezeichnet.

Bei *diskreten Merkmalen* mit wenigen Ausprägungen (z. B. Geschlecht, Beruf, Anzahl der Kinder) bildet jeder Merkmalswert eine eigene Kategorie.

Beispiel:

Eine Stichprobe von 319 Personen wurde im Rahmen einer Imageanalyse zum öffentlichen Personennahverkehr u. a. gebeten, ihre Zustimmung bzw. Ablehnung zu dem Statement „Busfahren ist energiesparend" auf einer 5-stufigen Ratingskala anzugeben („trifft voll und ganz zu" = 5 versus „trifft ganz und gar nicht zu" = 1). Die nachfolgende Abbildung zeigt die *absolute Häufigkeitsverteilung* sowie die *relative Häufigkeitsverteilung*:

Kategorie	Schlüssel	Absolute Häufigkeits- verteilung $f(x_k)$	Absolute Summen- häufigkeiten $f_{kum}(x_k)$	Relative Häufigkeits- verteilung $\%(x_k)$	Relative Summen- häufigkeiten $\%_{kum}(x_k)$
„Trifft ganz und gar nicht zu"	1	28	28	8,8	8,8
–	2	8	36	2,5	11,3
–	3	36	72	11,3	22,6
–	4	32	104	10,0	32,6
„Trifft voll und ganz zu"	5	215	319	67,4	100,0
Gesamt		319		100,0	

Abb. 36: Häufigkeitsverteilung

Die graphische Darstellung der Häufigkeitsverteilung diskreter Merkmale erfolgt gewöhnlich mit Hilfe des *Histogramms*, d. h. durch eine Abbildung der Häufigkeiten mittels flächenproportionaler Balken (Abb. 37).

Die *Summenhäufigkeitsfunktion* gibt den Prozentsatz der Elemente mit einem Merkmalswert kleiner oder gleich *x* an. Sie hat das Bild einer Treppenfunktion (Abb. 38).

Handelt es sich um ein *diskretes* Merkmal mit *sehr vielen* Ausprägungen (z. B. Einkommen, Umsatz etc.) oder um ein *stetiges* Merkmal (z. B. Alter), so sind der besseren Übersicht halber zunächst Kategorien zu bilden, wobei die Häufigkeiten im Histogramm der *Klassenmitte* zugeordnet werden. Durch Verbindung der Balkenoberkantenmittelpunkte des Histogramms erhält man ein *Häufigkeitspolygon*.

Beispiel:

Zur Analyse der Auftragsgrößen von $n = 90$ Aufträgen eines Betriebes werden *k* = 9 Kategorien gebildet, die jeweils eine Breite von 2.000 € bilden.

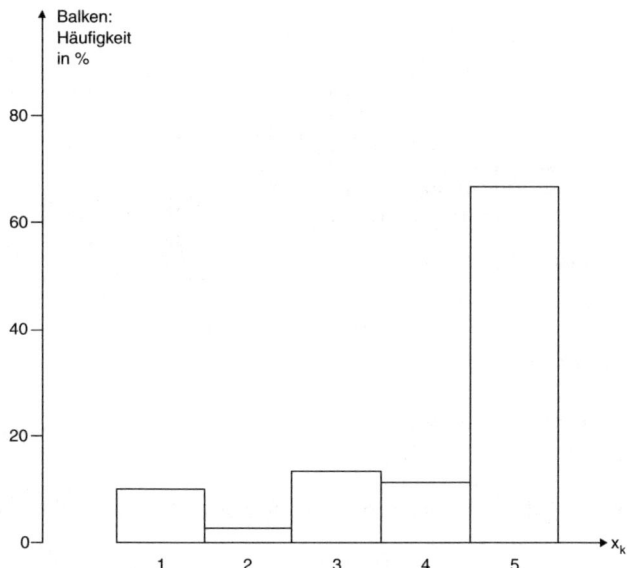

Abb. 37: Histogramm

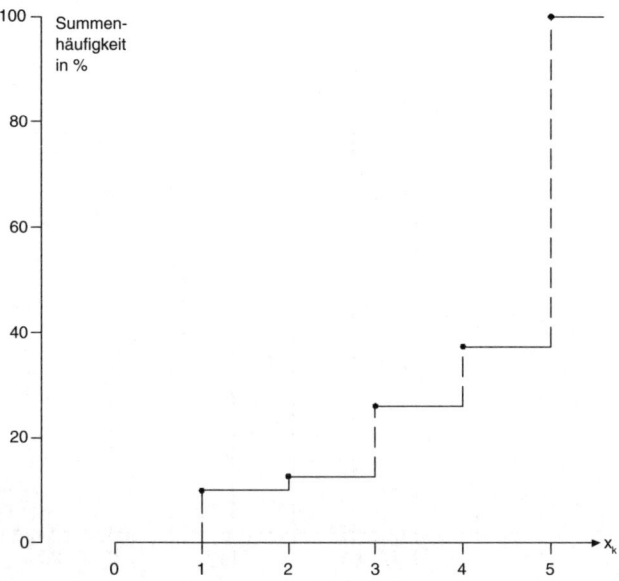

Abb. 38: Summenhäufigkeitsfunktion

Kategorie K	Auftragsgröße in €			$f(x_k)$	$f_{kum}(x_k)$	$\%(x_k)$	$\%_{kum}(x_k)$
1		2.000	bis 4.000	5	5	5,6	5,6
2	über	4.000	bis 6.000	8	13	8,9	14,5
3	über	6.000	bis 8.000	8	21	8,9	23,4
4	über	8.000	bis 10.000	13	34	14,4	37,8
5	über	10.000	bis 12.000	16	50	17,8	55,6
6	über	12.000	bis 14.000	15	65	16,7	72,3
7	über	14.000	bis 16.000	13	78	14,4	86,7
8	über	16.000	bis 18.000	7	85	7,8	94,5
9	über	18.000	bis 20.000	5	90	5,6	100,1*
	Gesamt			90		100,1*	

* Abweichung durch Rundungsfehler

Abb. 39: Häufigkeitsverteilung

Histogramm und Häufigkeitspolygon haben folgendes Aussehen (Abb. 40):

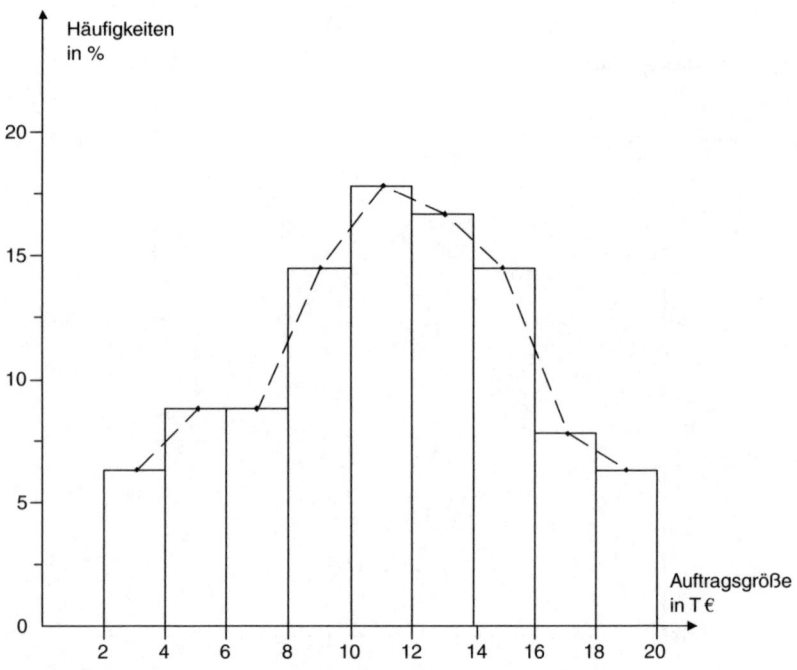

Abb. 40: Histogramm und Häufigkeitspolygon (gestrichelt)

Stellt man die Summenhäufigkeitsfunktion als stetigen Linienzug dar, so erhält man das *Summenpolygon*. Die Häufigkeiten werden dabei der oberen Klassengrenze zugewiesen (Abb. 41).

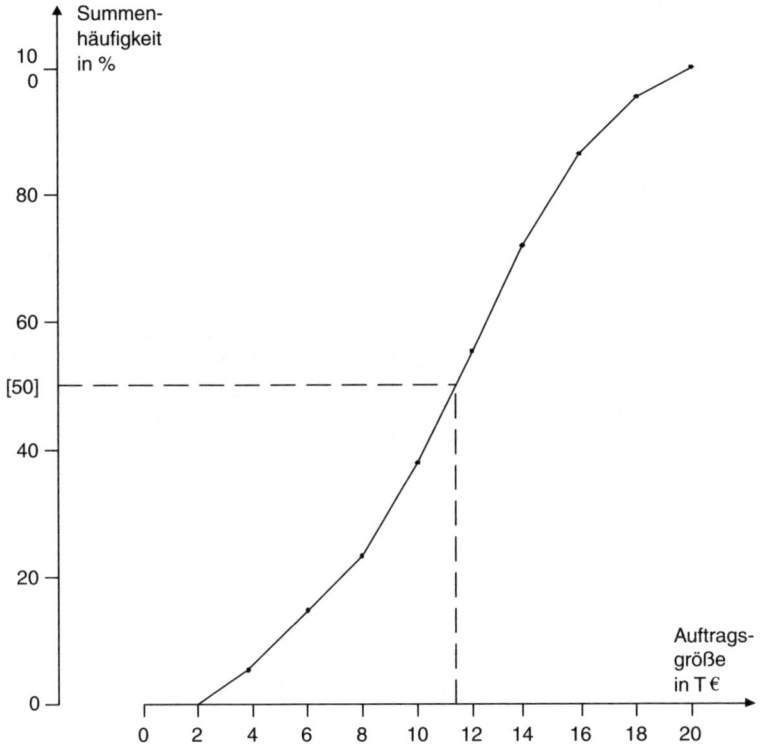

Abb. 41: Summenpolygon

7.2.2 Statistische Kennwerte empirischer Häufigkeitsverteilungen

Es handelt sich hierbei um Maße zur summarischen Beschreibung empirischer Merkmalsverteilungen. Zu ihnen gehören die *Lageparameter* und die *Streuungsmaße*.

7.2.2.1 Maße der zentralen Tendenz

Die gebräuchlichsten Lageparameter sind das Arithmetische Mittel $\bar{x}$, der Modus M und der Median Z. Im Beispiel zur Imageanalyse des öffentlichen Nahverkehrs ergibt sich ein *arithmetisches Mittel* von:

171

$$\bar{x} = \frac{1}{n}\sum_{i=1}^{n} x_i = 4,25$$

Bei klassifizierten stetigen Merkmalen ist:

$$\bar{x} = \frac{1}{n}\sum_{k=1}^{K} x_k' \cdot f(x_k)$$

wobei $f(x_k)$ = absolute Klassenhäufigkeit

$\quad\quad x_k'$ = Klassenmitte

Für das Auftragsgrößenklassenbeispiel folgt:

$$\bar{x} = \frac{1}{90} \cdot 1.008.000 = 11.200,-$$

Der *Zentralwert* oder *Median* ist derjenige Wert, der eine Häufigkeitsverteilung halbiert, d. h. über diesem Wert liegen ebenso viele Fälle wie darunter. Seine Berechnung empfiehlt sich für metrische Daten, wenn „Ausreißer" gegeben sind, d. h. Beobachtungswerte, die weit ab vom Zentrum der Verteilung liegen sowie bei ordinalskalierten Merkmalen.

Bei ungerader Anzahl der Messwerte erhält man den Median, wenn die Einzelwerte der Größe nach geordnet sind, als den Wert, für den gilt:

$$Z = x_{[(n+1)/2]}$$

Bei $n = 319$ im Imageanalysebeispiel ist dies $(319 + 1)/2 = 160$, d. h. der 160igste Wert.

Ist n gerade, ermittelt man den Median als arithmetisches Mittel aus

$x_{[\frac{n}{2}]}$ und $x_{[\frac{n}{2}+1]}$, d. h.

$$Z = \frac{1}{2}\left(x_{\frac{n}{2}} + x_{\frac{n}{2}+1}\right)$$

Für $n = 320$ gilt daher:

$$Z = \frac{1}{2}\left(x_{160} + x_{161}\right)$$

Liegen die Daten in klassifizierter Form vor, dann liegt der Median in der Klasse, in der die Summenhäufigkeitsfunktion den Wert 0,5 übersteigt. Im Imagebeispiel ist dies in der Antwortkategorie 5 und im Auftragsgrößenbeispiel in der Kategorie „über 10.000,- bis 12.000,- €" der Fall. Die genaue Lage ergibt sich nach folgender Formel:

$$Z = x_{\mu} + \frac{\frac{n}{2} - F}{f(x_k)} \cdot Kb$$

mit x_{μ} = Untergrenze der Kategorie, in der sich der Median befindet
F = Anzahl der Fälle, die sich unterhalb dieser Kategorie befinden
$f(x_k)$ = Klassenhäufigkeit der Klasse, in der sich der Median befindet
Kb = Kategorienbreite

Damit ist Z für das Imagebeispiel:

$$Z = 4 + \frac{\frac{319}{2} - 104}{215} \cdot 1 = 4,26$$

Beim Auftragsgrößenbeispiel ist Z:

$$Z = 10.000 + \frac{\frac{90}{2} - 34}{16} \cdot 2000 = 11.375,-$$

Die beiden Werte lassen sich näherungsweise im Summenpolygon finden, wenn man vom 50 %-Punkt der Ordinate eine Parallele zur Abszisse zieht. Im Schnittpunkt mit dem Summenpolygon ist dann das Lot auf die Abszisse zu fällen.

Der *Modus* ist der Merkmalswert, der am häufigsten besetzt ist.

Im Imagebeispiel ist $M = 5$, im Auftragsgrößenbeispiel ist $M = 11.000,-$ (Klassenmitte).

Der Modus lässt sich als Mittelwert für *alle* Skalenniveaus berechnen. Durch die Lage von $\bar{x}$, Z und M lässt sich die Verteilungsform feststellen. Für *symmetrische* Verteilungen ist $\bar{x} = Z = M$, bei *rechtssteiler* Verteilung gilt $\bar{x} < Z < M$ und bei linkssteiler Verteilung ist $M < Z < \bar{x}$ (vgl. Abb. 42).

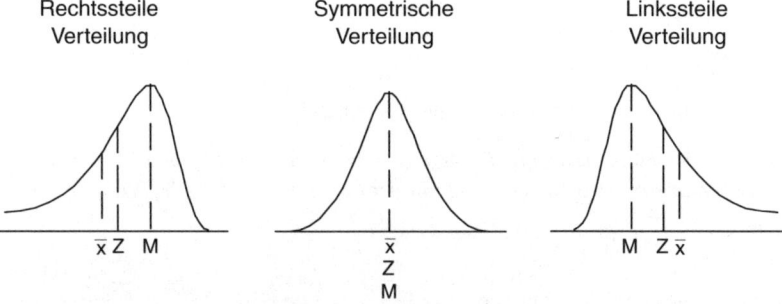

Abb. 42: Lageparameter bei verschiedenen Verteilungsformen

So ist die Verteilung der Auftragsgrößen nahezu symmetrisch (M, Z und $\bar{x}$ liegen alle bei 11.000,– €, wobei sich hier $M < Z$ durch die willkürliche Zuordnung von M zur Klassenmitte ergibt). Im Imagebeispiel liegt dagegen eine rechtssteile Verteilung vor ($\bar{x} = 4{,}25 < Z = 4{,}26 < M = 5$).

7.2.2.2 Dispersionsmaße

Auch bei ähnlichen Lageparametern können zwei Verteilungen sehr unterschiedlich sein, da die einzelnen Merkmalswerte bei der einen stärker voneinander abweichen als bei der anderen. Dispersions-/Streuungsmaße geben daher an, wie gut bzw. wie schlecht eine Verteilung durch einen Lageparameter gekennzeichnet werden kann. Gebräuchliche *Streuungsmaße* sind die *Varianz*, die *Standardabweichung* und die *Variationsbreite* (Spannweite).

Die *Spannweite* wird als Differenz zwischen dem größten und dem kleinsten Wert berechnet. Im Imagebeispiel:

$$\text{Spannweite} = \bar{x}_{Max} - \bar{x}_{Min} = 5 - 1 = 4$$

Die *Varianz* ergibt sich als Summe aller quadrierten Abweichungen der einzelnen Messwerte vom Mittelwert $\bar{x}$, dividiert durch die Anzahl der Messwerte:

$$s^2 = \frac{\sum\limits_{i=1}^{n} \left(x_i - \bar{x}\right)^2}{n}$$

Da dieses Maß nur schwer interpretierbar ist, wird die Quadrierung dadurch rückgängig gemacht, dass man die Wurzel aus der Varianz berechnet. Der positive Wert ist die *Standardabweichung*, die die Streuung wieder in Maßeinheiten der Merkmalswerte angibt.

$$s = +\sqrt{\frac{\sum\limits_{i=1}^{n} \left(x_i - \bar{x}\right)^2}{n}}$$

Im Imagebeispiel ist $s^2 = 1{,}621$ und $s = 1{,}273$.

Soll die *Stichprobenvarianz* s^2 als *unverzerrter Schätzwert für die Varianz der Grundgesamtheit* dienen, so ist sie mit dem *Korrekturfaktor* $\frac{n}{(n-1)}$ zu multiplizieren:

$$\text{Erwartungstreue Schätzung von } \sigma^2 = \frac{s^2 \cdot n}{(n-1)} = \frac{\sum\limits_{i=1}^{n} \left(x_i - \bar{x}\right)^2}{n} \cdot \frac{n}{n-1} = \frac{\sum\limits_{i=1}^{n} \left(x_i - \bar{x}\right)^2}{n-1}$$

Da wir im Folgenden immer von Stichprobenvarianzen als Schätzer von σ^2 ausgehen, wird mit s^2 immer die korrigierte Stichprobenvarianz unterstellt. Ähnlich gilt für die Standardabweichung:

$$s = +\sqrt{\frac{\sum_{i=1}^{n}(x_i - \bar{x})^2}{n-1}}$$

7.2.3 Formulierung und Überprüfung von Hypothesen

Statistische Kennwerte erlauben es, eine Stichprobe durch ihre Lageparameter und ihre Streuung zu beschreiben. Im Rahmen von Teilerhebungen wurde gezeigt, wie man *mit Hilfe von Zufallsstichproben die unbekannten Parameter der Grundgesamtheit schätzen* kann. In diesem Abschnitt wird nun der *umgekehrte Weg* eingeschlagen, indem *Eigenschaften der Grundgesamtheit postuliert* werden, um dann zu überprüfen, ob diese *Hypothesen* in Anbetracht von Daten der Stichprobe aufrecht erhalten werden können oder nicht.

Dabei sind zwei Fälle zu unterscheiden:

1. Dient der *statistische Test* zur Überprüfung einer Hypothese über *unbekannte Parameter* der Grundgesamtheit (μ, P), so handelt es sich um *einen parametrischen Test* (Beispiele sind der z- und der t-Test sowie die Varianzanalyse).

2. Soll die *unbekannte Verteilung* einer Grundgesamtheit überprüft werden, so sind so genannte *Verteilungstests* (*nicht parametrische Tests*) heranzuziehen (z. B. Chiquadrat-Test).

In diesem Abschnitt werden der z-, der t- und der Chiquadrat-Test behandelt. Die Darstellung der Varianzanalyse erfolgt im Rahmen der bi- und multivariaten Datenanalyse.

Die durch den Test zu überprüfende Hypothese ist die *Nullhypothese* H_0. Im Rahmen von Parametertests wird durch sie behauptet, dass ein Parameter einen *bestimmten Wert* (*Punkthypothese*) bzw. *Wertebereich* (*Bereichshypothese*) aufweist. Die Gegenannahme zur Behauptung der Nullhypothese wird in der *Alternativhypothese* H_A formuliert. Dabei wird mitunter empfohlen, dass die Alternativhypothese den eigentlich interessierenden Tatbestand enthält. Die Nullhypothese ist dann als Negativaussage zu formulieren, die zugunsten der Alternativhypothese verworfen werden darf, wenn das Stichprobenergebnis nicht mit H_0 vereinbar ist.

Beispiel:

Die Einführung einer neu entwickelten Produktvariante würde sich nur lohnen, wenn ein höherer Marktanteil als 10 % erzielt wird.

Die Nullhypothese ist somit als Bereichshypothese zu formulieren:

$H_0 : P \leq 0{,}10$

Die Alternativhypothese lautet:

$H_A : P > 0{,}10$

Es handelt sich um eine „*einseitige*" Fragestellung.

Beispiel:

Die Unternehmensleitung ging bisher davon aus, dass ihr Markenprodukt einen Marktanteil von 30 % besitzt. Da keine Vorstellungen über die mögliche Richtung einer Marktanteilsverschiebung vorliegen, ist ein *zweiseitiger Test* durchzuführen. Die Null- und die Alternativhypothese lauten:

$H_0 : P = 0{,}30$

$H_A : P \neq 0{,}30$

Anhand einer Zufallsstichprobe sind nun empirische Daten zu beschaffen, um durch einen statistischen Test festzustellen, ob H_0 *abzulehnen* oder *nicht abzulehnen* ist. Dabei ist nicht auszuschließen, dass aufgrund stichprobenspezifischer Fälle Fehler gemacht werden:

1. H_0 wird abgelehnt, obwohl sie in der Grundgesamtheit zutrifft (α-Fehler).

2. H_0 wird nicht abgelehnt, obwohl sie in der Grundgesamtheit nicht zutrifft (β-Fehler).

Die Entscheidungssituation verdeutlicht die nachstehende Abbildung.

Wird H_0 verworfen, obwohl sie richtig ist (α-Fehler), so wird im ersten Beispiel die neue Produktvariante auf den Markt gebracht, mit der Folge eines erheblichen Verlustes. Wird H_0 nicht abgelehnt, obwohl in der Grundgesamtheit H_A gilt, so wird das Produkt nicht eingeführt.

Die erheblichen Investitionen waren umsonst und das Unternehmen erleidet einen Gewinnentgang.

Entscheidung aufgrund der Stichprobe	In der Grundgesamtheit gilt:	
	H$_0$ trifft zu	H$_0$ trifft nicht zu
H$_0$ wird nicht abgelehnt	Richtige Entscheidung	ß-Fehler
H$_0$ wird abgelehnt	α-Fehler	Richtige Entscheidung

Abb. 43: α- und β-Fehler bei statistischen Entscheidungen

Das Testverfahren soll sicherstellen, dass die Wahrscheinlichkeit eines α-Fehlers (Einführungsrisiko) und zugleich eines β-Fehlers (Gewinnentgangsrisiko wegen Nichteinführung) in sinnvollen Grenzen gehalten wird. Dabei empfiehlt sich bei der Abwicklung des Tests folgende Reihenfolge:

1. Formulierung der Hypothesen;

2. Wahl des geeigneten Tests;

3. Festlegung des Signifikanzniveaus;

4. Bestimmung des tabellarischen (kritischen) Wertes der Prüfgröße;

5. Berechnung des empirischen Wertes der Prüfgröße;

6. Vergleich der Prüfgrößen und Interpretation.

7.2.3.1 z-Test

Der z-Test ist anwendbar, wenn bei heterograder Fragestellung

1. σ bekannt ist und

2. die Grundgesamtheit normalverteilt bzw. $n > 30$ ist.

Bei Anteilswerten kann der z-Test herangezogen werden, wenn $n \cdot P_O \cdot Q_O \geq 9$.

Beispiel:

Zur Unterstützung der Entscheidung über Einführung bzw. Nichteinführung der Neuproduktvariante sei mit einer Stichprobe von $n = 100$ Verbrauchern ein Laborexperiment durchgeführt worden, anhand dessen sich ein Marktanteil von 16 % ergab ($p = 0,16$). Kann damit gerechnet werden, dass die Einführung auf dem Gesamtmarkt einen höheren Marktanteil als 10 % erbringt?

Schritt 1: *Formulierung der Null- und Alternativhypothese*

Da angenommen wird, dass der Marktanteil im Gesamtmarkt höher als 10 % anfällt, lauten die Hypothesen:

177

$H_0 : P \leq P_0 = 0,10$

$H_A : P > P_0 = 0,10$

Es handelt sich um eine einseitige Fragestellung.

Schritt 2: *Wahl des geeigneten Tests*

Da $n \cdot P_O \cdot Q_O \geq 9$, ist der z-Test anwendbar. Er beruht auf dem im Abschnitt über Zufallsstichproben angeführten Tatbestand, dass nach dem *Zentralen Grenzwertsatz* der konkrete Anteilswert $p = 0,16$ unter dieser Bedingung aus einer Normalverteilung mit dem Anteilswert $P_0 = 0,10$ und der

Varianz $\sigma_p^2 = \dfrac{P_0 \cdot Q_0}{n} = \dfrac{0,10 \cdot 0,90}{100} = 0,0009$ stammt.

Damit liegen z. B. für $z = 2$ innerhalb des Intervalls $P_0 - z \cdot \sigma_p \leq p \leq P_0 + z \cdot \sigma_p$ 95,5 % aller möglichen Anteilswerte.

Als Prüfgröße des z-Tests geht man jedoch von der standardisierten Zufallsvariablen z aus:

$$z = \frac{p - P_0}{\sigma_p} = \frac{p - P_0}{\sqrt{\frac{P_0 \cdot Q_0}{n}}}$$

Die Wahrscheinlichkeit, mit der ein z-Wert auftreten kann, lässt sich dann aus der Tabelle für die Normalverteilung ersehen. Diese Tabelle gibt an, wie viel Prozent der Standardnormalverteilung durch einen z-Wert am oberen Ende (positiver z-Wert) bzw. am unteren Ende (negativer z-Wert) abgeschnitten werden. Dies sind die Werte für eine einseitige Fragestellung. So kann aus der Tabelle entnommen werden, dass bei einseitiger Fragestellung mit einer *Irrtumswahrscheinlichkeit* $\alpha = 0,05$ ein z-Wert von 1,65 und größer vorzufinden ist. Diesen der Irrtumswahrscheinlichkeit zugeordneten Bereich der z-Werte (hier $z > 1,65$) bezeichnet man als *kritischen Bereich*. Liegt ein empirisch vorgefundener z-Wert z_{emp} im kritischen Bereich, so wird die Nullhypothese abgelehnt, wobei man das Risiko eingeht, in 5 % aller Fälle einen α-Fehler zu begehen. Liegt der empirische z-Wert absolut betrachtet unter dem kritischen z-Wert, wird H_0 nicht abgelehnt.

Bei zweiseitiger Fragestellung sind die z-Werte entsprechend zu ermitteln. Eine Irrtumswahrscheinlichkeit von $\alpha = 0,05$ bedeutet jedoch hier, dass zu beiden Seiten der Normalverteilung $\frac{\alpha}{2} = 0,025$ abgeschnitten werden muss. Der z-Wert, der zu beiden Seiten 2,5 % der Normalverteilung abschneidet ist $z = \pm 1,96$.

Schritt 3: *Festlegung des Signifikanzniveaus*

In der Marktforschung hat es sich eingebürgert, eine Nullhypothese erst dann zu verwerfen, wenn die Irrtumswahrscheinlichkeit gleich oder kleiner als $\alpha = 0,05$

ist. Ist ein empirischer z-Wert (absolut betrachtet) größer als der mit $\alpha = 0,05$ einhergehende Wert für z_{krit}, so bezeichnet man das Ergebnis als *signifikant*; entspricht der vorgefundene z-Wert einer Irrtumswahrscheinlichkeit, die kleiner als 1 % ist, so wird der Unterschied zwischen P und p als *hoch signifikant* bezeichnet.

Im vorliegenden Beispiel soll von einem Signifikanzniveau von 5 % ausgegangen werden.

Schritt 4: *Bestimmung des tabellarischen (kritischen) z-Wertes*

Bei einseitiger Fragestellung ist der kritische z-Wert für eine Irrtumswahrscheinlichkeit von 5 % und bei $p > P_0$ gleich $z_{krit} = 1,65$.

Schritt 5: *Berechnung des empirischen z-Wertes*

Die obige Stichprobe erbrachte einen Marktanteil von 16 %. Damit ist:

$$z_{emp} = \frac{p - P_0}{\sqrt{\frac{P_0 \cdot Q_0}{n}}} = \frac{0,16 - 0,10}{\sqrt{\frac{0,1 \cdot 0,9}{100}}} = \frac{0,06}{0,03} = 2$$

Schritt 6: *Vergleich der Prüfgrößen und Interpretation*

Der Vergleich zeigt, dass $z_{emp} > z_{krit}$. Somit fällt der empirische z-Wert in den kritischen Bereich. Das Stichprobenergebnis berechtigt zur Ablehnung der Nullhypothese.

In ähnlicher Weise ist der *z-Test für das arithmetische Mittel* bei bekannter Varianz der Grundgesamtheit durchzuführen. Bei großer Grundgesamtheit, d. h. $\frac{n}{N} < 0,05$ und einer Stichprobe $n > 30$ bzw. Normalverteilung der Merkmalswerte in der Grundgesamtheit, falls $n \leq 30$, ist die empirische Prüfgröße:

$$z_{emp} = \frac{\bar{x} - \mu}{\sigma_{\bar{x}}}$$

Beispiel:

Die durchschnittliche Auftragsgröße der Kunden eines Unternehmens lag bisher bei $\mu = 10.000,- €$ mit einer Standardabweichung von $\sigma = 1.000,- €$. Nach Änderung der Zahlungsbedingungen erbrachte eine Stichprobe von $n = 100$ eine durchschnittliche Auftragsgröße von $\bar{x} = 10.150,- €$. Kann man aufgrund dieses Ergebnisses annehmen, dass sich die durchschnittliche Auftragsgröße in der Grundgesamtheit geändert hat?

1. $H_0 : \mu = 10.000,-$
   $H_A : \mu \neq 10.000,-$

2. $n > 30$ und $\frac{n}{N} < 0,05$: Der z-Test ist anzuwenden

mit $\sigma_{\bar{x}} = \frac{\sigma}{\sqrt{n}} = \frac{1000}{\sqrt{100}} = 100$.

3. Es wird ein Signifikanzniveau von 5 % verlangt.

4. Bei zweiseitiger Fragestellung ist $z_{krit} = \pm 1,96$.

5. Der empirische z-Wert ist $z_{emp} = \frac{\bar{x} - \mu}{\sigma_{\bar{x}}} = \frac{10.150 - 10.000}{100} = 1,5$.

6. $|z_{emp}| < |z_{krit}|$, daher kann H_0 nicht abgelehnt werden. Es ist anzunehmen, dass die Veränderung der Zahlungsbedingungen nicht zu einer Änderung der durchschnittlichen Auftragsgröße führte.

Zum Abschluss sei darauf hingewiesen, dass die *Signifikanz* eines Ergebnisses – bei gegebener Differenz von Parametern und Stichprobenwerten – vom Standardfehler $\sigma_{\bar{x}}$ und damit vom *Stichprobenumfang* abhängt. In diesem Sinne sind in der Praxis durch entsprechend große Stichproben selbst bei kleiner Differenz zwischen $\bar{x}$ und μ signifikante Ergebnisse gewissermaßen „auf Bestellung" lieferbar. Eine weitere Manipulationsmöglichkeit, auf die bei der Interpretation der Ergebnisse zu achten ist, besteht in der Wahl zwischen ein- und zweiseitiger Hypothese. Ein Stichprobenwert kann bei einseitiger Fragestellung auf dem 5 %-Niveau signifikant sein $(|z_{emp}| > |1,65|)$, während er bei zweiseitiger Fragestellung nicht mehr signifikant ist $(|z_{emp}| < |1,96|)$. In diesem Falle ist zu überprüfen, ob aufgrund theoretischer Erkenntnisse die einseitige Formulierung berechtigt ist, anderenfalls ist die zweiseitige Formulierung vorzuziehen und die Nullhypothese wird nicht verworfen.

7.2.3.2 t-Test

Praktisch ist häufiger der Fall gegeben, dass die *Varianz σ^2 der Grundgesamtheit unbekannt* ist. In diesem Falle ist als *Schätzwert die Stichprobenvarianz* zu verwenden.

Bei kleinen Stichproben ($n \leq 30$) und normalverteilter Grundgesamtheit folgt das arithmetische Mittel jedoch der *t-Verteilung*. Bei Stichproben von $n > 30$ kann auch bei leicht schiefen Verteilungen schon der t-Test angewandt werden. Bei stark schiefer Verteilung und großer Varianz der Grundgesamtheit ist der Stichprobenumfang zu erhöhen. Zudem nähern sich die t-Werte der Studentverteilung bei größeren Stichproben an die z-Werte der Normalverteilung an.

Die Prüfgröße im t-Test ist $t = \frac{\bar{x} - \mu}{s_{\bar{x}}}$ mit n $-$ 1 Freiheitsgraden.

Beispiel:

Aufgrund langjähriger Untersuchungen wurde festgestellt, dass der jährliche Pro-Kopf-Verbrauch von Bier bei $\mu = 200$ l liegt, wobei der Verbrauch annähernd normalverteilt sei. Kann aufgrund eines Stichprobenergebnisses von $\bar{x} = 230$ bei $n = 20$ angenommen werden, dass der Bierverbrauch gleich geblieben ist, wenn $s_{\bar{x}} = 12$?

1. $H_0 : \mu = 200$ Liter

   $H_A : \mu > 200$ Liter

2. Es ist $n < 30$ und $\frac{n}{N} < 0,05$ bei (angenommen) normalverteilter Grundgesamtheit. Damit ist der t-Test anzuwenden.

3. Die Hypothese soll auf einem Signifikanzniveau von $\alpha = 0,5$ überprüft werden.

4. Bei einseitiger Fragestellung liefert die Tabelle der Studentverteilung für $20 - 1 = 19$ Freiheitsgrade den kritischen Wert $t_{krit} = 1,729$.

5. Der empirische t-Wert ist $t_{emp} = \dfrac{\bar{x}-\mu}{s_{\bar{x}}} = \dfrac{230-200}{\dfrac{12}{\sqrt{20}}} = \dfrac{30}{2,68} = 11,194$.

6. Die Nullhypothese kann wegen $t_{emp} > t_{krit}$ abgelehnt werden, d. h. der jährliche Bierverbrauch hat sich erhöht.

7.2.3.3 Chiquadrat-Test

Der Chiquadrat-Test kann als so genannter *Chiquadrat-Anpassungstest* („*eindimensionaler Chiquadrat-Test*") der Prüfung einer *Verteilungshypothese* einer in Kategorien eingeteilten Variablen dienen. Dabei muss es sich um eine nominal skalierte oder um eine in Klassen eingeteilte metrische Variable handeln.

Beispiel (vgl. Bortz 1999, S. 158 f.):

In einem Warenhaus ist zu ermitteln, ob sich die Verkaufszahlen von 4 Artikeln signifikant unterscheiden ($\alpha = 0,01$). Die beobachteten Absatzzahlen sind: $A = 70$, $B = 120$, $C = 110$ und $D = 100$ Einheiten.

Schritt 1: *Formulierung der Null- und Alternativhypothese*

H_0: Die Absatzzahlen der 4 Artikel sind gleichverteilt.

H_A: Die Absatzzahlen sind nicht gleichverteilt.

Schritt 2: *Wahl des geeigneten Tests*

Bei Gültigkeit der Nullhypothese wären die zu erwartenden Häufigkeiten E_i = 400 / 4 = 100 pro Artikel i. Die Prüfgröße lautet dann:

$$\chi^2 = \sum_{i=1}^{k} \frac{(B_i - E_i)^2}{E_i}$$

mit k = Anzahl der Kategorien der Variablen
B_i = beobachtete Häufigkeiten in der Kategorie i
E_i = erwartete Häufigkeiten in der Kategorie i

Die Prüfgröße ist näherungsweise eine Chiquadrat-Verteilung, falls jede Kategorie mit mindestens 5 Fällen besetzt ist. Bei k Kategorien ergeben sich $k - 1$ Freiheitsgrade, da bei der Erwartungswertberechnung der Wert der Kategorie k durch die $k - 1$ Werte festgelegt ist (die Summe der erwarteten und der beobachteten Häufigkeiten ist identisch).

Schritt 3: *Festlegung des Signifikanzniveaus*

Es wird ein Signifikanzniveau von α = 0,01 gefordert.

Schritt 4: *Bestimmung des kritischen Chiquadrat-Wertes*

Bei 4 − 1 = 3 Freiheitsgraden und einer Vertrauenswahrscheinlichkeit 1 − α = 0,99 ergibt sich ein Wert von χ^2_{krit} = 11,34.

Schritt 5: *Berechnung des empirischen Chiquadrat-Wertes*

$$\chi^2_{emp} = \frac{(70-100)^2}{100} + \frac{(120-100)^2}{100} + \frac{(110-100)^2}{100} + \frac{(100-100)^2}{100} = 14$$

Schritt 6: *Vergleich der Prüfgrößen und Interpretation*

Die Nullhypothese, dass sich die Verkaufszahlen der 4 Artikel nicht unterscheiden, ist zugunsten der Alternativhypothese zu verwerfen, denn $\chi^2_{emp} > \chi^2_{krit}$.

Dabei ist zu beachten, dass der χ^2-Wert aufgrund der Quadrierung der Differenzen nichts über die *Abweichungsrichtung* aussagen kann. Es handelt sich somit um einen *zweiseitigen Test*. Soll die Abweichungsrichtung festgestellt werden, so ist die Verteilung selbst zu untersuchen. Des Weiteren muss nicht von der Gleichverteilung der Häufigkeiten ausgegangen werden. Stattdessen kann die beobachtete mit jeder beliebigen hypothetischen Verteilung verglichen werden.

7.3 Bi- und multivariate Analyse von Beziehungen

Zwar lassen sich mit univariater Datenanalyse schon wichtige Erkenntnisse gewinnen (z. B. über die Merkmale von Zielgruppen, die Verbrauchsintensität von Haushalten, die Veränderung der Absatzmenge eines Produkts usw.), doch kann erst durch die *gleichzeitige Analyse der Beziehungen zwischen zwei und mehr Variablen* eine Vielfalt interessierender Fragestellungen beantwortet werden. Dabei reicht das Spektrum der Verfahren von der Kreuztabellierung und der Kontingenzanalyse über klassische Verfahren wie die Regressions- und Korrelationsanalyse bis hin zur Faktoren- und Clusteranalyse.

Entsprechend der obigen Einteilung der Verfahren wenden wir uns zuerst der *Dependenzanalyse* und dann der *Interdependenzanalyse* zu.

7.3.1 Dependenzanalyse

7.3.1.1 Überblick

In der Dependenzanalyse wird untersucht, wie zwei oder mehr Merkmale miteinander zusammenhängen. Typische Fragestellungen sind: „Welcher Zusammenhang besteht zwischen Werbeausgaben oder Preisforderungen und der Absatzmenge?"; „Welche von mehreren Neuproduktalternativen führt zum höchsten Marktanteil?"; „Besteht ein Zusammenhang zwischen Alter, Einkommen, Beruf, Geschlecht etc. und der Markenwahl?" usw. Erst wenn die Frage des Zusammenhangs geklärt ist, kann eines oder mehrere der Merkmale zur Prognose des anderen herangezogen werden. Allerdings ist es im Bereich der Marktforschung nie der Fall, dass man *einen funktionalen deterministischen Zusammenhang* aufdeckt, wodurch exakte Erklärungen oder Prognosen einer Variablen durch eine andere möglich wären. Stattdessen können nur *stochastische* Zusammenhänge aufgedeckt werden, die je nach der Stärke des Zusammenhangs eine mehr oder weniger präzise Erklärung bzw. Prognose zulassen.

Wenn von „*Dependenzanalyse*" oder der „*Analyse von Abhängigkeiten*" gesprochen wird, so erweckt dies den Eindruck, als ob immer eine Variable „*abhängig*" und eine oder mehr Variablen der Natur der Sache nach „*unabhängig*" sind. Hiervon kann zwar in vielen Fällen ausgegangen werden, etwa wenn es um die Wirkung von Preisänderungen oder neuen Produkten als unabhängige Variablen auf die Absatzmenge als abhängiger Variablen geht. Häufig werden mit *Verfahren zur Dependenzanalyse* jedoch *Zusammenhänge zwischen Variablen untersucht, bei denen keine Abhängigkeit* in diesem Sinne unterstellt werden kann. Beispiele sind ein psychologischer Test vor der Einstellung eines Mitarbeiters, mit dem die späteren beruflichen Leistungen, Krankheiten und dergleichen vorhergesagt werden sollen oder der Zusammenhang zwischen Alter und Einkommen. Hier kann lediglich von einer *assoziativen* Beziehung gesprochen werden, die es ermöglicht, eine Variable durch eine andere vorherzusagen. Aus diesem Grunde wird für die zur Vorhersage eingesetzten Variablen der Begriff *„Prädiktorvariablen"* und für die zu prognostizierenden Variablen der Begriff *„Kriteriumsvariablen"* verwendet.

Selbst wenn im Einzelfall ein starker Zusammenhang im Sinne von Abhängigkeit festgestellt wurde, kann nicht ohne weiteres auf eine *Kausalbeziehung* geschlossen werden. Ob diese vorliegt, kann anhand der statistischen Analyse nicht festgestellt werden. Zu diesem Zweck sind entsprechende Vorkehrungen bei der Wahl des *Forschungsdesigns* zu treffen. Wie die Ausführungen zur *experimentellen* und *quasi-experimentellen Forschung* gezeigt haben, ist nur unter ganz bestimmten Kontrollbedingungen die Aufdeckung kausaler Beziehungen möglich.

Zur *Einteilung der Verfahren* zur Dependenzanalyse wird das *Skalenniveau* der *Kriteriums- und der Prädiktorvariablen* herangezogen. Danach ergibt sich:

Variablen	Kriteriumsvariable		
	Skalenniveau	Nominal	Metrisch
Prädiktor-variable(n)	Nominal	Kreuztabellierung Kontingenzanalyse	Varianzanalyse
	Metrisch	Diskriminanzanalyse	Regressionsanalyse

Abb. 44: Einteilung von Verfahren zur Dependenzanalyse

7.3.1.2   Kreuztabellierung und Kontingenzanalyse

7.3.1.2.1 Grundzüge der Kreuztabellierung

Die Kreuztabellierung ist das einfachste Verfahren zur Analyse von Zusammenhängen. Das Verfahren setzt voraus, dass die Variablen in sich ausschließende Untergruppen eingeteilt sind (z. B. Geschlecht, Wohnort etc.). Rangdaten und metrische Daten (z. B. Alter, Einkommen etc.) sind in Kategorien zu unterteilen. Die *Kreuztabellierung dient* sodann *der Feststellung, inwieweit sich die Gruppen hinsichtlich der Kriteriumsvariablen unterscheiden.* Zu diesem Zweck werden in jeder Kategorie die absoluten oder relativen Häufigkeiten (in %) ermittelt.

Im folgenden Beispiel wird davon ausgegangen, dass bei einer Stichprobe von n = 300 Personen sowohl das Einkommen als auch die am häufigsten gekaufte Marke einer Produktklasse ermittelt wurden. Es soll nun festgestellt werden, ob ein Zusammenhang zwischen dem Einkommen und der Markenwahl besteht.

	Kriteriumsvariable: Markenwahl		
Jährliches Einkommen	Marke A	Marke B	Gesamt
< 30.000,-	150	50	200
≥ 30.000,-	40	60	100
Gesamt	190	110	300

Prädiktorvariable (left side label for the two middle rows)

Abb. 45: Markenwahl und Einkommen (absolute Häufigkeiten)

Die absoluten Häufigkeiten deuten an, dass bei niedrigerem Einkommen vornehmlich Marke A, bei höherem Einkommen vornehmlich Marke B gekauft wird.

Eine Erleichterung der Interpretation ergibt sich jedoch, wenn man die Häufigkeiten prozentuiert. Dabei ist darauf zu achten, dass die *Prozentwerte immer in Richtung der Prädiktorvariablen* (hier also zeilenweise) zu berechnen sind.

Im Beispiel ergibt sich somit:

Jährliches Einkommen	Marke A	Marke B	Gesamt	
			(absolut)	%
< 30.000,-	(150) 75%	(50) 25%	(200)	100
≥ 30.000,-	(40) 40%	(60) 60%	(100)	100

Abb. 46: Einkommen und Markenwahl (Prozentwerte)

Es zeigt sich, dass Bezieher von Einkommen unter 30.000,– € zu 75 % die Marke A und nur zu 25 % die Marke B kaufen. Demgegenüber erwerben Bezieher von Einkommen ab 30.000,– € Marke A nur zu 40 % und Marke B zu 60 %.

Nun stellt sich die Frage, ob diese einfache bivariate Beziehung tatsächlich zutrifft. Es könnte sein, dass sich bei unterschiedlichem Alter, Geschlecht, Beruf etc. ein anderes Markenwahlverhalten ergibt, so dass die hier vorgefundene Beziehung zwischen Einkommen und Markenwahl nicht mehr aufrechterhalten bleibt. Um dies festzustellen, wird die zusätzlich interessierende Variable in die Analyse einbezogen.

7.3.1.2.2 Kreuztabellierung bei Heranziehung einer zusätzlichen Variablen

Bei *Einführung einer dritten Variablen können die ursprünglichen Ergebnisse bestätigt oder widerlegt* werden. Im Einzelnen sollen folgende Situationen untersucht werden (vgl. ähnlich Churchill/Iacobucci 2002, S. 594 ff.):

Ausgangs-situation	Zusätzliche Variable	
	Behalte Schluss-folgerung bei	Ändere bisherige Schlussfolgerung
Zusammenhang festgestellt	I.	II. 1. Modifikation des Zusammenhangs 2. Widerlegung eines scheinbaren Zusammenhangs
Keinen Zusammen-hang gefunden	III.	IV.

Abb. 47: Situationen bei Hinzufügung einer weiteren Variablen in die Kreuztabellierung

Fall I: *Ursprünglicher Zusammenhang wird beibehalten*

Die nachstehende Abbildung zeigt, dass die ursprüngliche Schlussfolgerung auch dann beibehalten bleibt, wenn als zusätzliche Variable das Alter eingeführt wird. Sowohl in der Altersgruppe unter 35 Jahren als auch in der Altersgruppe über 35 Jahren hängt die Markenwahl mit dem Einkommen zusammen. Weniger Verdienende kaufen Marke *A*, besser Verdienende Marke *B*.

Fall I.a): Alter < 35 (n = 125)

Jährliches Einkommen	Marke A		Marke B		Gesamt	
< 30.000,-	(55)	68,8%	(25)	31,2%	(80)	100%
≥ 30.000,-	(15)	33,3%	(30)	66,7%	(45)	100%

Fall I.b): Alter ≥ 35 (n = 175)

Jährliches Einkommen	Marke A		Marke B		Gesamt	
< 30.000,-	(95)	79,2%	(25)	20,8%	(120)	100%
≥ 30.000,-	(25)	45,5%	(30)	54,5%	(55)	100%

Abb. 48: Einkommen, Alter und Markenwahl

Fall II.1: *Modifikation des ursprünglichen Zusammenhangs*

Ein etwas anderes Bild ergibt sich in der nächsten Abbildung. Während in der Ausgangssituation durchweg ein Zusammenhang zwischen niedrigem Einkommen und Wahl der Marke *A* suggeriert wird, zeigt sich nun, dass jüngere Personen mit niedrigem Einkommen Marke *B* (Abb. 48), ältere Personen mit niedrigem Einkommen jedoch Marke *A* (Abb. 49) präferieren. Es liegt somit eine *Interaktion* zwischen Einkommen und Alter vor.

Fall II.1a): Alter < 35 (n = 125)

Jährliches Einkommen	Marke A		Marke B		Gesamt	
< 30.000,-	(35)	43,7%	(45)	56,3%	(80)	100%
≥ 30.000,-	(15)	33,3%	(30)	66,7%	(45)	100%

Fall II.1b): Alter ≥ 35 (n = 175)

Jährliches Einkommen	Marke A		Marke B		Gesamt	
< 30.000,-	(115)	95,8%	(5)	4,2%	(120)	100%
≥ 30.000,-	(25)	45,5%	(30)	54,5%	(55)	100%

Abb. 49: Einkommen, Alter und Markenwahl

Fall II.2: *Widerlegung eines scheinbar vorhandenen Zusammenhangs*

Angenommen, eine Stichprobe von *n* = 595 Personen hätte zunächst folgenden Zusammenhang zwischen Einkommen und Markenwahl erbracht:

Jährliches Einkommen	Marke A	Marke B	Gesamt
< 30.000,-	(220) 68,1%	(103) 31,9%	(323) 100%
≥ 30.000,-	(110) 40,4%	(162) 59,6%	(272) 100%

Abb. 50: Einkommen und Markenwahl

Demnach könnte man annehmen, dass bei niedrigem Einkommen Marke *A*, bei hohem Marke *B* bevorzugt wird.

Die nachfolgende Abbildung zeigt jedoch, dass es sich hier nur um einen *scheinbaren* Zusammenhang handelt, d. h. der ursprüngliche Zusammenhang verschwindet, wenn man eine dritte Variable heranzieht. Statt der scheinbaren Beziehung

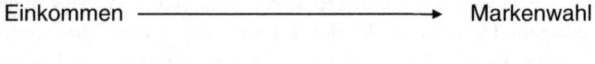

Einkommen ⟶ Markenwahl

zeigt sich folgender Zusammenhang:

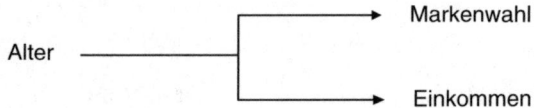

Alter — Markenwahl / Einkommen

Hierbei korreliert das Alter sowohl mit der Markenwahl als auch mit dem Einkommen, so dass ein scheinbarer Zusammenhang auch zwischen Einkommen und Markenwahl entsteht:

Fall II.2a): Alter < 35 (n = 340)

Jährliches Einkommen	Marke A	Marke B	Gesamt
< 30.000,-	(210) 88,2%	(28) 11,8%	(238) 100%
≥ 30.000,-	(90) 88,2%	(12) 11,8%	(102) 100%

Fall II.2b): Alter ≥ 35 (n = 255)

Jährliches Einkommen	Marke A	Marke B	Gesamt
< 30.000,-	(10) 11,8%	(75) 88,2%	(85) 100%
≥ 30.000,-	(20) 11,8%	(150) 88,2%	(170) 100%

Abb. 51: Einkommen, Alter und Markenwahl

Fall III: *Kein Zusammenhang auch bei einer zusätzlichen Variablen*

In der folgenden Abbildung zeigt sich, dass Einkommen und Markenwahl voneinander unabhängig sind: Die Prozentsätze der beiden Marken sind in jeder Einkommensklasse gleich.

Jährliches Einkommen	Marke A	Marke B	Gesamt
< 30.000,-	(150) 75%	(50) 25%	(200) 100%
≥ 30.000,-	(75) 75%	(25) 25%	(100) 100%

Abb. 52: Einkommen und Markenwahl

Auch bei Heranziehung des Alters bleibt die ursprüngliche Situation bestehen:

189

Fall III.a): Alter < 35 (n = 125)

Jährliches Einkommen	Marke A		Marke B		Gesamt	
< 30.000,-	(64)	75,3%	(21)	24,7%	(85)	100%
≥ 30.000,-	(30)	75,3%	(10)	24,7%	(40)	100%

Fall III.b): Alter ≥ 35 (n = 175)

Jährliches Einkommen	Marke A		Marke B		Gesamt	
< 30.000,-	(86)	74,8%	(29)	25,2%	(85)	100%
≥ 30.000,-	(45)	75 %	(15)	25 %	(170)	100%

Abb. 53: Einkommen, Alter und Markenwahl

Fall IV: *Aufdeckung eines Zusammenhangs*

Andererseits kann es durchaus vorkommen, dass in der bivariaten Kreuztabellie-rung *zunächst kein Zusammenhang* festgestellt werden kann, während bei Hinzu-ziehung einer dritten Variablen ein Zusammenhang aufgedeckt wird. Die dritte Variable (hier das Alter) interagiert mit der Variablen Einkommen dergestalt, dass eine vorhandene Beziehung zwischen Einkommen und Markenwahl unter-drückt wird.

Abb. 54 zeigt zunächst die Beziehung zwischen Einkommen und Markenwahl ohne die Heranziehung der Variablen Alter:

Jährliches Einkommen	Marke A		Marke B		Gesamt	
< 30.000,-	(120)	60%	(80)	40%	(200)	100%
≥ 30.000,-	(60)	60%	(40)	40%	(100)	100%

Abb. 54: Einkommen und Markenwahl

Bei Aufspaltung nach dem Alter ist zu erkennen, dass jüngere Personen Marke *A* bevorzugen, wenn sie ein niedriges Einkommen haben, hingegen bei hohem Ein-kommen zu Marke *B* wechseln. Der umgekehrte Fall liegt für ältere Personen vor.

Fall IV.a): Alter < 35 (n = 170)

Jährliches Einkommen	Marke A		Marke B		Gesamt	
< 30.000,-	(100)	83,3%	(20)	16,7%	(120)	100%
≥ 30.000,-	(20)	40%	(30)	60 %	(50)	100%

Fall IV.b): Alter ≥ 35 (n = 130)

Jährliches Einkommen	Marke A		Marke B		Gesamt	
< 30.000,-	(20)	25%	(60)	75%	(80)	100%
≥ 30.000,-	(40)	80%	(10)	20%	(50)	100%

Abb. 55: Einkommen, Alter und Markenwahl

7.3.1.2.3 Kontingenzanalyse

Anhand der Kreuztabellierung war in der Stichprobe ein Zusammenhang zwischen nominal skalierten Variablen festzustellen. Es bleibt jedoch die Frage, ob die Unterschiede zwischen den Gruppen *signifikant* sind und *wie stark* der Zusammenhang zwischen der Kriteriums- und den Prädiktorvariablen ist.

Zu diesem Zweck bietet sich die Kontingenzanalyse an, in deren Rahmen die verschiedensten Maßzahlen zur Beantwortung dieser Fragen entwickelt wurden. Im Folgenden sollen nur der *Chiquadrat-Unabhängigkeitstest* (bzw. *zweidimensionaler Chiquadrat-Test*) und der *Phi-Koeffizient* behandelt werden.

Chiquadrat-Unabhängigkeitstest:

Mittels des Chiquadrat-Unabhängigkeitstests lässt sich die Frage überprüfen, ob zwei nominale Variablen mit den Ausprägungen $i = 1, \ldots , r$ und $j = 1, \ldots , s$ voneinander unabhängig sind oder nicht.

Beispiel:

Zur Illustration wird die folgende Abbildung herangezogen:

Jährliches Einkommen	Marke A	Marke B	Gesamt
< 30.000,-	150	50	200
≥ 30.000,-	40	60	100
Gesamt	190	110	300

Abb. 56: Kontingenztabelle

Es soll überprüft werden, ob Einkommen und Markenwahl voneinander unabhängig sind oder nicht, wobei von einem Signifikanzniveau von 1 % ($\alpha = 0,01$) ausgegangen wird. Bei den 300 Fällen handelt es sich um eine Zufallsstichprobe aus einer umfangreichen Grundgesamtheit.

1. Schritt: *Null- und Alternativhypothese*

H_0: Einkommen und Markenwahl sind voneinander unabhängig.

H_A: Einkommen und Markenwahl sind voneinander abhängig.

2. Schritt: *Wahl des geeigneten Tests*

Da es sich um zwei nominal skalierte Variablen handelt, ist die Prüfgröße:

$$\chi^2 = \sum_{i=1}^{r} \sum_{j=1}^{s} \frac{(B_{ij} - E_{ij})^2}{E_{ij}}$$

mit B_{ij} = beobachtete Häufigkeit in Zelle ij
$\quad\quad E_{ij}$ = erwartete Häufigkeit in Zelle ij
$\quad\quad r$ $\quad$ = Kategorien der Variablen i
$\quad\quad s$ $\quad$ = Kategorien der Variablen j

Diese ist näherungsweise chiquadratverteilt unter der Voraussetzung, dass keine erwartete Fallzahl kleiner als 5 ist. Die Freiheitsgrade sind $(r-1) \cdot (s-1)$, denn wenn die Werte von $r-1$ Zeilensummen und der Gesamtwert bekannt sind, ist auch die Anzahl der r-ten Zeilensumme bekannt. Das gleiche gilt für die Spaltensummen.

3. Schritt: *Festlegung des Signifikanzniveaus*

Gefordert wird ein Signifikanzniveau von $\alpha = 0,01$.

4. Schritt: *Bestimmung des kritischen Chiquadrat-Wertes*

Bei $(2-1) \cdot (2-1) = 1$ Freiheitsgrad und einem Signifikanzniveau von 1 % ergibt sich ein tabellarischer Chiquadrat-Wert von $\chi^2_{krit} = 6,63$.

192

5. Schritt: *Berechnung des empirischen Chiquadrat-Wertes*

Zunächst sind die erwarteten Häufigkeiten E_{ij} zu ermitteln. Zu diesem Zweck wird unterstellt, dass die Merkmale A_i und B_j voneinander stochastisch unabhängig sind. Die Wahrscheinlichkeit für das gemeinsame Auftreten zweier voneinander unabhängiger Ereignisse ist dann nach dem Multiplikationssatz:

$P(A_i \, und \, B_j) = P(A_i) \cdot P(B_j)$, wobei $P(A_i)$ bzw. $P(B_j)$ die relativen Häufigkeiten der Kategorien i und j darstellen.

Für die Kategorie „Einkommen" $< 30.000,- \, €$ ist $P\left(A_1\right) = \dfrac{200}{300}$

Für die Kategorie „Marke A" gilt entsprechend $P\left(B_1\right) = \dfrac{190}{300}$

Demnach ist $P\left(A_1 \, und \, B_1\right) = \dfrac{200}{300} \cdot \dfrac{190}{300} = 0,422.$

Die erwartete Häufigkeit in Zelle 1,1 ist daher

$$E_{11} = nP\left(A_1 \, und \, B_1\right) = 300 \cdot \dfrac{200}{300} \cdot \dfrac{190}{300} = 126,67.$$

Allgemein gilt:

$$E_{ij} = \dfrac{n_i \cdot n_j}{n} \text{ mit } \quad n_i = \text{Zeilensumme } i$$

$$n_j = \text{Spaltensumme } j$$

Wiederholt man diese Berechnung für alle Zellen, so erhält man die in Spalte 2 der nachstehenden Abbildung aufgeführten erwarteten Häufigkeiten.

Zelle Nr.	B_{ij}	E_{ij}	$B_{ij} - E_{ij}$	$(B_{ij} - E_{ij})^2$	$(B_{ij} - E_{ij})^2 / E_{ij}$
1,1	150	126,67	23,33	545,29	4,30
1,2	50	73,33	-23,33	545,29	7,44
2,1	40	63,33	-23,33	545,29	8,61
2,2	60	36,67	23,33	545,29	14,87
Gesamt	300	300,00			35,22

$\chi^2_{emp} = 35,22$

6. Schritt: *Vergleich der Prüfgrößen und Interpretation*

Die Nullhypothese ist wegen $\chi^2_{emp} > \chi^2_{krit}$ zu verwerfen. Es kann davon ausgegangen werden, dass ein Zusammenhang zwischen Einkommenshöhe und Markenwahl besteht.

Phi-Koeffizient

Die *Stärke des Zusammenhangs* kann bei einer 4-Felder-Kontingenztabelle mittels des *Phi* -Koeffizienten festgestellt werden. Die Formel lautet

$$Phi = \frac{ba-ad}{\sqrt{(a+c)(b+d)(a+b)(c+d)}}$$

Die Buchstaben a bis d kennzeichnen die 4 Felder der Kontingenztabelle, nämlich $a = 1{,}1$; $b = 1{,}2$; $c = 2{,}1$ und $d = 2{,}2$.

Damit ist

$$Phi = \frac{50{\cdot}40-150{\cdot}60}{\sqrt{(150+40){\cdot}(50+60){\cdot}(150+50){\cdot}(40+60)}} = -0,34$$

Da das Vorzeichen von *Phi* von der Anordnung der Merkmalsalternativen abhängt, kann eine *Richtungsinterpretation* des Zusammenhangs nicht anhand des Vorzeichens von *Phi*, sondern nur anhand der Tabelle erfolgen. Hier zeigt sich, dass bei niedrigem Einkommen Marke *A*, bei hohem Marke *B* gewählt wird (hinsichtlich des Zusammenhangs zwischen *Phi*-Koeffizienten und Produkt-Momentkorrelation vgl. Bortz 1999, S. 224 f.).

Zwischen einem 4-Felder-χ^2 und *Phi* besteht die folgende Beziehung:

$$Phi = \sqrt{\frac{\chi^2}{n}} = \sqrt{\frac{35{,}22}{300}} = 0,34.$$

Ist somit χ^2 bekannt, so kann ohne weiteres der *Phi*-Koeffizient berechnet werden und umgekehrt.

7.3.1.3 Varianzanalyse

Die Varianzanalyse dient der inferenzstatistischen Überprüfung der Beziehungen zwischen einer metrisch gemessenen Kriteriumsvariablen (z. B. Absatzmenge einer Marke) und einer oder mehreren nominal skalierten Prädiktorvariablen (z. B. Produktvarianten, Verkaufsförderungsmaßnahmen). Bei höherem Skalenniveau sind die Prädiktorvariablen in Kategorien einzuteilen (z. B. Einkommen in Einkommenskategorien).

Typische Marktforschungsfragestellungen, die sich mit Hilfe der Varianzanalyse beantworten lassen, sind: „Besteht ein signifikanter Unterschied in den Absatzmengen verschiedener Packungsalternativen?"; „Unterscheiden sich die Experimentwirkungen einer Neuproduktvariante in verschiedenen Marktsegmenten?"; „Welche Kombination aus unterschiedlichen Verkaufsförderungsmaßnahmen und Preishöhen führt zur höchsten Absatzmenge?".

Die Beispiele belegen die überragende Bedeutung der Varianzanalyse zur statistischen Überprüfung von Kausalhypothesen im Rahmen der experimentellen Forschung. Aus diesem Grund hat es sich in der Varianzanalyse eingebürgert, die Prädiktorvariable als *„Treatment"* *(Behandlung)* oder *„Faktor"* zu bezeichnen. Ist die Auswirkung *eines* Faktors zu überprüfen, so wird von *„einfaktorieller"*, bei *zwei* und *mehr* Faktoren von *„zwei"*- bzw. *„mehrfaktorieller"* Varianzanalyse gesprochen. Die verschiedenen Ausprägungen eines Faktors (z. B. Werbemittelentwürfe, Produktalternativen, Soziale Schichten etc.) werden als *Stufen* oder *Ebenen* des Faktors bezeichnet.

Jeder Faktorstufe ist im Normalfall eine Gruppe von Untersuchungsobjekten zugeordnet, bei der die Ausprägungen der Kriteriumsvariablen y gemessen werden. Die Varianzanalyse überprüft nun, ob sich *die Differenzen der Gruppenmittelwerte* bei zwei oder mehr Gruppen *signifikant unterscheiden*. Die Bezeichnung *„Varianzanalyse"* wurde für dieses Verfahren gewählt, da in die *Prüfgrößen* die *Stichprobenvarianzen* eingehen.

7.3.1.3.1 Voraussetzungen und theoretische Grundlagen der einfaktoriellen Varianzanalyse

Zur Veranschaulichung der *modelltheoretischen Annahmen* soll folgendes Beispiel dienen:

Die Leitung eines Versandhauses möchte überprüfen, ob drei Katalogversionen k = 1, 2, 3 die gleiche Wirkung haben oder ob sie sich bei einem Signifikanzniveau von $\alpha = 0{,}05$ unterscheiden. Zu diesem Zweck wird jede Katalogversion an je 10 zufällig ausgewählte Haushalte verschickt und die Anzahl der von einem Haushalt bestellten Artikel erfasst:

Katalog k	1	2	3
	2	1	7
	5	4	8
	7	5	6
	2	4	7
Beobachtungswerte $\bar{y}_{ik}$	4	2	5
	7	3	8
	6	3	9
	6	2	6
	4	3	8
	7	3	6
Spaltendurchschnitt $\bar{y}_k$	5,0	3,0	7,0
Gesamtsdurchschnitt $\bar{y}$		5,0	

Abb. 57: Ausgangsdaten der einfaktoriellen Varianzanalyse

Um auf die Fragestellung die Varianzanalyse anwenden zu können, müssen folgende Bedingungen erfüllt sein:

1. Die Grundgesamtheiten, aus denen die Stichproben $k = 1, 2, 3, ..., s$ stammen, sind *normalverteilt* mit dem Mittelwert μ_k und der Varianz σ_k^2.

2. Es muss *Varianzhomogenität* (Homoskedastizität) bestehen, d. h. alle Varianzen müssen gleich sein: $\sigma_1^2 = \sigma_2^2 = \sigma_3^2 = ... = \sigma^2$

3. Die Stichproben müssen voneinander unabhängig sein.

Die Null- und Alternativhypothesen lauten:

H_0: Alle Treatment-Stufen führen zur gleichen durchschnittlichen Wirkung, d. h.

$$\mu_1 = \mu_2 = \mu_3 = ... = \mu_k = ... = \mu$$

H_A: Nicht alle Treatmentstufen führen zur gleichen durchschnittlichen Wirkung, d. h. mindestens zwei der μ_k sind ungleich.

Um die Prüfgröße der Varianzanalyse zu berechnen, ist vom Prinzip der Streuungszerlegung auszugehen. Demnach lässt sich die *Gesamtstreuung* in eine *Zwischengruppen-* und eine *Fehlerstreuung* zerlegen. Bei *Zutreffen der Nullhypothese* lässt sich die Varianz der Grundgesamtheit aus der Zwischengruppen- und unabhängig davon auch aus der Fehlerstreuung schätzen. *Falls sich die Gruppenmittelwerte nicht unterscheiden, müssen beide Schätzwerte bis auf zufällige Abweichungen gleich groß sein.* Bei Gültigkeit der Alternativhypothese wird der Schätzwert aus der Zwischengruppenstreuung systematisch größer als der aus der Fehlerstreuung.

Bezeichnet man mit

y_{ik} = Beobachtungswert i auf der Treatmentstufe k ($i = 1, ..., n; k = 1, ..., s$),

$$\bar{y}_{.k} = \frac{1}{n} \cdot \sum_{i=1}^{n} y_{ik} = \text{Mittelwert der } n \text{ Beobachtungswerte auf der Faktorstufe } k,$$

$$\bar{y}_{..} = \frac{1}{n \cdot s} \cdot \sum_{i=1}^{n} \sum_{k=1}^{s} y_{ik} = \text{Mittelwert der } n \cdot s \text{ Beobachtungswerte der Gesamtstichprobe (Gesamtmittelwert),}$$

dann ist: $\bar{y}_{.1} = 5{,}0$

$\bar{y}_{.2} = 3{,}0$

$\bar{y}_{.3} = 7{,}0$

$\bar{y}_{..} = 5{,}0$

Für die *Summe der quadrierten Abweichungen der Gesamtstichprobe* (SQ_G) folgt:

$$SQ_G = \sum_{i=1}^{n} \sum_{k=1}^{s} (y_{ik} - \bar{y}_{..})^2$$

Die *Summe der quadrierten Abweichungen der Beobachtungswerte von ihren Gruppenmittelwerten* (*Summe der quadrierten Abweichungen des Fehlers* bzw. *innerhalb der Gruppen* SQ_F) ist:

$$SQ_F = \sum_{i=1}^{n} \sum_{k=1}^{s} (y_{ik} - \bar{y}_k)^2$$

Die *Summe der quadrierten Abweichungen der Gruppenmittelwerte vom Gesamtmittelwert* (Summe der quadrierten Abweichungen *zwischen* den Gruppen SQ_Z) berechnet sich als:

$$SQ_Z = n \cdot \sum_{k=1}^{s} (\bar{y}_k - \bar{y}_{..})^2$$

Es gilt:

$$SQ_G = SQ_F + SQ_Z$$

Aus den Abweichungsquadratsummen ist zu ersehen: Haben die Treatmentstufen eine unterschiedliche Wirkung, so liegen die Gruppenmittelwerte $\bar{y}_k$ auseinander. Damit ergibt sich zugleich eine Abweichung vom Gesamtmittelwert $\bar{y}_{..}$ und SQ_Z enthält, neben der ohnehin vorhandenen Zufallsstreuung, *zusätzlich eine Streuung durch Treatmenteffekte*. Die Abweichung innerhalb der Gruppen resultiert lediglich aus den nicht erfassten Zufallseinflüssen und bleibt von Treatmenteffekten *unberührt*. Damit wird bei Zutreffen der Alternativhypothese die aus SQ_Z geschätzte Varianz größer sein als die aus SQ_F geschätzte Varianz.

Der Rechengang besteht somit darin, die Fehlervarianz und die Zwischengruppenvarianz aus den Beobachtungsdaten zu berechnen, um sie anschließend zu vergleichen. Zu diesem Zweck sind die entsprechenden Stichprobenvarianzen (in der Varianzanalyse als *mittlere quadratische Abweichungen MQ* bezeichnet) dadurch zu ermitteln, dass man die Abweichungsquadratsummen durch ihre *Freiheitsgrade* dividiert. Die Freiheitsgrade für SQ_G sind $n \cdot s - 1$, da bei $n \cdot s$ Beobachtungswerten lediglich $\bar{y}_{..}$ errechnet wurde. Die Freiheitsgrade für SQ_F sind $n \cdot s - s$, denn bei $n \cdot s$ Beobachtungswerten wurde in jeder der s Gruppen ein Mittelwert berechnet, so dass s Freiheitsgrade verloren gehen. Für die SQ_Z liegen $s - 1$ Freiheitsgrade vor, da bei einem gegebenen Mittelwert $\bar{y}_{..}$ und s Gruppenmittelwerten $\bar{y}_k$ nur $s - 1$ Werte frei variieren können. Auch für die Freiheitsgrade gilt wie für die Abweichungsquadratsummen:

Freiheitsgrade $_G$ = Freiheitesgrade $_F$ + Freiheitsgrade $_Z$

$$(n \cdot s - 1) = (n \cdot s - s) + (s - 1)$$

Demnach lauten die *Schätzwerte für die Varianz der Grundgesamtheit:*

Mittlere quadratische Abweichung innerhalb der Gruppen:

$$MQ_F = \frac{SQ_F}{n \cdot s - s}$$

Mittlere quadratische Abweichung zwischen den Gruppen:

$$MQ_Z = \frac{SQ_Z}{s - 1}$$

Die mittleren quadratischen Abweichungen sind erwartungstreue Schätzwerte, wenn die Voraussetzungen 1) bis 3) der Varianzanalyse erfüllt sind (vgl. Bortz 1999, S. 244 ff.):

$E(MQ_F) = \sigma^2 =$ Fehlervarianz in der Grundgesamtheit

$E(MQ_Z) = \sigma^2 + n \cdot \sigma_\tau^2 =$ Fehlervarianz und Varianzbetrag der Treatmentstufen in der Grundgesamtheit

Trifft H_0 zu, so ist $\sigma_\tau^2 = 0$ und $E(MQ_F)$ bzw. $E(MQ_Z)$ sind gleich groß. In der Varianzanalyse wird daher die *Prüfgröße* berechnet als:

$$F = \frac{MQ_Z}{MQ_F}$$

Dieser Quotient folgt unter der Annahme der Normalverteilung der Zufallsfehler der *F-Verteilung* mit $n \cdot s - s$ und $s - 1$ Freiheitsgraden. Ist ein empirischer *F*-Wert größer als ein kritischer F-Wert, der durch das Signifikanzniveau und die Freiheitsgrade festgelegt ist, so wird die Nullhypothese abgelehnt. Ist $F_{emp} < F_{krit}$, so muss davon ausgegangen werden, dass die Mittelwerte gleich sind.

7.3.1.3.2 Berechnung der Prüfgröße und Varianztabelle bei einfaktorieller Varianzanalyse

1. *Summe der quadrierten Abweichungen gesamt*

$$SQ_G = \sum_{i=1}^{n} \sum_{k=1}^{s} (y_{ik} - \bar{y}_{..})^2 = (2 - 5)^2 + ... + (7 - 5)^2 +$$

$$+ (1 - 5)^2 + ... + (3 - 5)^2 +$$

$$+ (7 - 5)^2 + ... + (6 - 5)^2 = 140$$

2. Summe der quadrierten Abweichungen zwischen den Gruppen

$$SQ_Z = n \cdot \sum_{k=1}^{s} (\bar{y}_{.k} - \bar{y}_{..})^2 = 10\left[(5-5)^2 + (3-5)^2 + (5-7)^2\right] = 80$$

3. Summe der quadrierten Abweichungen innerhalb der Gruppen

$$SQ_F = \sum_{i=1}^{n} \sum_{k=1}^{s} (y_{ik} - \bar{y}_{.k})^2 = (2-5)^2 + \dots + (7-5)^2$$

$$+(1-3)^2 + \dots + (3-3)^2 + \dots +$$

$$+(7-7)^2 + \dots + (6-7)^2 = 60$$

bzw.:

$$SQ_F = SQ_G - SQ_Z = 140 - 80 = 60$$

Die Freiheitsgrade sind für: $SQ_G = 30 - 1 = 29$

$$SQ_Z = 3 - 1 = 2$$

$$SQ_F = 30 - 3 = 27$$

Damit sind:

1. $MQ_G = \dfrac{140}{29} = 4,83$

2. $MQ_Z = \dfrac{80}{2} = 40$

3. $MQ_F = \dfrac{60}{27} = 2,22$

Die empirische Prüfgröße ist mithin:

$$F_{emp} = \frac{MQ_Z}{MQ_F} = \frac{40}{2,22} = 18,02$$

bei 2 und 27 Freiheitsgraden.

Bei einer Irrtumswahrscheinlichkeit von $\alpha = 0{,}05$ % und 2 bzw. 27 Freiheitsgraden liefert die Tabelle der F-Verteilung den kritischen Wert $F_{krit} = 3{,}35$. Da $F_{emp} > F_{krit}$, wird die Nullhypothese abgelehnt. Es kann nicht angenommen werden, dass alle drei Katalogversionen die gleiche Anzahl bestellter Artikel hervorrufen.

In der Praxis wird zur Durchführung und Resultatsdarstellung eine so genannte *Varianztabelle* aufgestellt. In unserem Beispiel hat sie folgendes Aussehen:

Streuungs-ursache	Summe der Abweichungs-quadrate SQ	Anzahl der Freiheits-grade DF	Mittlere Quadrat-summe MQ	F_{emp}
Treatment	80	2	40	18,02
Fehler	60	27	2,22	
Gesamt	140	29	4,83	

Abb. 58: Varianztabelle bei einfaktorieller Varianzanalyse

Das Ergebnis erlaubt lediglich, die Nullhypothese zu verwerfen, es lässt nicht erkennen, welche Treatmentstufe sich von welchen anderen Stufen signifikant unterscheidet. Wollte man z. B. wissen, ob sich die Katalogversion 3 tatsächlich von 2 signifikant unterscheidet, so müssen weitergehende Tests durchgeführt werden. Zu diesem Zweck stehen verschiedene Tests zur Verfügung (eine ausführliche Darstellung findet sich in Bortz 1999, S. 263 ff., der sich insbesondere auf den Scheffé-Test bezieht).

7.3.1.3.3 Zweifaktorielle Varianzanalyse

Bei der Darstellung der Experimentdesigns wurde schon aufgezeigt, dass es mitunter sinnvoller ist, zwei und mehr Experimentfaktoren gleichzeitig zu überprüfen. Dies hat zum einen ökonomische Gründe, da es billiger ist, statt zwei einfaktorielle ein zweifaktorielles Experiment durchzuführen. Zum anderen lassen sich *Interaktionseffekte* zwischen den Experimentfaktoren überprüfen.

Beispiel:

Die Leitung der Versandhauses möchte wissen, ob neben den drei Katalogversionen auch zwei unterschiedlich gestaltete Zahlungsbedingungen zu unterschiedlichen Absatzzahlen führen. Zu diesem Zweck werden die drei Katalogversionen einmal mit den einen und ein anderes Mal mit den zweiten Zahlungsbedingungen verschickt. Pro Katalog-Zahlungsmittel-Kombination werden hierzu $n = 10$ Haushalte per Zufall ausgewählt. Die Frage, die bei einem Signifikanzniveau von $\alpha = 0,05$ zu überprüfen ist, lautet: Führen alle sechs Kombinationen zu der gleichen Anzahl bestellter Artikel? Abbildung 59 zeigt die Ausgangsdaten.

Zahlungsbedingungen j	Katalogversionen k			Zeilenmittelwerte $\bar{y}_{.j.}$
	1	2	3	
1	2	1	7	
	5	4	8	
	7	5	6	
	2	4	7	
	4	2	5	
	7	3	8	
	6	3	9	
	6	2	6	
	4	3	8	
	7	3	6	
Zellenmittelwerte $\bar{y}_{.jk}$	5,0	3,0	7,0	5,0
2	8	4	5	
	5	4	6	
	7	3	6	
	6	3	8	
	8	5	7	
	5	3	4	
	3	5	6	
	8	6	5	
	6	5	7	
	4	2	6	
Zellenmittelwerte $\bar{y}_{.jk}$	6,0	4,0	6,0	5,33
Spaltenmittelwerte $\bar{y}_{..k}$	5,5	3,5	6,5	Gesamtmittelwert $\bar{y}_{...} = 5,17$

Abb. 59: Ausgangsdaten bei zweifaktorieller Varianzanalyse

Die Null- und Alternativhypothesen lauten:

$H_0^{(1)}$: Alle Katalogversionen $k = 1, 2, 3, \ldots, s$ haben die gleiche Wirkung, d. h.
$\mu_1 = \mu_2 = \mu_3 = \ldots = \mu_k = \ldots = \mu$.

$H_A^{(1)}$: Nicht alle Katalogversionen führen zur gleichen durchschnittlichen Wirkung, d. h. mindestens zwei μ_k sind ungleich.

$H_0^{(2)}$: Alle Zahlungsbedingungen $j = 1, 2, \ldots, r$ haben die gleiche durchschnittliche Wirkung, d. h. $\mu_1 = \mu_2 = \mu_3 = \ldots = \mu_j = \ldots = \mu$.

201

$H_A^{(2)}$: Nicht alle Zahlungsbedingungen haben die gleiche durchschnittliche Wirkung, d. h. mindestens zwei μ_j sind ungleich.

$H_0^{(3)}$: Es bestehen keine Wechselwirkungen zwischen den Katalogversionen und den Zahlungsbedingungen.

$H_A^{(3)}$: Es bestehen Wechselwirkungen zwischen den Katalogversionen und den Zahlungsbedingungen.

Ebenso wie bei der einfaktoriellen Varianzanalyse erfolgt wieder eine Zerlegung der gesamten Quadratsumme (SQ_G) in einen Anteil, der auf die beiden Treatments zurückzuführen ist (bezeichnet als SQ_j bzw. SQ_k) und in einen Anteil, der auf Fehlereffekten beruht (SQ_F). Darüber hinaus ist noch ein Anteil zu berücksichtigen, der auf etwaige Interaktionen zwischen den beiden Treatments zurückgeht (gekennzeichnet durch $SQ_{j \times k}$):

$$SQ_G = SQ_j + SQ_k + SQ_{j \times k} + SQ_F$$

Die Summe der quadrierten Abweichungen gesamt wird in die Quadratsumme des Faktors j, die Quadratsumme des Faktors k, die Wechselwirkungsquadratsumme $j \times k$ und die Fehlerquadratsumme F zerlegt. Dabei ist:

$$SQ_G = \sum_{i=1}^{n} \sum_{j=1}^{r} \sum_{k=1}^{s} \left(y_{ijk} - \bar{y}_{...} \right)^2 = (2 - 5,17)^2 + ... + (6 - 5,17)^2 = 219,01$$

$$SQ_j = s \cdot n \sum_{j=1}^{r} \left(\bar{y}_{j.} - \bar{y}_{...} \right)^2 = 3 \cdot 10 \left[(5,0 - 5,17)^2 + (5,33 - 5,17)^2 \right] = 1,64$$

(Zahlungsbedingungen)

$$SQ_k = r \cdot n \sum_{k=1}^{s} \left(\bar{y}_{..k} - \bar{y}_{...} \right)^2$$

$$= 2 \cdot 10 \left[(5,5 - 5,17)^2 + (3,5 - 5,17)^2 + (6,5 - 5,17)^2 \right] = 93,33$$

(Katalogversionen)

Zur Berechnung der *Wechselwirkungsquadratsumme* ist von folgendem Gedankengang auszugehen:

Um den Effekt der beiden Treatmentfaktoren zu ermitteln, wird die Quadratsumme aus den Abweichungen der Zellmittelwerte vom Gesamtmittelwert berechnet (d. h. SQ_Z). Falls keine Wechselwirkungen vorliegen, muss die SQ_Z identisch sein mit der Summe der beiden Treatmenteffekte ($SQ_j + SQ_k$). Eine eventuelle Wechselwirkung folgt daher aus:

$$SQ_{j \times k} = SQ_Z - SQ_j - SQ_k$$

$$SQ_Z = n \cdot \sum_{j=1}^{r} \sum_{k=1}^{s} (\bar{y}_{jk} - \bar{y}_{...})^2 = 10\left[(5,0 - 5,17)^2 + ... + (6 - 5,17)^2\right]$$

$$= 108,33$$

$$SQ_{j \times k} = 108,33 - 1,64 - 93,33 = 13,36$$

Damit ist:

$$SQ_F = SQ_G - SQ_j - SQ_k - SQ_{j \times k} = 219,01 - 1,64 - 93,33 - 13,36$$

$$= 110,68$$

Die entsprechenden Freiheitsgrade sind:

DF_G	=	$(n \cdot r \cdot s - 1)$	=	$10 \cdot 3 \cdot 2 - 1$	=	59
DF_j	=	$(r - 1)$	=	$2 - 1$	=	1
DF_k	=	$(s - 1)$	=	$3 - 1$	=	2
$DF_{j \times k}$	=	$(r - 1)(s - 1)$	=	$1 \cdot 2$	=	2
DF_F	=	$r \cdot s\,(n - 1)$	=	$3 \cdot 2\,(10 - 1)$	=	54

Wiederum addieren sich die Freiheitsgrade der einzelnen Streuungsursachen zu den Freiheitsgraden der Gesamtabweichung. Dividiert man die Quadratsumme durch ihre Freiheitsgrade, so erhält man wiederum die *mittleren quadratischen Abweichungen*. Damit liegen *vier unabhängige Schätzungen für die Varianz der Grundgesamtheit vor, die bei Zutreffen der Nullhypothesen* bis auf zufallsbedingte Abweichungen gleich groß sein müssen.

Im Beispiel sind:

$$MQ_j = \frac{1,64}{1} = 1,64$$

$$MQ_k = \frac{93,33}{2} = 46,67$$

$$MQ_{j \times k} = \frac{13,36}{2} = 6,68$$

$$MQ_F = \frac{110,68}{54} = 2,05$$

Im vorliegenden Fall ist die MQ_F die geeignete Prüfvarianz für MQ_j, MQ_k und die Interaktionswirkung $MQ_{j \times k}$. Damit sind die empirischen F-Werte:

$$F_j = \frac{1,64}{2,05} = 0,80$$

$$F_k = \frac{46{,}67}{2{,}05} = 22{,}77$$

$$F_{j \times k} = \frac{6{,}68}{2{,}05} = 3{,}26$$

Da F_j deutlich kleiner als 1 ist, kann die Nullhypothese für die Zahlungsbedingungen nicht verworfen werden. Der tabellarische F-Wert für F_k ist bei $\alpha = 0{,}05$ und 2 bzw. 54 Freiheitsgraden $F_{tab} = 3{,}15$. Damit ist die Nullhypothese für die Katalogversionen zu verwerfen. Für die Interaktion ergibt die F-Tabelle bei $\alpha = 0{,}05$ und 2 bzw. 54 Freiheitsgraden ebenfalls 3,15; d. h. es liegt eine *signifikante Interaktionswirkung* vor. Die Wirkungen der Katalogversionen sind je nach Zahlungsbedingung unterschiedlich: Während Katalog 3 bei Zahlungsbedingung 1 am besten abschneidet, geht seine Wirkung bei Zahlungsbedingung 2 zurück. Demgegenüber hat Katalog 1 bei Zahlungsbedingung 2 eine höhere Wirkung als bei Zahlungsbedingung 1.

Das Varianzanalysetableau hat somit folgendes Aussehen:

Streuungsursache	SQ	DF	MQ	F_{emp}	F_{tab}
Treatment j	1,64	1	1,64	0,80	1,35
Treatment k	93,33	2	46,67	22,77	3,15
Interaktion j×k	13,36	2	6,68	3,26	3,15
Fehler	110,68	54	2,05		
Gesamt	219,01	59			

Abb. 60: Ergebnistabelle bei zweifaktorieller Varianzanalyse

Auch hier müssten nun Einzelvergleiche durchgeführt werden, um feststellen zu können, ob Katalogversion 3 mit Zahlungsbedingung 1 tatsächlich signifikant besser ist als andere Kombinationen.

7.3.1.3.4 Weitere Modelle der Varianzanalyse

Die Ausführungen bezogen sich bislang auf die ein- bzw. zweifaktorielle Varianzanalyse bei gleicher Anzahl von Beobachtungswerten auf allen Faktorstufen bzw. in allen Zellen.

Die bisherigen Überlegungen lassen sich nun ohne weiteres auf die *dreifaktorielle Varianzanalyse* übertragen, bei der der Einfluss von drei Prädiktorvariablen auf die Kriteriumsvariable überprüft wird. Weitere Besonderheiten ergeben sich auch dann, wenn die Faktorstufen nicht wie in den obigen Beispielen *systematisch* vom Untersuchungsleiter vorgegeben werden (so genanntes *Modell mit festen Effekten)*, sondern als *Zufallsauswahl* aus einer größeren Population zu betrachten sind *(Modell mit zufälligen Effekten)*. Letzteres liegt z. B. vor, wenn im Rahmen eines Feldexperiments ein Faktor aus den zu überprüfenden Marketing-Maßnahmen (fester Faktor) und ein anderer Faktor aus mehreren zufällig ausgewählten Handelsgeschäften besteht. Da es sehr viele verschiedene Handelsgeschäfte gibt, stellen die ausgewählten Geschäfte nur eine Stichprobe dar (zufälliger Faktor). Hier sind andere Prüfvarianzen heranzuziehen.

Spezialfälle, auf die ebenfalls die Varianzanalyse anwendbar ist, liegen auch vor, wenn *innerhalb einer Zelle nur ein Beobachtungswert* erhoben wurde, oder wenn bei jeder Erhebungseinheit nicht nur eine Messung, *sondern mehrere Messungen* vorgenommen werden. Der erste Fall ist gegeben, wenn z. B. die Marktanteilswirkung von drei verschiedenen Werbekampagnen, die in drei Testmärkten erprobt wurden, zu überprüfen ist. Der zweite Fall ist typisch für die experimentelle Überprüfung von individuellen Einstellungsänderungen aufgrund von Werbemaßnahmen, wenn Vor- und Nachhermessungen bei den selben Personen durchgeführt wurden.

(Eine Übersicht über die hier angedeuteten Sonderfälle findet sich in Bortz 1999, S. 321 ff.; vgl. des Weiteren Banks 1965; Cochran/Cox 1963; Glaser 1978).

7.3.1.4 Regressionsanalyse

Mittels der Regressionsanalyse lassen sich Zusammenhänge zwischen metrisch skalierten Variablen untersuchen. Während bei *Einfachregression* die Kriteriumsvariable durch eine Prädiktorvariable erklärt bzw. prognostiziert wird, werden bei *Mehrfachregression (multipler Regression)* mehrere Prädiktoren zur Erklärung der Kriteriumsvariablen herangezogen (zur Methode vgl. Bolch/Huang 1974; Cohen/Cohen 1975; Draper/Smith 1967; Johnston/DiNardo 1997; Schneeweiß 1978; Küchler 1979 sowie die anwendungsorientierte Einführung von Backhaus u. a. 2000, S. 1 ff.). Die *Grundzüge der Regressionsanalyse* sollen anhand eines Beispiels erläutert werden (entnommen aus Churchill/Iacobucci 2002, S. 723 ff.). Angenommen, die Verkaufsleitung eines Konsumgüterherstellers möchte den Zusammenhang zwischen dem Umsatz y und den Werbemaßnahmen x_1 sowie dem Außendiensteinsatz x_2 untersuchen. Zu diesem Zweck werden für 40 zufällig ausgewählte Verkaufsbezirke die folgenden Daten erhoben (vgl. Abb. 61).

Verkaufsgebiet	Umsatz (in T€) y	Anzahl der Werbespots pro Monat x_1	Anzahl der Außendienstmitarbeiter x_2
1	260,3	5	3
2	286,1	7	5
3	279,4	6	3
4	410,8	9	4
5	438,2	12	6
6	315,3	8	3
7	565,1	11	7
8	570,0	16	8
9	426,1	13	4
10	315,0	7	3
11	403,6	10	6
12	220,5	4	4
13	343,6	9	4
14	644,6	17	8
15	520,4	19	7
16	329,5	9	3
17	426,0	11	6
18	343,2	8	3
19	450,4	13	5
20	421,8	14	5
21	245,6	7	4
22	503,3	16	6
23	375,7	9	5
24	265,5	5	3
25	620,6	18	6
26	450,5	18	5
27	270,1	5	3
28	368,0	7	6
29	556,1	12	7
30	570,0	13	6
31	318,5	8	4
32	260,2	6	3
33	667,0	16	8
34	618,3	19	8
35	525,3	17	7
36	332,2	10	4
37	393,2	12	5
38	283,5	8	3
39	376,2	10	5
40	481,8	12	5

Abb. 61: Jahresumsatz und Marketing-Maßnahmen in 40 Verkaufsbezirken

7.3.1.4.1 Einfachregression

Ein erster Analyseschritt besteht zumeist darin, dass nur die Beziehungen zwischen zwei Variablen im Rahmen der *Einfachregression* untersucht werden.

Beschränken wir uns im Folgenden auf den Zusammenhang zwischen Umsatzhöhe und Anzahl der Werbespots, so lässt sich durch Eintragung der y- und x_1-Werte in ein Koordinatensystem ein *Streuungsdiagramm* erstellen, aus dem sich schon ein Eindruck von der Art der Beziehungen zwischen y und x gewinnen lässt (vgl. Abb. 62). In der Regressionsanalyse versucht man nun, den in Abb. 62 zu beobachtenden Trend durch eine *lineare* Funktion zu erfassen (etwaige nichtlineare Zusammenhänge sind somit vorab zu linearisieren). Die in Abb. 62 eingezeichnete Gerade hat die Gleichungsform:

$$\hat{y} = b_0 + b_1 x_1.$$

Dabei gibt der *Regressionskoeffizient* b_0 den Ordinatenabschnitt und der Regressionskoeffizient b_1 die Steigung der Geraden an. Ein Wert $\hat{y}_i$ auf der Regressionsgeraden gibt den Schätzwert für y_i bei einem Wert x_i an. Die Abweichungen zwischen den beobachteten Werten y_1 und den Schätzwerten $\hat{y}_i$ bezeichnet man als *Residuen* e_i (vgl. Abb. 62):

$$e_i = y_i - \hat{y}_i$$

Als Kriterium zur Bestimmung der Regressionsgeraden verwendet man bei der so genannten „Methode der kleinsten Quadrate" die Summe der quadrierten Abweichungen $SQ = \sum_i e_i^2$.

Gesucht ist die *Gerade, bei der die Summe der quadrierten Abweichungen minimal ist*:

$$SQ = \sum_i e_i^2 = \sum_i (y_i - \hat{y}_i)^2 = \sum_i (y_i - b_0 - b_1 x_{i1})^2 = \text{Minimum}! \ (\text{mit } i = 1, \dots, n).$$

Um dieses Problem zu lösen, müssen die beiden ersten partiellen Ableitungen nach b_0 und b_1 gebildet und gleich 0 gesetzt werden. Hieraus erhält man folgende *Normalgleichungen*, die nach den gesuchten Unbekannten b_0 und b_1 aufzulösen sind:

$$n \cdot b_0 + b_1 \sum_i x_{i1} = \sum_i y_i$$

$$b_0 \sum_i x_{i1} + b_1 \sum_i x_{i1}^2 = \sum_i x_{i1} y_i$$

Aus den Daten der Abb. 61 ergeben sich folgende Werte:

$$n = 40; \ \sum_i x_{i1} = 436,0; \ \sum_i y_i = 16.451,5; \ \sum_i x_{i1}^2 = 5.476; \ \sum_i x_i y_i = 197.634$$

Setzt man diese Werte in die Normalgleichungen ein, so folgt:

$b_0 = 135,4$

$b_1 = 25,3$

Die Regressionsgleichung lautet daher:

$\hat{y} = 135,4 + 25,3x_1$

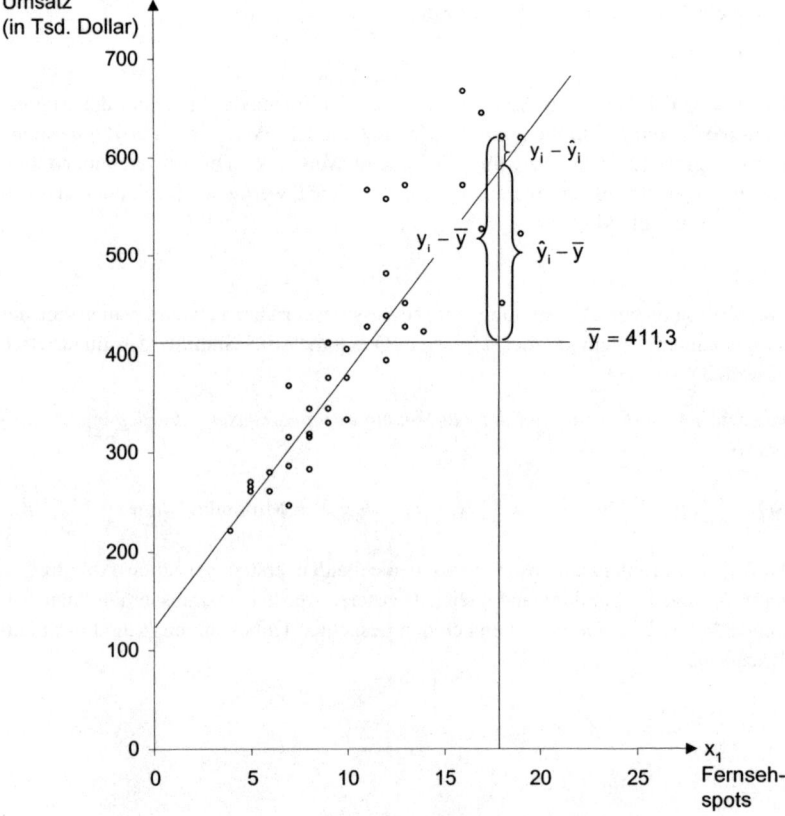

Abb. 62: Streuungsdiagramm der Umsatzhöhe gegenüber der Anzahl der Werbe-spots (y_i = Beobachtungswerte, $\hat{y}_i$ = Schätzwerte auf der Regressionsgera-den, $\bar{y}$ = Mittelwert)

Diese Funktion ist in Abb. 62 eingezeichnet und besagt, dass die Erhöhung des Umsatzes infolge eines zusätzlichen Werbespots 25.300 Einheiten beträgt. Wie in Abb. 62 zu erkennen, gibt die Regressionsgerade den Zusammenhang recht gut wieder, d. h. die Punkte streuen nicht allzu stark um die Regressionslinie. Dieser Gesichtspunkt wird in der Einfachregression durch das Bestimmtheitsmaß r^2 zum Ausdruck gebracht. Da gilt:

Gesamtabweichungs-quadratsumme	=	Nichterklärte Abweichungs-quadratsumme	+	Erklärte Abweichungs-quadratsumme
SQ_G	=	SQ_F	+	SQ_{Regr}
$\sum_i (y_i - \bar{y})^2$	=	$\sum_i (y_i - \hat{y}_i)^2$	+	$\sum_i (\hat{y}_i - \bar{y})^2$

Berechnet man r_2 aus dem Verhältnis zwischen SQ_{Regr} und SQ_G:

$$r^2 = \frac{SQ_{Regr.}}{SQ_G} = 1 - \frac{SQ_F}{SQ_G} = \frac{\sum_i (\hat{y}_i - \bar{y})^2}{\sum_i (y_i - \bar{y})^2} = 1 - \frac{\sum_i (y_i - \hat{y}_i)^2}{\sum_i (y_i - \bar{y})^2}$$

Wenn alle Beobachtungswerte y_i auf der Regressionslinie liegen, ist $SQ_F = 0$ und $r_1 = 1$. Falls die Beobachtungswerte eine derartige Streuung aufweisen, dass die Regressionsgerade $\hat{y}_i = \bar{y}$ (sie liefert keine bessere Erklärung als $\bar{y}$ allein), dann ist $SQ_F = SQ_G$ und $r^2 = 0$.

Im vorliegenden Fall ist $r^2 = 0,77$; d. h. 77 % der Varianz der Umsätze lässt sich durch die Anzahl der Werbespots erklären.

7.3.1.4.2 Mehrfachregression

Falls eine Kriteriumsvariable durch mehrere Prädiktorvariablen beeinflusst wird, ist es sinnvoller, eine *multiple Regression* durchzuführen. Die gesuchte Regressionsfunktion lautet bei Hinzunahme der zweiten Prädiktorvariablen (Anzahl der Außendienstmitarbeiter):

$$\hat{y} = b_0 + b_1 x_1 + b_2 x_2$$

Die Werte für b_0, b_1, b_2 (die hier als *partielle Regressionskoeffizienten* bezeichnet werden) erhält man wiederum, indem die Gerade $\hat{y}$ gesucht wird, für die die Summe der quadrierten Abweichung $\sum_i e_i^2$ minimal wird.

Bei zwei Unbekannten resultiert hieraus ein System von drei Normalgleichungen, die nach folgendem allgemeinen Bildungsgesetz gefunden werden können (vgl. Bleymüller/Gehlert/Gülicher 2002, S. 163 ff.):

Man multipliziert die Gleichung $y = b_0 + b_1 x_1 + b_2 x_2$ nacheinander mit den bei den partiellen Regressionskoeffizienten stehenden Größen $(1, x_1, x_2)$ und summiert das Resultat über i.

Für die erste Normalgleichung gilt (Multiplikation mit 1 und Summation über i):

$$\sum_i y_i = n b_0 + b_1 \sum_i x_{i1} + b_2 \sum_i x_{i2}$$

Die zweite Normalgleichung lautet (Multiplikation mit x_1 und Summation über i):

$$\sum_i x_{i1} y_i = b_0 \sum_i x_{i1} + b_1 \sum_i x_{i1}^2 + b_2 \sum_i x_{i1} x_{i2}$$

Die dritte Normalgleichung ergibt (Multiplikation mit x_2 und Summation über i):

$$\sum_i x_{i2} y_1 = b_0 \sum_i x_{i2} + b_1 \sum_i x_{i1} x_{i2} + b_2 \sum_i x_{i2}^2$$

(Da diese Vorgehensweise bei mehr als zwei Prädiktoren unübersichtlich wird, bevorzugt man üblicherweise die Matrixdarstellung. Vgl. hierzu Cooley/Lohnes 1971, S. 52 f.; Bleymüller/Gehlert/Gülicher 2002, S. 163 ff.)

Setzt man die entsprechenden Summen in das Gleichungssystem ein und löst nach den partiellen Regressionskoeffizienten auf, so lautet die Kleinst-Quadrate-Regressionsfunktion:

$$\hat{y} = 69,3 + 14,2 x_1 + 37,5 x_2$$

Die Stärke des Zusammenhangs errechnet sich wie bei Einfachregression. Das *multiple Bestimmtheitsmaß* R^2 lautet daher:

$$R^2 = \frac{SQ_{Regr}}{SQ_G} = 0,874$$

D.h. die beiden Prädiktoren erklären 87,4 % der Varianz gegenüber 77 % bei Einfachregression von y auf die Anzahl der Werbespots x_1.

Betrachtet man die partiellen Regressionskoeffizienten, so besagt $b_1 = 14,2$, dass $\hat{y}$ sich um 14.200 Einheiten erhöht, wenn x_1 um eine Einheit erhöht und x_2 konstant gehalten wird. Gleichermaßen zeigt $b_2 = 37,5$ an, dass sich $\hat{y}$ um 37.500 Einheiten verändert, bezogen auf eine Einheit von x_2 und Konstanz von x_1.

Wie zu erkennen, entspricht $b_1 = 14,2$ bei multipler Regression nicht dem Wert $b_1 = 25,3$ bei Einfachregression. Dies liegt daran, dass x_1 und x_2 in Höhe von $r = 0,78$ miteinander korreliert sind. Die Koeffizienten der Einfachregression sind aber mit den entsprechenden Koeffizienten der Mehrfachregression nur identisch, wenn die Prädiktoren vollkommen unkorreliert sind.

Bei interkorrelierten Prädiktoren wird daher die Interpretation der Regressionsfunktion zu einem Problem, da der relative Beitrag einer Prädiktorvariablen zur Erklärung der Kriteriumsvariablen nicht aus den partiellen Regressionskoeffizienten ersichtlich ist. Die Höhe der partiellen Regressionskoeffizienten wird dann mehr oder weniger durch die mitunter komplexen Interaktionen der Prädiktorvariablen beeinflusst (vgl. Cooley/Lohnes 1971, S. 53 ff. Zum Einfluss so genannter *Suppressorvariablen* auf die partiellen Regressionskoeffizienten vgl. Bortz 1999, S. 442 ff.). Aus diesem Grunde ist es zur Interpretation der Regressionsfunktion bei interkorrelierten Prädiktoren wenig sinnvoll, auf die partiellen Regressionskoeffizienten abzustellen. Cooley/Lohnes (1971, S. 54 f.) empfehlen für diesen Zweck, die so genannten *Strukturkoeffizienten* zu berechnen. Diese sind die Korrelationen $r_{j\hat{y}}$ einer Prädiktorvariablen x_j mit dem geschätzten Kriterium $\hat{y}$ (diese Strukturkoeffizienten werden auch in der Diskriminanzanalyse zur Interpretation von Diskriminanzfunktionen herangezogen; in der Faktorenanalyse werden sie als Faktorladungen bezeichnet; vgl. hierzu unten).

Auch bei der Beurteilung der Einflussstärke weitgehend unkorrelierter Prädiktoren ist weiterhin zu berücksichtigen, dass die Werte der Regressionskoeffizienten von den gewählten Maßeinheiten der Variablen beeinflusst werden. Es ist daher sinnvoller, mit *standardisierten* Variablen zu arbeiten, indem man alle Variablen so transformiert, dass sie einen Mittelwert von 0 und eine Standardabweichung von 1 aufweisen. Wurde die Regressionsrechnung mit den Rohvariablen y, x_1, x_2 durchgeführt, so lassen sich die standardisierten Regressionskoeffizienten (so genannte *Beta-Gewichte*) nachträglich dadurch ermitteln, dass man die b_j mit dem Quotienten der Standardabweichungen von x_1 und y multipliziert:

$$\hat{\beta}_j = b_j \cdot \frac{s_{xj}}{s_y}$$

7.3.1.4.3 Inferenzstatistische Absicherung

Da die vorliegenden Beobachtungswerte für y und x_1, x_2 lediglich als Stichprobe aus einer übergeordneten Grundgesamtheit zu betrachten sind, handelt es sich bei den *Stichprobenregressionskoeffizienten* b_0, b_1, b_2 nur dann um *beste lineare unverzerrte Schätzfunktionen* für die „wahren" Regressionskoeffizienten β_0, β_1, β_2, wenn folgende Voraussetzungen erfüllt sind:

1. Die Beziehung zwischen der Kriteriums- und den Prädiktorvariablen in der Grundgesamtheit ist linear:

$$y_i = \beta_0 + \beta_1 x_{i1} + \beta_2 x_{i2} + U_i \ (i = 1, \ldots, n)$$

2. Die Störvariable U_i hat die Eigenschaften

   (a) $E(U_i) = 0$

(b) $Var(U_i) = \sigma_U^2$

(c) $Cov(U_i, U_k) = 0$ $(i = 1, \ldots, n; k = 1, \ldots, n; i \neq k)$

2a und 2b unterstellen, dass die U_i einen Erwartungswert von 0 und eine konstante Varianz (*Homoskedastizität*) besitzen. 2c fordert, dass die Störvariablen nicht miteinander korreliert sind.

3. Sollen auch *Signifikanztests* durchgeführt werden, so ist es weiterhin erforderlich, dass die Störgrößen normalverteilt sind.

Bei Gültigkeit der Annahmen kann zunächst die Hypothese geprüft werden, dass zwischen dem Kriterium y und den $m - 1$ Prädiktoren x_j keine lineare Abhängigkeit besteht:

$H_0 : R = 0$

Zu diesem Zweck wird eine Prüfgröße aus der *Mittleren erklärten Abweichungsquadratsumme* und der *Mittleren nichterklärten Abweichungsquadratsumme* gebildet, die bei $m - 1$ Prädiktoren und n Beobachtungswerten einer F-Verteilung mit $DF_{Regr} = m - 1$ und $DF_F = n - m$ Freiheitsgraden folgt (vgl. auch die Ausführungen zur Varianzanalyse). Es gilt:

$$MQ_{Regr} = \frac{SQ_{Regr}}{m-1}$$

$$MQ_F = \frac{SQ_F}{n-m}$$

Eine konkrete Stichprobe liefert somit die *Prüfgröße*:

$$F_{emp} = \frac{MQ_{Regr}}{MQ_F} = \frac{R^2(n-m)}{(1-R^2)(m-1)}$$

Man vergleicht diesen Wert mit dem durch das Signifikanzniveau bestimmten kritischen Wert F_{krit}. Für $F_{krit} < F_{emp}$ wird die Nullhypothese verworfen.

Da im Beispiel $F_{emp} = \frac{0{,}874 \cdot (40-3)}{(1-0{,}874) \cdot (3-1)} = 128{,}33$ und F_{krit} bei einem Signifikanzniveau von $\alpha = 0{,}01$ und $DF_{Regr} = 2$ sowie $DF_F = 37$ Freiheitsgraden den Wert 5,39 aufweist, muss die Nullhypothese abgelehnt werden.

Die Frage, welche Prädiktoren einen signifikanten Beitrag zur Vorhersage von y leisten, wird mit folgendem Test geprüft:

$$t = \frac{b_j}{s_{bj}}$$

Bei Gültigkeit der Modellannahmen folgt diese Prüfgröße approximativ einer t-Verteilung mit $n - m$ Freiheitsgraden. Dabei ist:

212

b_j = *Stichprobenregressionskoeffizient* der Variablen j (j = 1, ..., m − 1)

s_{bj} = *Standardfehler* des Stichprobenregressionskoeffizienten

Wenn die Prädiktoren jedoch hoch miteinander korrelieren, erhöht sich der Standardfehler s_{bj}, so dass der empirisch ermittelte t-Wert abnimmt. Dadurch werden trotz signifikantem R^2 viele Nullhypothesen nicht verworfen, d. h. man nimmt an, dass der Beitrag der Prädiktoren nicht signifikant ist, obwohl dies der Fall ist. Aufgrund der hohen Interkorrelation zwischen x_1 und x_2 im vorliegenden Beispiel ist somit auch der t-Test der Koeffizienten wenig sinnvoll.

7.3.1.4.4 Nichtlineare Funktionen und Dummy-Variablen

Häufig bestehen zwischen Kriteriumsvariablen und Prädiktoren *nichtlineare* Beziehungen. Typische Beispiele sind die Zusammenhänge zwischen verschiedenen Marketing-Maßnahmen und Abhängigen wie Absatzmenge oder Marktanteil.

Besteht z. B. ein S-förmiger Zusammenhang, so kann dieser durch folgendes Polynom erfasst werden:

$$\hat{y}_i = b_0 + b_1 x_i + b_2 x_i^2 + b_3 x_i^3$$

Da die *nichtlineare Einfachregression* mit dem Prädiktor x auch als *lineare Dreifachregression* mit $x_i = x_{i1}$, $x_i^2 = x_{i2}$ und $x_i^3 = x_{i3}$ betrachtet werden kann, lässt sich dieser Funktionsverlauf ohne weiteres auf eine lineare Regression zurückführen.

Andere Funktionen können durch geeignete Variablentransformationen linearisiert werden. Für eine *Potenzfunktion* der Form $\hat{y}_i = b_0 \cdot x_1^{b_1} \cdot x_2^{b_2}$ liefert die Logarithmierung die Gleichung:

$$\log \hat{y}_i = \log b_0 + b_1 \log x_1 + b_2 \log x_2$$

Setzt man für die logarithmierten Werte entsprechende Symbole ein, so folgt $\hat{y}_i^* = b_0^* + b_1 x_1^* + b_2 x_2^*$ und mithin eine lineare Mehrfachregression. Auf ähnliche Weise können auch *Exponentialfunktionen* linearisiert werden.

Würden im obigen Rechenbeispiel die Verkaufsbezirke aus drei unterschiedlichen Absatzmärkten stammen (z. B. EU; Nordamerika; Südamerika), so könnte man bei unterschiedlichen Beziehungen zwischen Umsatz und Marketing-Aktivitäten für jeden dieser Märkte eine eigene Regressionsfunktion bestimmen. Stattdessen kann aber auch eine einzige Regressionsfunktion ermittelt werden, indem die Unterschiede zwischen den Märkten durch so genannte *Dummy-Variablen* erfasst werden. Hierbei handelt es sich um Variablen, die entweder den Wert 0 oder 1 annehmen können. Bei drei Absatzmärkten gilt:

	x_3	x_4
Nordamerika	1	0
Südamerika	0	1
EU	0	0

Da die Variable „Absatzmarkt" 3 Ausprägungen hat, genügen zwei Dummy-Variablen (x_3, x_4), um diesen Sachverhalt zu erfassen. Die gemeinsame Regressionsfunktion lautet daher:

$$\hat{y} = b_0 + b_1 x_1 + b_2 x_2 + b_3 x_3 + b_4 x_4$$

Die Funktion für die EU lautet $(x_3 = 0, x_4 = 0)$:

$$\hat{y} = b_0 + b_1 x_1 + b_2 x_2$$

Für Nordamerika folgt $(x_3 = 1, x_4 = 0)$:

$$\hat{y} = b_0 + b_3 + b_1 x_1 + b_2 x_2$$

Und für Südamerika gilt $(x_3 = 0, x_4 = 1)$:

$$\hat{y} = b_0 + b_4 + b_1 x_1 + b_2 x_2$$

Wie zu erkennen, unterscheiden sich die drei Beziehungen lediglich durch das absolute Glied bei gleichen Regressionskoeffizienten für die metrischen Variablen x_1 und x_2.

7.3.1.5 Diskriminanzanalyse

Die Diskriminanzanalyse ist ein Verfahren, mit dessen Hilfe die Gruppenzugehörigkeit von Untersuchungsobjekten anhand ihrer Werte bei zwei oder mehr metrisch skalierten Prädiktorvariablen erklärt bzw. prognostiziert werden soll (zur Methode vgl. Hope 1975; Lachenbruch 1975; zur Anwendung im Marketing vgl. Green/Tull 1982; Böhler 1979b; Backhaus u. a. 2000, S. 145 ff.).

7.3.1.5.1 Grundprinzip der Diskriminanzanalyse

Wir wollen zur Veranschaulichung annehmen, dass bei einer Stichprobe, bestehend aus 6 Käufern und 6 Nichtkäufern eines Markenartikels, die Variablen x_1 (Einkommen) und x_2 (Alter) erhoben wurden (vgl. Abb. 63). Die Fragestellung lautet, ob sich Käufer des Markenartikels von Nichtkäufern im Hinblick auf Alter und Einkommen unterscheiden. In der Diskriminanzanalyse wird daher untersucht, ob eine Kombination der beiden Prädiktoren Einkommen und Alter in der Lage ist, die Zugehörigkeit einer Person zur Gruppe der Käufer bzw. Nichtkäufer zu erklären bzw. vorherzusagen.

Abhängige \ Prädiktoren	Jährliches Einkommen (in T€) x_1	Alter x_2
1. Käufer	24	45
2. Käufer	16	20
3. Käufer	14	28
4. Käufer	20	32
5. Käufer	30	33
6. Käufer	15	19
1. Nichtkäufer	64	30
2. Nichtkäufer	75	64
3. Nichtkäufer	48	58
4. Nichtkäufer	35	30
5. Nichtkäufer	25	25
6. Nichtkäufer	50	40

Abb. 63: Ausgangsdaten der Zweigruppen-Zweivariablen Diskriminanzanalyse

Das Streudiagramm in Abb. 64 auf S. 216 zeigt die Positionen der Käufer und Nichtkäufer sowie die Gruppenmittelwerte (d. h. die „Zentroide" der Käufer und Nichtkäufer). Zudem ist auch schon die gesuchte Diskriminanzachse $\hat{y}$ eingezeichnet. Ziel ist es, diese Achse so zu legen, dass die Projektionen der Käufer und Nichtkäufer auf der $\hat{y}$-Achse vollständig getrennt liegen. Der Übersicht halber sind auf die Diskriminanzachse nur die beiden Zentroide projiziert. Zieht man senkrecht zur $\hat{y}$-Achse die Trennlinie für die Gruppenzugehörigkeit in der Mitte zwischen den Gruppenmittelwerten (mittlere gestrichelte Linie), so ist zu erkennen, dass lediglich ein Nichtkäufer falsch klassifiziert wird (er würde aufgrund seines $\hat{y}$-Wertes in die Gruppe der Käufer eingeordnet werden).

Die in Abb. 64 eingezeichnete Diskriminanzfunktion hat die Form:

$$\hat{y} = b_1 x_1 + b_2 x_2$$

Mit anderen Worten, die Diskriminanzkoeffizienten b_1, b_2 sind so festzulegen, dass die resultierenden $\hat{y}$-Werte (*Diskriminanzwerte*) eine maximale Unterscheidbarkeit der beiden Gruppen gewährleisten.

Die Vorgehensweise zur Bestimmung der Diskriminanzfunktion $\hat{y}$ ist der der multiplen Regression sehr ähnlich: Zunächst wird eine Zielfunktion formuliert und aus dieser durch Bildung der partiellen Ableitungen nach den gesuchten Diskriminanzkoeffizienten ein Gleichungssystem erstellt, aus dem sich durch Heranziehung der Beobachtungswerte die Diskriminanzkoeffizienten bestimmen lassen.

215

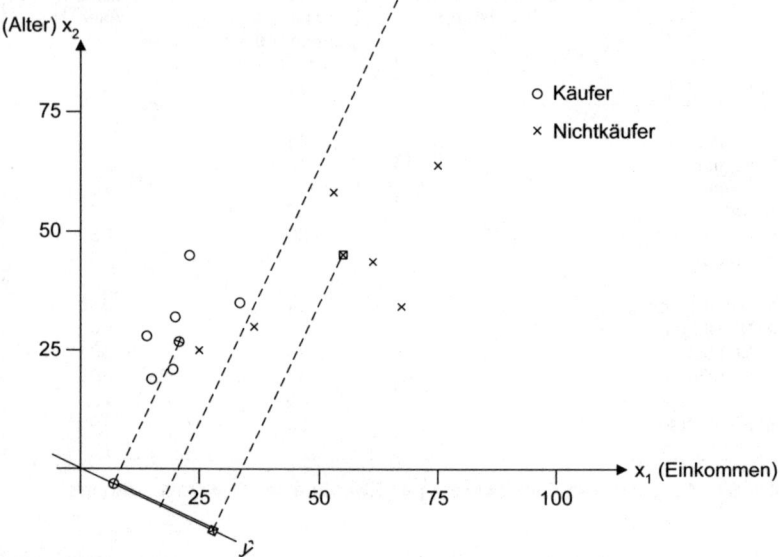

Abb. 64: Streudiagramm und Diskriminanzachse

Die Zielfunktion lautet:

$$\lambda = \frac{SQ_Z}{SQ_F} = \frac{\sum\limits_{k=1}^{K} n_k \left(\hat{\bar{y}}_k - \hat{\bar{y}} \right)^2}{\sum\limits_{k=1}^{K} \sum\limits_{i=1}^{n_k} \left(\hat{y}_{ki} - \hat{\bar{y}}_k \right)^2}$$

mit k = Gruppen (hier 1, 2)

$\quad\; i$ = Untersuchungsobjekte

$\quad\; \hat{\bar{y}}$ = Gesamtmittelwert

$\quad\; \hat{\bar{y}}_k$ = Mittelwert der Gruppe k

$\quad\; \hat{\bar{y}}_{ki}$ = Wert des Untersuchungsobjekts i in der Gruppe k

Gesucht wird eine neue Achse $\hat{y}$, bei der das Verhältnis der Summe der quadrierten Abweichungen *zwischen* den Gruppen SQ_Z zur Summe der quadrierten Abweichungen *innerhalb* der Gruppen SQ_F maximal ist.

Im Mehrgruppen-/Mehrvariablenfall wird jedoch durch eine einzige Diskriminanzachse meist nur ein Teil der Varianz der ursprünglichen Variablen aufgeklärt. Aus diesem Grunde wird eine zweite Diskriminanzfunktion berechnet, die mit der ersten unkorreliert ist. Sie erfasst somit einen Teil der Restvarianz, die durch die erste Funktion nicht erklärt wurde.

In gleicher Weise lassen sich weitere Diskriminanzachsen (*Diskriminanzfaktoren*) ermitteln, die nach dem Kriterium der sukzessiv maximalen Trennung der Gruppen gebildet werden unter der Nebenbedingung, dass sie mit den bisherigen Achsen paarweise unkorreliert sind. Die relativ umfangreichen Rechenprozeduren der Mehrgruppen-Mehrvariablen-Diskriminanzanalyse erfordern in der Regel den Einsatz von Computern. Im Weiteren soll der Rechengang und die Interpretation der Ergebnisse daher nur an einem einfachen Beispiel zur Zweigruppen-Zweivariablen-Diskriminanzanalyse demonstriert werden.

7.3.1.5.2 *Rechnerische Durchführung*

Setzt man für die unbekannten $\hat{y}$-Werte der Zielfunktion die Diskriminanzfunktion $\hat{y} = b_1 x_1 + b_2 x_2$ ein und leitet die Zielfunktion nach den Diskriminanzkoeffizienten ab, so erhält man im Zweigruppen-Zweivariablen-Fall die Gleichungen:

$$b_1 \cdot SQ_{11} + b_2 \cdot SQ_{12} = d_1$$

$$b_1 \cdot SQ_{12} + b_2 \cdot SQ_{22} = d_2$$

Dabei sind:

b_1, b_2 = Diskriminanzkoeffizienten
d_1, d_2 = Differenz der Mittelwerte zwischen Käufern und Nichtkäufern bei x_1 und x_2 bzw.
SQ_{11} = Summe der gruppeninternen Abweichungsquadrate bei x_1
SQ_{22} = Summe der gruppeninternen Abweichungsquadrate bei x_2
SQ_{12} = Summe der gruppeninternen Abweichungsprodukte von x_1 und x_2.

Ausgehend von den Werten der Abb. 65 werden nachfolgend die erforderlichen Rechenschritte aufgezeigt.

Aus den Gleichungen

$$1866, 34 \cdot b_1 + 1152, 02 \cdot b_2 = -29, 67$$

$$1152, 02 \cdot b_1 + 1778, 37 \cdot b_2 = -11, 67$$

folgen die Diskriminanzkoeffizienten:

$b_1 = -0,0198$

$b_2 = 0,0063$

Prädiktoren / Abhängige	Jährl. Einkommen x_1	Alter x_2	Gruppeninterne Abweichungen				
			$(x_{1i} - \bar{x}_1)$	$(x_{1i} - \bar{x}_1)^2$	$(x_{2i} - \bar{x}_2)$	$(x_{2i} - \bar{x}_2)^2$	$(x_{1i} - \bar{x}_1)(x_{2i} - \bar{x}_2)$
1. Käufer	24	45	4,17	17,39	15,50	240,25	64,64
2. Käufer	16	20	-3,83	14,67	-9,50	90,25	39,39
3. Käufer	14	28	-5,83	33,99	-1,50	2,25	8,74
4. Käufer	20	32	0,17	0,03	2,50	6,25	0,43
5. Käufer	30	33	10,17	103,43	3,50	12,25	35,60
6. Käufer	15	19	-4,83	23,33	-10,50	110,25	50,72
	$\bar{x}_{1K} =$ 19,83	$\bar{x}_{2K} =$ 29,50		$SQ_{11K} =$ 192,84		$SQ_{22K} =$ 461,50	$SQ_{12K} =$ 119,52
1. Nichtkäufer	64	30	14,50	210,25	-11,17	124,77	-161,97
2. Nichtkäufer	75	64	25,50	650,25	22,83	521,21	582,17
3. Nichtkäufer	48	58	-1,50	2,25	16,83	283,25	-25,25
4. Nichtkäufer	35	30	-14,50	210,25	-11,17	124,77	161,97
5. Nichtkäufer	25	25	-24,50	600,25	-16,17	261,47	396,17
6. Nichtkäufer	50	40	0,50	0,25	-1,17	1,37	-0,59
	$\bar{x}_{1N} =$ 49,50	$\bar{x}_{2N} =$ 41,17		$SQ_{11N} =$ 1673,50		$SQ_{22N} =$ 1316,87	$SQ_{12N} =$ 952,50
	$\bar{x}_1 =$ 34,67	$\bar{x}_2 =$ 35,34		$SQ_{11} =$ 1866,34		$SQ_{22} =$ 1778,37	$SQ_{12} =$ 1152,02
	$d_1 =$ 19,83-49,50 = -29,67	$d_2 =$ 29,50-41,17 = -11,87					

Abb. 65: Wertetabelle (Zweigruppen-Zweivariablen-Diskriminanzanalyse)

Die Diskriminanzfunktion lautet somit:

$$\hat{y} = -0,0198x_1 + 0,0063x_2$$

Setzt man in die Diskriminanzfunktion die x_1-, x_2-Werte der 12 Personen ein, so erhält man die Diskriminanzwerte (vgl. Abb. 66). Ebenso lassen sich die Diskriminanzwerte für die Zentroide der beiden Gruppen und der des Gesamtmittelwertes errechnen:

$$\hat{\bar{y}}_{\text{Käufer}} = -0,0198 \cdot (19,83) + 0,0063 \cdot (29,50) = -0,2068$$

$$\hat{\bar{y}}_{\text{Nichtk.}} = -0,0198 \cdot (49,50) + 0,0063 \cdot (41,17) = -0,7207$$

$$\hat{\bar{y}}_{\text{Gesamt}} = -0,0198 \cdot (34,67) + 0,0063 \cdot (35,34) = -0,4638$$

Käufer	Diskriminanzwert	Nichtkäufer	Diskriminanzwert
1	-0,1917	1	-1,0782
2	-0,1908	2	-1,0812
3	-0,1008	3	-0,5850
4	-0,1944	4	-0,5040
5	-0,3861	5	-0,3375
6	-0,1773	6	-0,7380
$\hat{\bar{y}}_K =$	-0,2068	$\hat{\bar{y}}_N =$	-0,7207
	$\hat{\bar{y}}_{\text{Gesamt}} = -0,4638$		

Abb. 66: Diskriminanzwerte der 12 Personen

Der Gesamtmittelwert (–0,4638) lässt sich als „kritischer" Trennwert verwenden. Personen, deren Diskriminanzwerte darunter liegen, werden in die Gruppe der Nichtkäufer, Personen, deren Diskriminanzwerte darüber liegen, in die Gruppe der Käufer eingeteilt. Für Person 1 der Käufer wird daher anhand des Diskriminanzwertes

$$\hat{y}_1 = -0,1917 > \hat{\bar{y}}_{\text{Gesamt}} = -0,4638$$

ebenfalls die Zugehörigkeit zur Gruppe der Käufer prognostiziert. Betrachtet man dagegen Person 5 der Nichtkäufer, so erfolgt anhand des Diskriminanzwertes eine Fehlklassifikation:

$$\hat{y}_5 = -0,3375 > \hat{\bar{y}}_{\text{Gesamt}} = -0,4638$$

d. h. sie wird anhand ihres Wertes den Käufern zugeordnet. Dieses Ergebnis deckt sich mit Abb. 64, denn im Streudiagramm liegt diese Person links der Trenngeraden (diese stellt nichts anderes als die Projektion des Gesamtzentroids

219

auf die $\hat{\bar{y}}$-Achse dar und ist identisch mit $\hat{\bar{y}}$, d. h. dem kritischen Diskriminanzwert). Insgesamt ist festzustellen, dass die beiden Prädiktoren gut geeignet sind, die Markenwahl zu erklären, da nur eine Person falsch klassifiziert wird (8,33 % der Fälle).

Ähnlich wie in der multiplen Regression bereitet auch die Interpretation der *relativen Wichtigkeit* der Variablen für die Gruppentrennung Schwierigkeiten. Da die Prädiktoren häufig unterschiedliche Maßeinheiten und Varianzen aufweisen, *standardisiert* man die Diskriminanzkoeffizienten, indem man sie mit der Standardabweichung der jeweiligen Variablen multipliziert:

$$b_j^* = b_j + s_{xj}$$

Hieraus folgt:

$$b_1^* = -0,0198 \cdot 20,24 = -0,4008$$

$$b_2^* = -0,0063 \cdot 14,09 = -0,0888$$

Wie zu erkennen, verschiebt sich im vorliegenden Beispiel die Relation zwischen den Koeffizienten im Vergleich zu den unstandardisierten Werten nur unwesentlich. Demnach wäre x_1 (Einkommen) die bedeutsamere Variable zur Vorhersage der Gruppenzugehörigkeit.

Allerdings ist zu berücksichtigen, dass die beiden Variablen miteinander korrelieren ($r_{x_1 x_2} = 0,70$), so dass aus den Diskriminanzkoeffizienten aufgrund von *Suppressionseffekten* nicht die Wichtigkeit der Variablen ersichtlich ist. Auch hier empfiehlt es sich wie bei multipler Regression, die *Strukturkoeffizienten* (- *Ladungen der Variablen auf den Diskriminanzfaktoren*) zu berechnen, die als Korrelationen der Variablen x_{1i} bzw. x_{2i} mit den Diskriminanzwerten $\hat{y}$ definiert sind.

Im Beispiel folgt für die Korrelationen von x_1 sowie x_2 mit $\hat{y}$:

$$r_{x_1 \hat{y}} = \text{Strukturkoeffizient} = -0,98$$

$$r_{x_2 \hat{y}} = \text{Strukturkoeffizient} = -0,55$$

Hier ist nun zu ersehen, dass die Variable Einkommen im Verhältnis zum Alter nicht so stark dominiert, wie das bei Betrachtung der Diskriminanzkoeffizienten nahe zu liegen scheint.

7.3.2 Interdependenzanalyse

Die Interdependenzanalyse geht nicht von der Unterteilung der Datenmatrix in Kriteriums- und Prädiktorvariablen aus. Vielmehr wird die Struktur der wechselseitigen Beziehungen zwischen den einbezogenen Variablen bzw. Objekten untersucht. Den im Folgenden behandelten Verfahren ist gemeinsam, dass sie eine Reduktion umfangreicher Datenbestände ermöglichen, indem sie die Beziehungen zwischen n Objekten statt auf den m ursprünglichen Variablen auf wenigen Dimensionen abbilden (*Faktorenanalyse, Multidimensionale Skalierung*) oder indem sie die Objekte entsprechend ihrer Ähnlichkeit zu möglichst homogenen Gruppen zusammenfassen (*Clusteranalyse*).

7.3.2.1 Grundzüge der Faktorenanalyse

Ausgehend von einem Satz mehr oder weniger interkorrelierter Variablen $x_j (j = 1, ..., m)$ ermöglicht die Faktorenanalyse die Bestimmung einer geringen Anzahl neuer, untereinander unkorrelierter Variablen (*Faktoren*), ohne dass es zu einem entscheidenden Informationsverlust kommt (zur Faktorenanalyse vgl. Harman 1976; Overall/Klett 1983; Revenstorf 1976; Überla 1977; Bortz 1999, S. 495 ff.; Backhaus u. a. 2000, S. 252 ff.).

Die Logik des Verfahrens soll anhand eines Beispiels erläutert werden (entnommen bei Harman 1976, S. 13 ff.). Eine Untersuchung von 12 Stadtbezirken habe folgende Daten erbracht:

Stadt-bezirk	Gesamtbe-völkerung x_1	⌀ Dauer des Schulbesuchs x_2	Beschäftig-tenzahl x_3	Anzahl der angebotenen Dienstleistungen x_4	⌀ Wert der Häuser x_5
1	5.700	12,8	2.500	270	25.000
2	1.000	10,9	600	10	10.000
3	3.400	8,8	1.000	10	9.000
4	3.800	13,6	1.700	140	25.000
5	4.000	12,8	1.600	140	25.000
6	8.200	8,3	2.600	60	12.000
7	1.200	11,4	400	10	16.000
8	9.100	11,5	3.300	60	14.000
9	9.900	12,5	3.400	180	18.000
10	9.600	13,7	3.600	390	25.000
11	9.600	9,6	3.300	80	12.000
12	9.400	11,4	4.000	100	13.000

Abb. 67: Ausgangsdaten der Faktorenanalyse

Betrachten wir zunächst nur ein Streuungsdiagramm mit den Variablen x_1 und x_3 (vgl. Abb. 68).

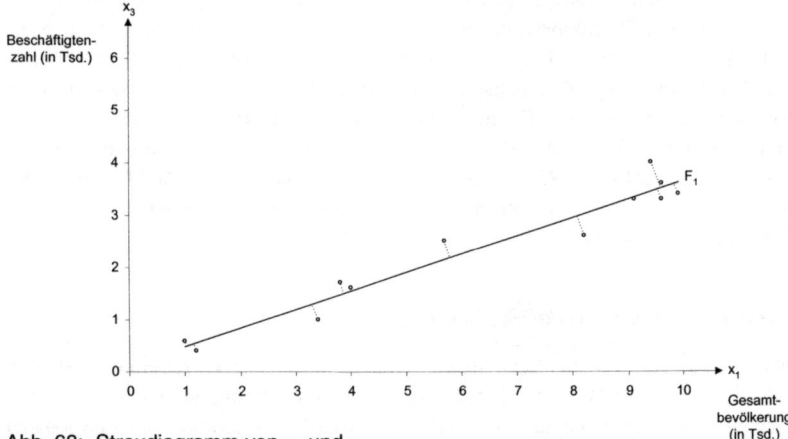

Abb. 68: Streudiagramm von x_1 und x_3

Man erkennt unmittelbar, dass x_1 und x_3 eine hohe Korrelation aufweisen (r_{13} = 0,97245), so dass die vorhandenen Informationen ohne weiteres durch eine einzige neue Variable F_1 wiedergegeben werden könnten, indem man die Punkte auf diese Achse projiziert (d. h. die Variablen x_1 und x_3 werden aufgrund ihrer hohen Korrelation zu einer einzigen Dimension „zusammengefasst"). Gleichermaßen könnte man auch die Beziehungen zwischen den anderen Variablen untersuchen. Allerdings korrelieren alle Variablen miteinander in mehr oder weniger hohem Maße (vgl. Abb. 69), weshalb eine Analyse der den Variablen zugrunde liegenden Struktur anhand aller bivariaten Korrelationen sehr schnell die menschliche Informationsverarbeitungskapazität übersteigt.

Variable	1	2	3	4	5
1	1	0,00975	0,97245	0,43887	0,02241
2		1	0,15428	0,69141	0,86307
3			1	0,51472	0,12193
4				1	0,77765
5					1

Abb. 69: Korrelationsmatrix R

Um daher *m* Variablen unter Berücksichtigung aller korrelativen Beziehungen in wenige, voneinander unabhängige Dimensionen zu komprimieren, bedient man sich im Rahmen der Faktorenanalyse zumeist der *Hauptkomponentenmethode*. Die folgenden Ausführungen beziehen sich durchgängig auf die *Hauptkomponentenmethode*. Davon zu unterscheiden ist das „*Modell gemeinsamer Faktoren*", dessen Darstellung hier zu weit führen würde. (Der Leser sei auf die Darstellung bei Gaennslen/Schubö 1976, S. 269 ff.; Böhler 1977b, S. 213 ff. verwiesen.) In praktischen Fragestellungen mit umfangreichen Variablenbatterien führen beide Ansätze zu ähnlichen Resultaten (vgl. hierzu Green/Tull 1982, S. 408).

Die Hauptkomponentenmethode lässt sich auf einfache Weise geometrisch veranschaulichen: Die erfassten Werte der 12 Stadtbezirke bilden eine Punktewolke im fünfdimensionalen Merkmalsraum. Mit Hilfe der Hauptkomponentenmethode wird nun eine erste Achse so in den Merkmalsraum gelegt, dass sie ein Maximum der Varianz der Ausgangsdaten erfasst (d. h. sie wird in Richtung des größten Durchmessers der Punktewolke gelegt). Danach wird eine zweite Achse gebildet, die ein Maximum der verbliebenen Restvarianz erklärt unter der Nebenbedingung, dass sie mit der ersten Achse nicht korreliert. Allgemein lassen sich bei *m* Variablen maximal *m* miteinander unkorrelierte Achsen (Hauptkomponenten) bilden. Da die verbleibende Restvarianz jedoch sehr schnell abnimmt, genügen in praktischen Fällen meist wenige Hauptkomponenten, um die Varianz der Ausgangsdaten zu einem Großteil zu erklären. Es gilt, dass umso weniger Hauptachsen benötigt werden, je höher die ursprünglichen Variablen x_j miteinander korrelieren (im Extremfall einer vollständigen Korrelation aller Variablen genügt eine einzige Hauptachse, auf der, wie im Abschnitt zur Regression ausgeführt, alle Punkte liegen).

Bezeichnet man die erste der gesuchten Dimensionen mit F_1, so gilt für diese:

$$F_1 = b_{11}x_1 + b_{21} \cdot x_2 + \dots + b_{m1}x_m$$

Die Koeffizienten b_1 bis b_m der ersten Hauptkomponente sind so festzulegen, dass F_1 ein Maximum der Varianz der Punktewolke im Merkmalsraum erfasst. Die partiellen Ableitungen dieser Zielfunktion nach den gesuchten Koeffizienten führen zu einem System von Bestimmungsgleichungen, aus dem sich die Koeffizienten errechnen lassen (es handelt sich hierbei um ein so genanntes „Eigenwertproblem"; vgl. hierzu Bortz 1999, S. 500 ff.). Nachdem die erste Hauptkomponente ermittelt wurde, kann eine zweite F_2 extrahiert werden. Die Zielfunktion für diese fordert, dass sie ein Maximum der nach Extraktion der ersten Komponente verbliebenen Varianz erklärt und dass sie zur ersten Achse senkrecht („orthogonal") steht. Führt man diese Rechenschritte fort, so lassen sich bei fünf Ausgangsvariablen x_1 bis x_5 maximal fünf orthogonale Hauptkomponenten ermitteln. Nach diesem Arbeitsschritt ist man nun an zwei Fragen interessiert:

1. Wie viele Faktoren werden benötigt (soll man extrahieren)?

2. Wie sind die Faktoren inhaltlich zu interpretieren?

Für die *inhaltliche Interpretation* der extrahierten Hauptkomponenten sind die ermittelten Koeffizienten wenig geeignet (vgl. hierzu auch die Ausführungen zur Diskriminanzanalyse). Daher berechnet man in der Faktorenanalyse die *Korrelationen* der *ursprünglichen Variablen* x_1 bis x_5 *mit den ermittelten Hauptachsen* F_1 bis F_5. Diese Korrelationen werden als *„Faktorladungen"* bezeichnet. Abb. 70 zeigt diese Korrelationen (so genannte *„Faktorladungsmatrix"*), die wie üblich Werte zwischen – 1 und +1 annehmen können. So korreliert Variable 1 in Höhe von $r_{x_1 F_1}$ = +0,8064 mit Faktor 2. Betrachtet man die Faktorladungsmatrix, so ist schon ein gewisses Beziehungsmuster zwischen den Ausgangsvariablen und den Faktoren zu erkennen: die Variablen 2, 4 und 5 korrelieren erheblich mit dem Faktor 1 („laden hoch auf dem 1. Faktor"), während die Variablen 1 und 3 hoch auf dem 2. Faktor laden.

Variable	Faktor				
	1	2	3	4	5
1	0,5810	0,8064	0,0276	-0,0645	-0,0852
2	0,7671	-0,5448	0,3193	0,1118	-0,0216
3	0,6724	0,7260	0,1149	-0,0072	0,0862
4	0,9324	-0,1043	-0,3078	0,1582	0,0000
5	0,7911	-0,5582	-0,0647	-0,2413	0,0102
Eigen-werte	2,8733	1,7966	0,2148	0,1000	0,0153
Erklärte Varianz in %	57,5	35,9	4,3	2,0	0,3

Abb. 70: Faktorladungsmatrix A

In Abb. 70 sind zudem die *„Eigenwerte"* der Faktoren angegeben. Sie errechnen sich als Summe der quadrierten Korrelationskoeffizienten (Faktorladungen) eines Faktors und sind ein Maßstab für die durch einen Faktor erklärte Varianz der Ausgangsdaten:

Eigenwert = $(0,5810)^2 + (0,7671)^2 + ... + (0,7911)^2 = 2,8733$

Dividiert man die Eigenwerte durch die Anzahl der Variablen (hier fünf), so erhält man den *Anteil der durch einen Faktor erklärten Varianz* der Punktewolke. Eigenwerte bzw. die erklärte Varianz sind in der Faktorenanalyse die gebräuchlichsten *Kennzahlen* zur *Bestimmung der notwendigen Faktorenzahl*. Erinnern wir uns an unsere ursprüngliche Fragestellung, die lautete, wie viele Dimensionen notwendig sind, um die in den Ausgangsvariablen enthaltenen Informationen ohne großen Verlust abzubilden, wobei die Anzahl der Dimensionen wesentlich geringer sein sollte als die Anzahl der ursprünglichen Variablen!

Die Angaben in Abb. 70 zeigen, dass nur die ersten beiden Faktoren beträchtliche Eigenwerte aufweisen bzw. einen nennenswerten Anteil der Varianz erklären. Als Faustregel hat es sich eingebürgert, nur so lange Faktoren zu extrahieren, wie deren *Eigenwert größer als* 1 ist. Da zudem der erste Faktor 57,5 % und der zweite Faktor zusätzlich 35,9 % der Gesamtvarianz erklären, genügt es auch in dieser Hinsicht, sich auf zwei Faktoren zu beschränken. Geometrisch bedeutet dies, dass die ursprünglich in 5 Dimensionen abgebildete Punktewolke nun in einem zweidimensionalen Faktorenraum wiedergegeben wird, wobei die Objekte entsprechend ihren Werten auf den beiden neuen Dimensionen (so genannte *Faktorenwerte*) positioniert sind.

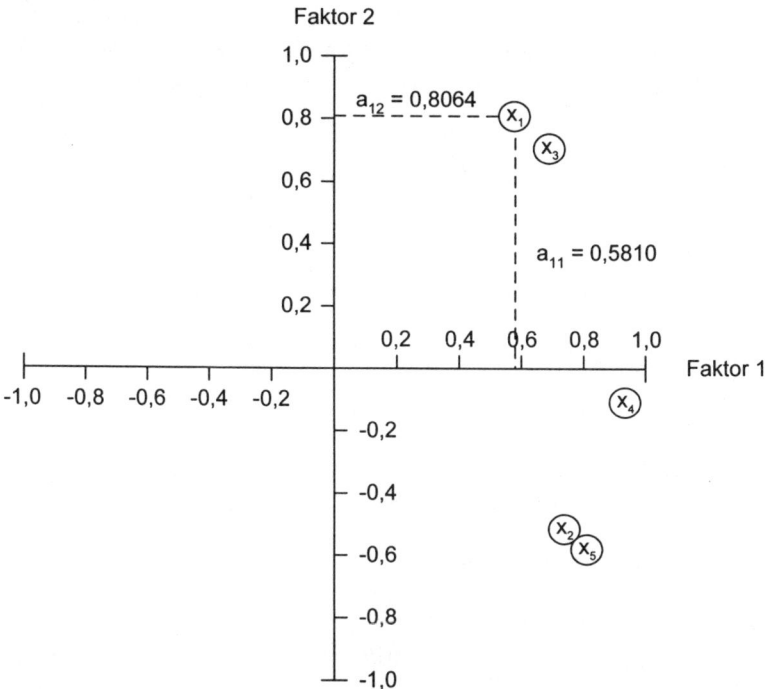

Abb. 71: Faktorraum mit Variablen

Da die Faktoren üblicherweise standardisiert werden (Mittelwert 0, Varianz 1), haben beide Dimensionen die gleiche Länge: Achsen, deren Streuung > 1 war, wurden gestaucht, Achsen mit einer Streuung < 1 gestreckt. Verwendet man die beiden Faktoren als neue Koordinaten des Merkmalsraumes, dann können die ursprünglichen Variablen in diesen Raum hineingelegt werden (vgl. Abb. 71). Konkret lässt sich eine Variable dadurch in den Faktorraum legen, dass man ihre Ladungen auf den Faktoren als Koordinatenwerte verwendet. Für Variable x_1 gilt z. B. $a_{11} = 0,5810$ bei F_1 und $a_{12} = 0,8064$ bei F_2.

Aus der graphischen Darstellung ist wiederum ersichtlich, dass die Variablen 1 und 3 hoch mit dem Faktor 2 und die Variablen 2, 4 und 5 hoch mit dem Faktor 1 korrelieren (d. h. Ladungen nahe $|1|$ aufweisen). Allerdings liegen auch beträchtliche Ladungen bei dem jeweils anderen Faktor vor. (Bei praktischen Lösungen ist in der Regel zu erwarten, dass viele Faktoren hoch mit dem 1. Faktor korrelieren, so dass eine Interpretation kaum möglich ist.)

Eine einfachere Interpretation wird jedoch dadurch erreicht, dass man die Achsen des Faktorraumes so dreht („rotiert"), dass auf jedem Faktor möglichst einige Variablen hoch, und die anderen möglichst niedrig laden („*Kriterium der Einfachstruktur*"). Abb. 72 zeigt eine *Rotation*, die zu diesem Ergebnis führt.

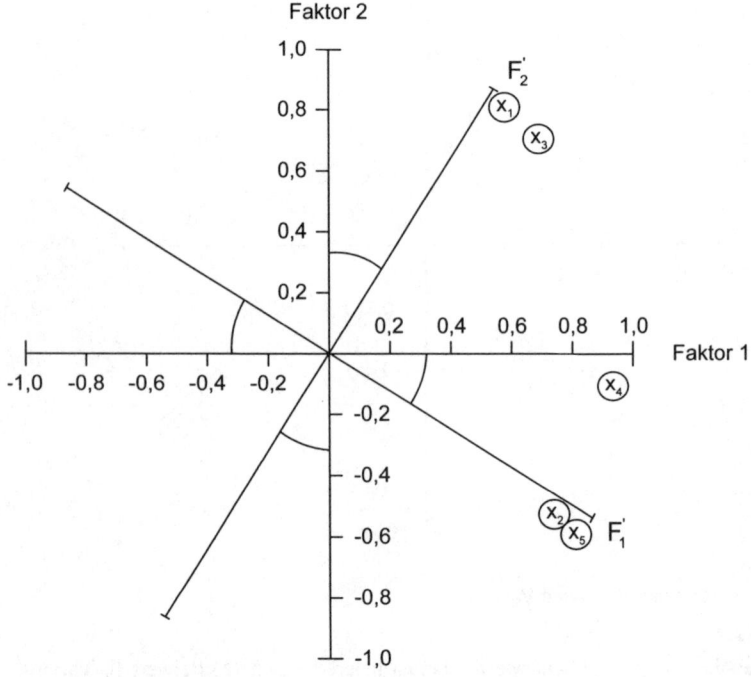

Abb. 72: Rechtwinklige Rotation des Faktorraumes

Projiziert man die Variablenpunkte auf die neuen Achsen F_1 und F_2, so erkennt man, dass x_1 und x_3 bei F_1' niedrig und bei F_2' hoch laden. Der umgekehrte Fall trifft für x_2, x_4 und x_5 zu. Die Faktorladungsmatrix zeigt daher nach der Rotation folgende Werte (vgl. Abb. 73):

	Faktor	
Variable	1	2
1	0,0160	<u>0,9938</u>
2	<u>0,9408</u>	-0,0088
3	0,1370	<u>0,9800</u>
4	<u>0,8248</u>	0,4411
5	<u>0,9682</u>	-0,0660

Abb. 73: Rotierte Faktorladungsmatrix

Für die Interpretation gilt somit:

$x_2 = \emptyset$ Schulbildung der Bewohner
$x_4 =$ Anzahl der angebotenen Dienstleistungen $\Big\}$ $F_1 =$ „Ausbildungs- und Wirtschaftsfaktor"
$x_5 = \emptyset$ Wert der Häuser

$x_1 =$ Bevölkerungszahl
$x_3 =$ Beschäftigtenzahl $\Big\}$ $F_2 =$ „Bevölkerungs- und Beschäftigtenfaktor"

Im Marketing-Bereich wird die Faktorenanalyse zunächst einmal als *Datenkomprimierungsverfahren* eingesetzt, da hierdurch die zu analysierenden Sachverhalte übersichtlicher werden. Ein Hauptanwendungsgebiet ist die Image- und Einstellungsmessung:

Statt Produkte, Marken etc. durch viele interkorrelierte Beurteilungsmerkmale zu beschreiben, werden nur wenige Faktoren als Beurteilungsdimensionen herangezogen. Die beurteilten Produkte werden anschließend anhand ihrer Faktorenwerte im Faktorraum positioniert, so dass die vorliegenden Konkurrenzbeziehungen übersichtlich aufgezeigt werden können. Zugleich lässt sich mittels der Faktorenanalyse die Dimensionalität komplexer Merkmale wie Soziale Klasse, Lifestyle, Images und Einstellungen überprüfen (vgl. die Ausführungen zur mehrdimensionalen Einstellungsmessung).

Bei der Anwendung des Verfahrens ist jedoch zu beachten, dass die Ergebnisse stark durch die Vorauswahl der zu analysierenden Variablen, durch die jeweils angewandte Technik zur Faktorenextraktion und -rotation sowie durch die subjektive Analyse des Anwenders geprägt werden.

7.3.2.2 Grundzüge der nichtmetrischen mehrdimensionalen Skalierung

Eine weitere Möglichkeit zur Abbildung der Objektbeziehungen in einem möglichst gering dimensionierten Merkmalsraum bietet die nichtmetrische mehrdimensionale Skalierung (MDS) (zur Methode vgl. Dichtl/Schobert 1979; Green/Carmone 1972; Green/Caroll 1978; Kühn 1976; Shepard/Romney/Nerlove 1972; Backhaus u. a. 2000, S. 499 ff.).

Im Marketing wurde dieses Verfahren am häufigsten zur mehrdimensionalen Skalierung von Wahrnehmungen und Präferenzen von Produktmarken eingesetzt. Das Verfahren eignet sich insbesondere zur Operationalisierung mehrdimensionaler Einstellungsmodelle, bei denen die Einstellung als Distanz zwischen Real- und Idealmarke im kognitiven Beurteilungsraum definiert ist (vgl. oben).

Da die Rechenprozeduren relativ aufwendig sind, soll hier das Grundprinzip der nichtmetrischen MDS anhand eines Beispiels erläutert werden (entnommen aus Böhler 1979a, S. 270 ff.).

Angenommen, man wollte die wahrgenommene Ähnlichkeit von neun Biermarken ermitteln, und zwar von Pilsener Urquell sowie von acht anderen Marken, gekennzeichnet durch die Ziffern 1, 2, 3, 4, 5, 6, 7, 8, 9. Da weder die Beurteilungskriterien, anhand derer ein Verbraucher diese Marken einstuft, noch die Anzahl der Dimensionen dieses Merkmalsraums bekannt sind, wird jede Person gebeten, lediglich Angaben über die *Ähnlichkeit* zwischen je zwei Biermarken zu machen (die einfachste Variante dieses Paarvergleichs besteht darin, dass die Objektpaare entsprechend der wahrgenommenen Ähnlichkeit in eine *Rangordnung* gebracht werden). Bei *n* Biermarken resultieren somit $\frac{n(n-1)}{2} = \frac{9(9-1)}{2} = 36$ Rangzahlen (vgl. Abb. 74).

Bier-marken	Pilsen. Urq.	2	5	8	4	7	9	1	6
Pilsen. Urq.	–	2	14	16	15	24	20	27	36
2		–	8	7	4	19	13	21	35
5			–	17	11	26	18	10	33
8				–	1	6	3	28	30
4					–	12	5	22	29
7						–	9	34	32
9							–	25	23
1								–	31
6									–

Abb. 74: Ähnlichkeitsrangordnung von Biermarkenpaaren

Abb. 74 zeigt die Rangordnungen einer Stichprobe von Personen (man erhält diese z. B. dadurch, dass für jedes Objektpaar die häufigste Rangzahl herangezogen wird). Ziel der MDS ist es nun, aufgrund dieser ordinal skalierten Ähnlichkeitsdaten einen möglichst niedrig dimensionierten Merkmalsraum zu finden, in dem die Objekte so positioniert sind, dass die *Rangordnung ihrer Distanzen im Merkmalsraum der vorgegebenen Ähnlichkeitsrangordnung entspricht.* Als Ergebnis erhält man bei dieser Variante der MDS *metrisch skalierte Distanzen,* obgleich die *Inputdaten nur ordinal skaliert* sind.

Das *Grundprinzip des Lösungsweges* ist relativ einfach: Angenommen, man möchte zunächst die Biermarkenpositionen im zweidimensionalen Raum ermitteln, so beginnt man mit einer beliebigen Startkonfiguration in einem zweidimensionalen Koordinatensystem. Die Rangordnung der Distanzen in diesem Raum wird dann von der ursprünglichen Rangordnung in Abb. 74 mehr oder weniger stark abweichen (so z. B., dass Marke 8 und Marke 4 nicht die geringste Euklid-Distanz aufweisen, obwohl sie die Rangzahl 1 haben usw.).

Daher müssen die Biermarkenpositionen so lange im Raum verschoben werden, bis eine zufriedenstellende Übereinstimmung zwischen der Ähnlichkeitsrangordnung und der Distanzrangordnung erreicht wird (mathematisch erfolgt dies dadurch, dass ein Maß für die Diskrepanz der beiden Rangordnungen minimiert wird (so genanntes *Stressmaß*) (vgl. z. B. Kruskal 1964, S. 126 ff.). Bei dieser Minimierungsaufgabe bilden die von den Personen angegebenen Ähnlichkeitsrangplätze $\frac{n(n-1)}{2}$ Nebenbedingungen. Dies hat zur Folge, dass die Punkte im Merkmalsraum nicht beliebig verschoben werden können, ohne gegen eine Reihe dieser Nebenbedingungen zu verstoßen. Bei steigender Anzahl der Objekte nimmt die Anzahl der Restriktionen so stark zu, dass den Punkten im Merkmalsraum praktisch keine „Bewegungsfreiheit" mehr bleibt (die nichtmetrische MDS ist daher nur ab einer Mindestanzahl von Objekten (Faustregel $n \geq 8$) einsetzbar).

Für die Durchführung der Rechenschritte stehen mehrere Computerprogramme zur Verfügung. Im vorliegenden Falle erbrachte das Programm M-D-SCAL IV (vgl. hierzu Green/Rao 1972) das in Abb. 75 aufgezeigte Ergebnis.

Da die nichtmetrische MDS lediglich die Objektpositionen im Merkmalsraum angibt, bereitet die Interpretation der Dimensionen erhebliche Probleme. Eine Möglichkeit, die hier gewählt wurde, besteht darin, neben der Ähnlichkeitsrangordnung auch die Einstufung der Biermarken auf mehreren Beurteilungskriterien zu erheben und diese Eigenschaften als Vektoren in den Merkmalsraum zu legen. Demnach ergibt sich, dass Dimension 1 eher *Premium-* und *Alltagsbiere* trennt (vgl. Pilsener Urquell versus Marke 6), während Dimension 2 vornehmlich zur Unterscheidung zwischen Sonderbieren (Marke 7), auffälliger Flaschengestaltung (Marken 1 und 5) und den übrigen Marken dient. Problematisch ist auch bei der

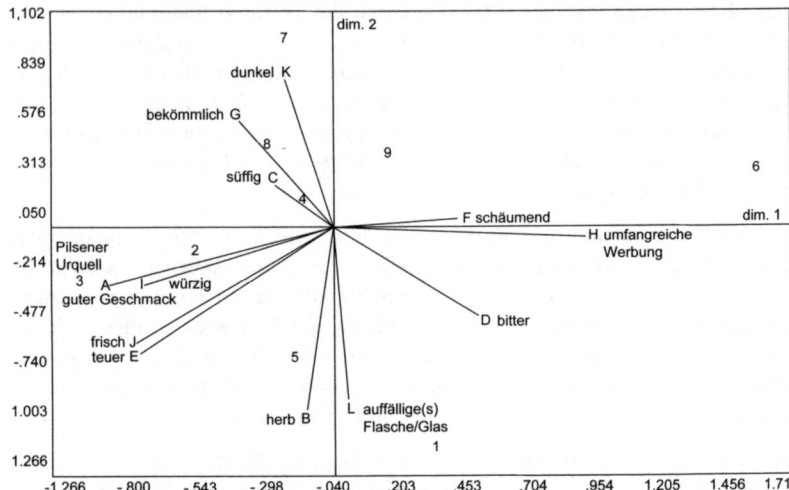

Plot for the first two dimensions of stimulus points and direction cosines of fitted property vectors

Abb. 75: Biermarkenpositionen im zweidimensionalen Eigenschaftsraum
(nach Böhler 1979a, S. 276)

nichtmetrischen MDS die Bestimmung der notwendigen Dimensionszahl. Zu diesem Zweck wird wiederum das Stressmaß herangezogen. Wurde eine zu niedrige Dimensionszahl gewählt, so lässt sich in diesem Raum durch Verschiebung der Punkte keine wesentliche Verbesserung in der Übereinstimmung von Ähnlichkeitsrangordnung und Distanzrangordnung erreichen. Mit anderen Worten: es resultiert ein hohes Stressmaß. Erhöht man nun die Dimensionszahl, so sinkt der Stress mit wachsender Dimensionalität des Merkmalsraums anfangs sehr rasch ab, nach Auffindung der „wahren" Dimensionalität aber lässt sich kaum noch eine wesentliche Verbesserung des Stress erzielen. Im vorliegenden Beispiel legte die Entwicklung des Stressmaßes drei Dimensionen nahe bei einem äußerst niedrigen Stress von 0,025, doch wurden zur übersichtlicheren Darstellung nur zwei der drei Dimensionen wiedergegeben.

7.3.2.3 Grundzüge der Clusteranalyse

Während die Faktorenanalyse primär zur Zusammenfassung von Variablen eingesetzt wird, verwendet man die Clusteranalyse hauptsächlich zur Gruppierung von Objekten (z. B. zur Bildung von Marktsegmenten, von Zeitschriftentypologien usw.). (Zur Methode vgl. Bock 1974; Sodeur 1974; Vogel 1975; Späth 1977; Steinhausen/Langer 1977; Opitz 1980; Backhaus u. a. 2000, S. 328 ff.)

Zu diesem Zweck werden die Objekte durch eine Reihe von Eigenschaften beschrieben (Personen z. B. nach demographischen Merkmalen, Einstellungsmesswerten etc.). Man erhält dadurch bei m Merkmalen einen m-dimensionalen Merkmalsraum, in dem die Objekte durch ihre Koordinatenwerte positioniert sind. Falls die Gesamtstichprobe in natürliche Gruppen zerfällt, so liegen mehrere Punktewolken vor, zwischen denen unbesetzte Regionen liegen. Da bei vielen Merkmalen jedoch keine visuelle Gruppierung möglich ist, sind hauptsächlich zwei Aufgaben im Rahmen der Clusteranalyse zu lösen:

1. die Festlegung eines (Un-)Ähnlichkeitsmaßes zwischen den Objekten

2. die Gruppierung der Objekte anhand dieses Maßes, so dass möglichst homogene, untereinander jedoch deutlich unterscheidbare Gruppen entstehen.

Die Vorgehensweise der Clusteranalyse möge an folgendem Beispiel verdeutlicht werden (vgl. Böhler 1979b): Eine Stichprobe von 11 Personen soll anhand der Merkmale Einkommen und Alter in homogene Gruppen aufgeteilt werden (vgl. Abb. 76).

Personen	Einkommen in Tsd. (x_1)	Alter (x_2)
1	30	20
2	30	30
3	40	25
4	50	50
5	55	60
6	60	55
7	70	30
8	76	30
9	80	25
10	80	33
11	95	20

Abb. 76: Ausgangsdaten zur Clusteranalyse

Betrachtet man das Streudiagramm, so liegt die Bildung von 3 Clustern nahe, während Person 11 als Außenseiter zweckmäßigerweise nicht in eine Gruppe einzuteilen ist (vgl. Abb. 77).

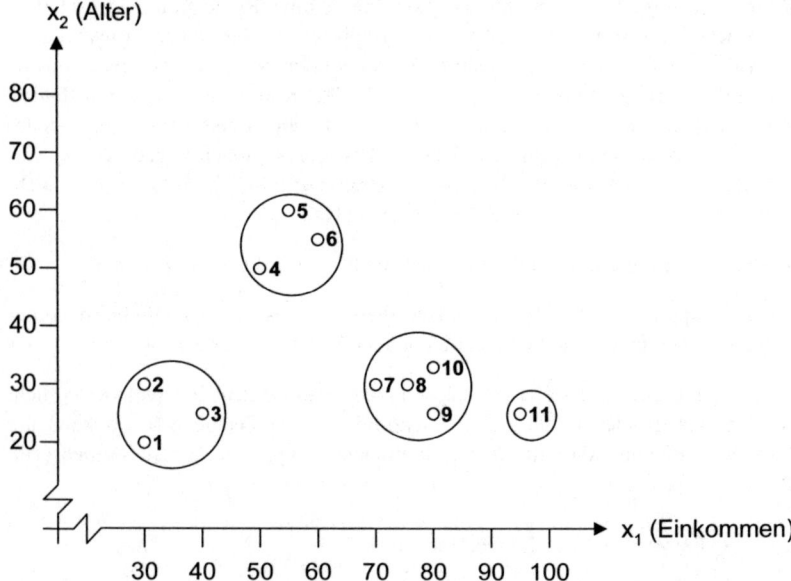

Abb. 77: Cluster im zweidimensionalen Merkmalsraum

(Un-)Ähnlichkeitsmaße

Bei *metrischen* Merkmalen liegt es nahe, die Personen zu einer Gruppe zusammenzufassen, die „nahe" beieinander im Merkmalsraum positioniert sind. Als geläufiges Unähnlichkeitsmaß dient daher zumeist die *Euklid-Distanz*:

$$d_{ik} = \left[\sum_{j=1}^{m} (x_{ij} - x_{kj})^2 \right]^{\frac{1}{2}}$$

mit i, k = Objekte
$\quad\ j$ = Merkmale

Für die Distanz zwischen den Personen 8 und 10 gilt:

$$d_{8.10} = \sqrt{(76 - 80)^2 + (30 - 33)^2} = 5$$

Sollen alle Differenzen gleichgewichtig berücksichtigt werden, so kann man stattdessen die *City-Block-Distanz* berechnen:

$$d_{ik} = \sum_{j=1}^{m} |x_{ij} - x_{kj}|$$

232

Demnach ist für die Personen 8 und 10 die Distanz:

$$d_{8,10} = |76 - 80| + |30 - 33| = 7$$

Bei *nominal skalierten* Merkmalen können so genannte *Ähnlichkeitskoeffizienten* berechnet werden, bei denen die Anzahl der übereinstimmenden Merkmalsausprägungen das Ausmaß der Ähnlichkeit bestimmt. Hierzu ein Beispiel:

Person	Merkmale			
	1	2	3	4
1	1	0	1	1
2	0	0	1	1

Bezeichnet man mit M die Anzahl der Eigenschaften, die gemeinsam auftreten (1,1 oder 0,0) und mit N die Gesamtzahl der Eigenschaften, so lautet ein erster Ähnlichkeitskoeffizient:

$$\ddot{A}_{ik} = \frac{M}{N} = \frac{3}{4} = 0,75$$

Soll der Nichtbesitz der Eigenschaften weniger stark berücksichtigt werden, bietet es sich an, die übereinstimmenden Nullkomponenten in Zähler und Nenner wegzulassen. Damit ist:

$$\ddot{A}_{ik} = \frac{2}{3} = 0,67$$

(Hinsichtlich weiterer Distanz- und Ähnlichkeitskoeffizienten vgl. Sokal/Sneath 1973, S. 121 ff.; Bock 1974, S. 35 ff. sowie insbesondere auch hinsichtlich gemischt skalierter Merkmale Opitz 1980, S. 32 ff.)

Klassifikation von Objekten

Zur Klassifikation von Objekten steht eine Fülle von Verfahren zur Verfügung (vgl. Späth 1977; Vogel 1975; Opitz 1980, S. 87 ff.). Im Folgenden können hieraus nur zwei typische Vertreter behandelt werden.

Eine Klasse von Verfahren erzeugt eine *Hierarchie*, indem entweder Objekte sukzessive zu immer größeren Klassen zusammengefasst werden (*agglomerative* Verfahren) oder indem die Gesamtheit der Objekte schrittweise in immer feinere Klassen zerlegt wird (*divisive* Verfahren). Sehr häufig wird die *Single-Linkage-Technik* angewandt, die zunächst jedes Objekt als eigene Klasse betrachtet. Im ersten Schritt werden die beiden ähnlichsten Objekte aggregiert. In der nächsten

Stufe werden die beiden nächstgelegenen Elemente zusammengefasst usw. Liegt ein Objekt am nächsten bei einem anderen, das sich schon in einer Klasse befindet, so wird es mit dieser Klasse fusioniert. Das Verfahren ist beendet, wenn alle Objekte zu einer einzigen Klasse zusammengefasst werden. Als Ergebnis erhält man eine Baumstruktur (*Dendrogramm*).

Geht man im obigen Beispiel von den Euklid-Distanzen zwischen den Personen aus, so führt das Single-Linkage-Verfahren zu folgendem Dendrogramm (vgl. Abb. 78).

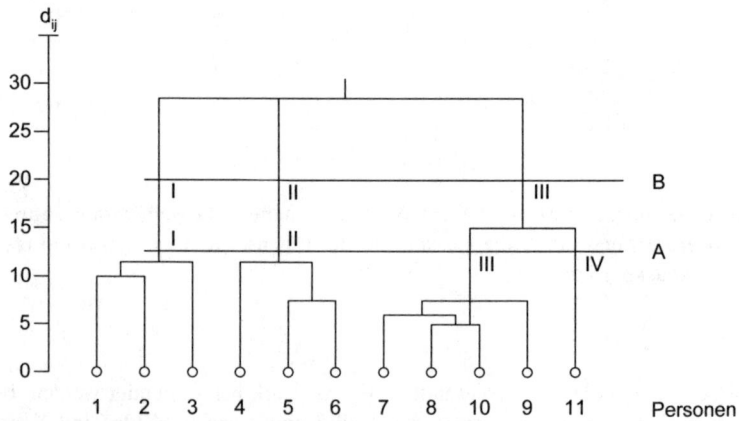

Abb. 78: Dendrogramm beim Single-Linkage-Verfahren

Da Personen 8 und 10 die geringste Distanz aufweisen ($d_{8.10} = 5$), werden sie als erste aggregiert. Anschließend wird Person 7 in diese Gruppe eingeordnet, weil die Distanz zwischen 7 und 8 mit $d_{7.8} = 6$ die kleinste der übrigen Distanzen ist usw. Wie ersichtlich, werden die Klassen mit abnehmender Klassenzahl immer heterogener.

Geht man davon aus, dass eine Klassifikation zu suchen ist, bei der die Mitglieder einer Klasse sich möglichst „ähnlich", die Klassen untereinander möglichst „unähnlich" sind, so wären anhand des Dendrogramms zwei Lösungen denkbar: Legt man einen horizontalen Schnitt *A* durch das Dendrogramm, so erhält man 3 relativ homogene Klassen und einen Außenseiter (Nr. 11), der nirgendwo zugeordnet wird (*nicht exhaustive Klassifikation*). Sind alle Personen zuzuordnen (*exhaustive Klassifikation*), dann wäre der Schnitt *B* zu legen, wobei die Gruppe aus 7, 8, 9, 10 und 11 etwas heterogener wäre. Insbesondere bei sehr umfangreichen Stichproben empfiehlt sich die Anwendung *nichthierarchischer* Verfahren. Häufig werden hierzu *Austauschverfahren* herangezogen, deren Vorgehensweise wie folgt gekennzeichnet werden kann:

234

1. Es wird eine Klassenzahl p vorgegeben und z. B. per Zufallsauswahl p Objekte als „Kristallisationskerne" ausgewählt. Danach werden die restlichen Objekte jenen Kernen zugeordnet, denen sie am nächsten liegen und für die Klassen die Klassenmittelpunkte (Zentroide) berechnet.

2. In der Iterationsphase werden die Objekte zwischen den Klassen ausgetauscht, und zwar wird jedes Objekt jener Klasse zugeordnet, deren Zentroid es am nächsten liegt. Nach Berechnung der neuen Zentroide wird der Austausch wiederholt usw.

Da sich hierbei die Zentroide rasch stabilisieren, bricht das Verfahren ab, wenn dieser Zustand erreicht ist. Zur Überprüfung der Güte des Ergebnisses können auch die Abweichungsquadratsummen (oder Varianzen) innerhalb der Gruppen errechnet werden, um die Iterationsphase abzubrechen, wenn eine Neuzuweisung der Objekte keine wesentliche Ergebnisverbesserung erbringt.

Da das Ergebnis lediglich zu einer optimalen Klassifikation in Abhängigkeit von der Klassenzahl p führt, wiederholt man diese Prozedur für unterschiedliche Klassenzahlen. Die „richtige" Klassenzahl (sofern überhaupt eine eindeutige Gruppierung gegeben ist) lässt sich dann an der gruppeninternen Streuung in Abhängigkeit von der Klassenzahl erkennen.

Die Streuung wird bei zunehmender Klassenzahl rasch abnehmen. Wurde die richtige Klassenzahl erreicht, so erbringt eine zusätzliche Aufteilung keine wesentliche Verbesserung der Homogenität mehr. Für das Einführungsbeispiel, bei dem der Außenseiter 11 eliminiert wurde, entwickelte sich die Abweichungsquadratsumme innerhalb der Gruppen wie folgt (vgl. Abb. 79).

Da die gruppeninterne SQ beim Übergang von 3 auf 4 Gruppen usw. kaum noch absinkt, bietet sich als Ergebnis eine Gruppierung in drei Klassen an (vgl. auch Abb. 80).

Clusterzahl k	SQ innerhalb	SQ innerhalb in % der SQ gesamt
1	5.144,5	100
2	2.223,8	43,2
3	316,7	6,2
4	279,2	5,4
5	175,0	3,4
6	125,0	2,4
7	105,8	2,1
8	68,3	1,3

Abb. 79: SQ innerhalb in Abhängigkeit von der Klassenzahl

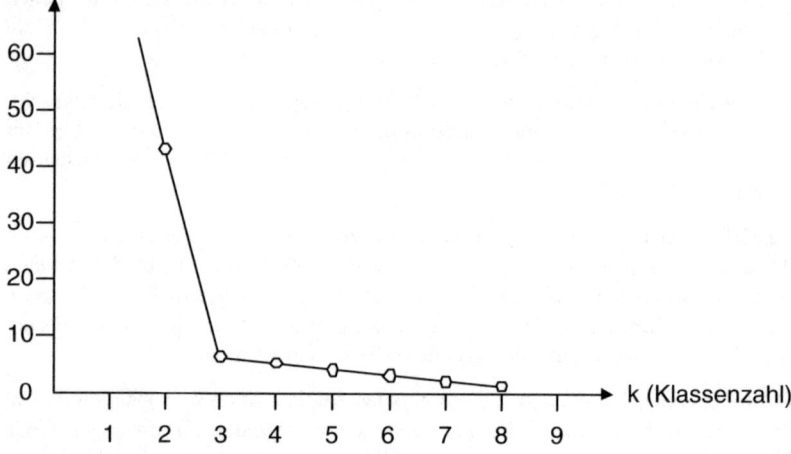

SAQ innerhalb in %

Abb. 80: Varianzkriterium zur Festlegung der Klassenzahl

Die optimale Gruppierung bei drei Klassen ist demnach (1, 2, 3); (4, 5, 6) und (7, 8, 9, 10).

In praxi sind jedoch zumeist keine so eindeutigen Resultate zu erzielen. In diesen Fällen bietet es sich an, die Klassifikation mit verschiedenen Verfahren und Gütekriterien durchzuführen und zu vergleichen. Zusätzlich kann man sich im Zweifelsfalle für die Lösung entscheiden, die am interpretationsfreundlichsten ist.

Das Anwendungsgebiet der Clusteranalyse im Marketing ist breit gesteckt und reicht von der Gruppierung von Testmärkten (Green u. a. 1967) über die Bildung von Marktsegmenten (Lessig/Tollefson 1971) bis hin zur Identifikation von Persönlichkeitstypen (Burda 1976; Gruner und Jahr 1973, 1975; Springer Verlag 1975). Eine Reihe von Anwendungsbeispielen finden sich auch in Späth 1977. Wie auch bei anderen multivariaten Verfahren ist zu berücksichtigen, dass die Ergebnisse stark durch die methodische Vorgehensweise und die subjektive Interpretation des Analytikers beeinflusst werden können. Dem ist bei der Präsentation der Marktforschungsergebnisse und bei der Entscheidungsfindung Rechnung zu tragen.

7.3.3 Weitere Verfahren der Multivariaten Analyse

Das Repertoire multivariater Verfahren wurde ständig erweitert, wobei die Anwendungshäufigkeit so mancher Ansätze an wissenschaftliche Modezyklen erinnert. Im Folgenden werden jene Verfahren beschrieben, die von größerer Relevanz für die Marktforschung sind.

Kanonische Korrelationsanalyse

Die Kanonische Analyse lässt sich mit der multiplen Regression vergleichen, wobei in Erweiterung zu dieser mehrere metrische Abhängige durch mehrere metrische unabhängige Variablen erklärt werden (Alpert/Peterson 1972, S. 187 ff.; Green/Wind 1973).

Angenommen, man wollte die Konsumhöhe von mehreren Getränken durch mehrere Verbrauchermerkmale (z. B. Ausbildung, Einkommen, Alter) erklären. Mithilfe der multiplen Regression ließe sich z. B. die Höhe des Bierkonsums durch die Regressionsgleichung

$$y = \beta_1 \cdot x_1 + \beta_2 \cdot x_2 + \beta_3 \cdot x_3$$

erklären (standardisierte Variablen vorausgesetzt). Die Regressionskoeffizienten könnten zeigen, dass die Höhe des Bierkonsums bei niedrigerer Bildung, niedrigerem Einkommen und niedrigerem Alter ansteigt. Ähnliche Funktionen könnten für andere Getränke (Wein, Schnaps, Mineralwasser etc.) ermittelt werden. Da jedoch auch beim Getränkekonsum Interdependenzen bestehen können, ist es sinnvoll, den Konsum der verschiedenen Getränke simultan zu betrachten und dieses Konsummuster durch die verwendeten Verbrauchermerkmale zu erklären. Die zu untersuchende Gleichung sei z. B.

$$\alpha_1 \cdot y_1 + \alpha_2 \cdot y_2 + \alpha_3 \cdot y_3 = \beta_1 \cdot x_1 + \beta_2 \cdot x_2 + \beta_3 \cdot x_3$$

mit x_1 = Ausbildung
x_2 = Einkommen
x_3 = Alter
y_1 = Bierkonsum
y_2 = Weinkonsum
y_3 = Spirituosenkonsum.

Die Aufgabe lautet dann: Lege die Koeffizienten β_1, β_2, β_3 und die Koeffizienten α_1, α_2, α_3 so fest, dass zwischen den beiden Linearkombinationen eine möglichst große Korrelation entsteht.

Die errechnete „kanonische Funktion" möge belegen, dass die Verwendungsintensität bei *allen Getränken* mit höherer Ausbildung, höherem Einkommen und zunehmendem Alter insgesamt steigt. Mittels der kanonischen Analyse können jedoch weitere Funktionen berechnet werden (maximal so viele, wie der kleinere Variablensatz von x bzw. y Variablen umfasst). Die zweite Funktion kann dann beispielsweise erklären, *welche Getränkearten* (unabhängig von der Höhe) von den Verbrauchern in Abhängigkeit ihrer Merkmale bevorzugt werden. So kann durch die zweite Funktion etwa aufgezeigt werden, dass der Weinkonsum mit höherem Einkommen und höherer Ausbildung einhergeht, während die Wahl von

Bier und Spirituosen durch niedrigere Einkommen und niedrigeres Alter erklärt wird. Neben der Erklärung der Produktwahl durch sozioökonomische, demographische und psychographische Merkmale (vgl. Frank/Strain 1972, S. 385 ff.) bietet sich das Verfahren auch an, um das Medienverhalten (Nutzungsintensität bei verschiedenen Mediengattungen sowie innerhalb der Medien einer Gattung) durch Zielgruppenmerkmale zu erklären.

Multiple Diskriminanzanalyse

Bei der multiplen Diskriminanzanalyse wird die Zugehörigkeit von Objekten zu einer von *mehreren* Gruppen erklärt bzw. prognostiziert (vgl. Lachenbruch 1975; Green/Tull 1982; Backhaus u. a. 2003, S. 177 ff.). Bei G Gruppen lassen sich maximal G-1 Diskriminanzfunktionen berechnen. Warum die Ermittlung mehrerer Diskriminanzfunktionen sinnvoll ist, zeigt Abbildung 81:

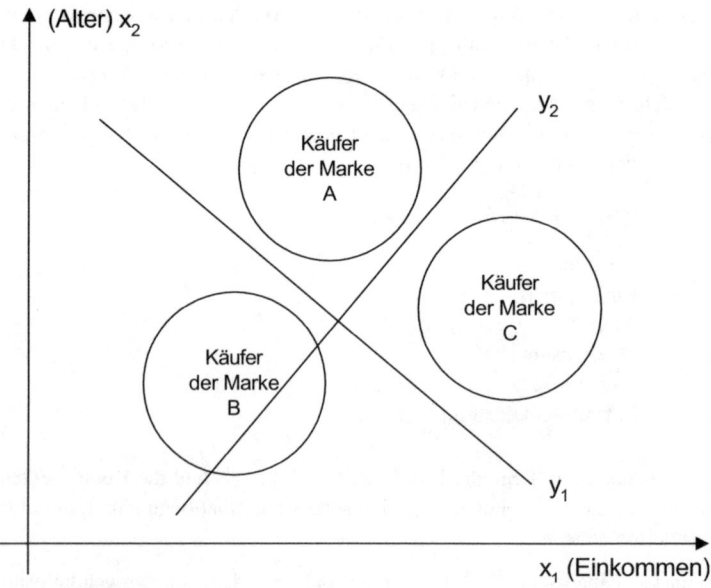

Abb. 81: Mehrgruppenfall

Mit der Diskriminanzfunktion y_1 können lediglich die Käufer der Marke C von denen der Marken A und B getrennt werden. Bestimmt man jedoch eine zweite Diskriminanzfunktion y_2, die senkrecht zu y_1 steht, so lassen sich auch die Käufer der Marke A von denen der Marke B fehlerfrei abgrenzen.

Typische Anwendungsfälle der multiplen Diskriminanzanalyse sind die Prognose der Markenwahl in Abhängigkeit von Segmentierungsmerkmalen (vgl.

Evans 1959, S. 340 ff.), die Insolvenzprognose von Bankkunden (vgl. Green/ Tull 1975, S. 523 f.) oder Erstellung von Produktpositionierungsmodellen, bei denen die Realmarken- und Idealmarkenpositionen in Abhängigkeit von Verbraucherurteilen auf Produkteigenschaftsskalen ermittelt werden. Die Beurteilungsskalen des Fragebogens werden hierbei als unabhängige Variablen betrachtet, die mittels der multiplen Diskriminanzanalyse zu wenigen orthogonalen Diskriminanzfunktionen verdichtet werden, auf denen dann die Positionen der Realmarken und die der Idealvorstellungen der Auskunftspersonen berechnet werden:

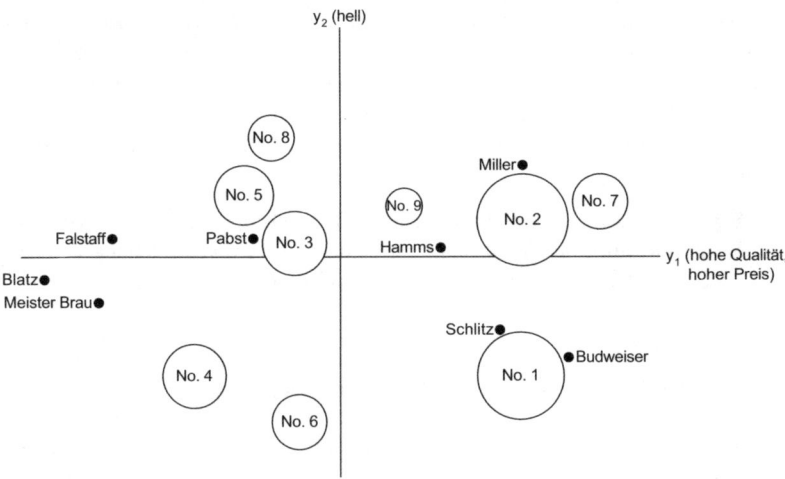

Abb. 82: Diskriminanzanalytisch ermitteltes Positionierungsmodell (Quelle: Johnson 1971, S. 13 ff.)

Abb. 82 zeigt die durchschnittlichen Realmarkenpositionen (z. B. Budweiser) sowie Idealproduktsegmente (Kreise). Im Übrigen ist das diskriminanzanalytische Positionierungsmodell aufgrund der Struktur der Ausgangsdaten dem weit verbreiteten faktorenanalytischen vorzuziehen (vgl. zu dessen Problem Böhler/Stölzel 1977, S. 21 ff.).

Multiple Varianzanalyse

Ist anzunehmen, dass experimentell überprüfte Marketing-Maßnahmen (z. B. Werbespots) mehrere Wirkungen (z. B. Bekanntheitsgrad, Kaufabsichten, Qualitätsurteile) auslösen, die gleichermaßen von Bedeutung sind, so kann man statt mehrerer eindimensionaler Varianzanalysen eine multiple Varianzanalyse durchführen (vgl. Bray/Maxwell 1985; Hair u. a. 1995).

239

Das Verfahren gleicht der Kanonischen Korrelationsanalyse. Wie dort werden mehrere metrische Abhängige durch zwei oder mehrere Unabhängige (hier Experimentstimuli) erklärt, wobei bei der multiplen Varianzanalyse letztere naturgemäß nichtmetrisch skaliert sind (z. B. Fernsehspot 1, Fernsehspot 2 etc.).

Gehen wir der Einfachheit halber von zwei Werbespots und drei Werbewirkungen (z. B. Slogankenntnis, Beurteilung der Produktqualität, Kaufabsicht) aus, so lassen sich für beide Gruppen (Werbespots) entsprechende Abweichungsquadratsummen (SQ_G, SQ_Z und SQ_F) für alle drei Abhängige berechnen.

Im hier aufgezeigten Beispiel werden jedoch nicht die Mittelwertunterschiede der Abhängigen isoliert einem Signifikanztest unterzogen. Vielmehr werden die drei Mittelwerte durch eine Linearkombination zu *einer* Kennzahl für Werbespot 1 und *einer* Kennzahl für Werbespot 2 so zusammengefasst, dass die Unterschiede der Kennzahlen zwischen den beiden Experimentstimuli maximal sind. Entsprechende Aggregationen werden auch für die Abweichungsquadratsummen vorgenommen.

Der Signifikanztest (F-Test) wird anschließend mittels der aggregierten Kennzahlen für die Gesamt-, die Zwischengruppen- und die Fehlerabweichung durchgeführt (vgl. z. B. Hair u. a. 1995, S. 263 f.; Wind/Denny 1974, S. 136 ff.).

Conjoint Analyse

Die Conjoint Analyse umfasst eine Reihe von Erhebungs- und Auswertungsverfahren, die das Ziel haben, den Nutzenbeitrag von Produkteigenschaften (z. B. kalorienarm, ökologisch, mit Vitamin C, Preis 1,99) sowie den daraus resultierenden Gesamtnutzen eines Produkts zu berechnen (zu den Verfahren vgl. Backhaus u. a. 2003, S. 543 ff.; Weiber/Rosendahl 1997; Teichert 2000, S. 471 ff.; einen Überblick über weitere Anwendungsgebiete im Marketing geben Wittink u. a. 1994).

Zur Durchführung einer Conjoint Analyse sind folgende Arbeitsschritte zu durchlaufen:

1. Festlegung der nutzenstiftenden Produktmerkmale

In einer explorativen Phase ist zunächst durch Interviews festzustellen, welche Produkteigenschaften für die anvisierte Zielgruppe in Frage kommen. Die Anzahl der nachfolgend zu verwendenden Merkmale darf nicht zu hoch sein (4–6), da sonst die Auskunftsfähigkeit der Befragten durch zu viele Produktalternativen überfordert ist. Wird ein linear-additives Nutzenmodell unterstellt (d. h. der Gesamtnutzenwert einer Alternative ergibt sich aus der Addition der Teilnutzenwerte ihrer Eigenschaften), dann müssen die Eigenschaften voneinander unabhängig sein (z. B. PS-Leistung und Marke bei PKWs).

Bsp.: Kaufrelevante Merkmale von Notebooks: Display, Prozessor, Preis.

2. Festlegung der Ausprägungen pro Merkmal

Wie bei der Merkmalsauswahl ist man aus gleichen Gründen auch bei der Anzahl der Ausprägungen eingeschränkt. In praktischen Anwendungen wird empfohlen, nicht mehr als drei Ausprägungen zu verwenden (bei 3 Merkmalen mit jeweils 3 Ausprägungen ergeben sich 3^3 Alternativen). Dies ist allerdings problematisch, wenn die Auskunftspersonen in der Realität z. B. eine größere Anzahl von Marken berücksichtigen oder, wenn beim Preis nur sehr grobe Preiskategorien gebildet werden können.

Merkmale	Ausprägungen
Display	14 Zoll , 15 Zoll, 16 Zoll
Prozessor	1,8 GHz, 2,0 GHz, 2,4 GHz
Preis	1500 €, 2000 €, 2500 €

Abb. 83: Merkmale und Ausprägungen

3. Designwahl

Werden alle Merkmale mit allen Ausprägungen zur Konstruktion der Stimuli herangezogen (sog. Vollprofilmethode), so liegt ein vollständiges (mehr-)faktorielles Design vor. Hierbei steigt die Stimulusanzahl recht schnell an, so dass in bestimmten Fällen auf reduzierte Designs (z. B. Lateinisches Quadrat) zurückgegriffen werden muss.

4. Präsentation und Bewertung der Stimuli

Die einfachste Methode der Alternativenpräsentation ist die Verwendung von Profilkarten, auf denen die Eigenschaften verbal beschrieben sind.

Merkmale	Konzept 1	Konzept 2	Konzept 3
Display	14 Zoll	15 Zoll	16 Zoll
Prozessor	1,8 GHz	2,0 GHz	2,4 GHz
Preis	1500 €	2000 €	2500 €

Abb. 84: Alternative Konzepte

Die weite Verbreitung von Notebooks bei persönlichen Interviews ermöglicht jedoch eine recht plastische Darstellung (z. B. Abbildung von Produktkonzepten,

Verwendung von Slogans und Jingles etc.), so dass eine größere Realitätsnähe für die Auskunftspersonen gewonnen wird.

Die Abfrage der Präferenzurteile erfolgt bei traditionellen Conjoint Analysen zumeist in Form eines Ranking, bei der die Auskunftspersonen gebeten werden, die Produktalternativen entsprechend ihrer Präferenz in eine Rangfolge zu bringen oder unter Verwendung von Ratingskalen, auf denen die Präferenzen für die Alternativen intervallskaliert abgefragt werden.

Konzept	Rangordnung
Konzept 3	1
Konzept 2	2
Konzept 1	3

Abb. 85: Rangordnung gemäß Einstufung durch den Befragten

5. Berechnung der Teilnutzenwerte und des Gesamtnutzens

Wird Intervallskalenniveau der Präferenzurteile unterstellt, dann lassen sich die Teilnutzenwerte mittels multipler Regression in Form von Regressionskoeffizienten berechnen. Geht man von einer ordinalskalierten Rangordnung aus, so bieten sich nichtmetrische Algorithmen (z. B. die monotone Varianzanalyse) an. Hier werden, ausgehend von einer mehr oder weniger beliebigen Ausgangsschätzung der Teilnutzenwerte diese solange iterativ verändert, bis die daraus resultierenden Gesamtnutzenwerte der Alternativen eine Rangordnung aufweisen, die der angegebenen Rangordnung der Auskunftspersonen (weitgehend) entspricht.

Konzept 1		Konzept 2		Konzept 3	
Eigenschaftsaus-prägungen	Teil-nutzen-werte	Eigenschaftsaus-prägungen	Teil-nutzen-werte	Eigenschaftsaus-prägungen	Teil-nutzen-werte
14 Zoll	1,3	15 Zoll	1,5	16 Zoll	1,7
1,8 GHz	1,0	2,0 GHz	2,0	2,4 GHz	2,5
1500 €	1,8	2000 €	1,4	2500 €	1,0
Gesamtnutzen	4,1	Gesamtnutzen	4,9	Gesamtnutzen	5,2

Abb. 86: Teilnutzenwerte und Gesamtnutzen der Konzepte

Konzept	Rangordnung	Gesamtnutzen
Konzept 3	1	5,2
Konzept 2	2	4,9
Konzept 1	3	4,1

Abb. 87: Rangordnung und Gesamtnutzen der Konzepte

Die Ergebnisse der Conjoint Analyse können Anhaltspunkte für die Produktentwicklung, die Verbesserung von Werbekonzepten, die Ermittlung von Preisabsatzfunktionen, die Marktsegmentierung, die Marktanteilsprognose konkurrierender Marken etc. geben (vgl. u. a. Wittnik u. a. 1994).

So würde eine Kapazitätsausweitung des Prozessors bei Produktkonzept 2 auf 2.4 GHz einen Anstieg des Gesamtnutzens auf 5,4 bewirken, so dass nun Konzept 2 auf Rang 1 stünde. Andererseits würde eine Preissenkung bei Konzept 3 auf 2000.– einen Gesamtnutzen von 5,6 erbringen, wodurch eine Produktverbesserung des Konzepts 2 durch die Preissenkung von 3 konterkariert werden würde.

Korrespondenzanalyse

Häufig werden in explorativen Vorstudien Auskunftspersonen befragt, welche Eigenschaften auf bestimmte Marken zutreffen (z. B. Pilsener Urquell werden am häufigsten die Eigenschaften „Guter Geschmack" und „Teuer" zugeordnet). Die übliche Auswertung besteht dann darin, dass die Marken als Zeilen und die Eigenschaften als Spalten im Rahmen einer Kontingenzanalyse untersucht werden. Bei 100 Befragten, die den Marken Pilsener Urquell, Krombacher und DAB die Eigenschaften „Guter Geschmack"; „Frisch" und „Teuer" zuordnen mussten, habe sich folgende Kreuztabelle ergeben:

Biermarken (Zeilen)	Merkmale (Spalten)			Zeilensummen
	Guter Geschmack	Frisch	Teuer	
Pilsener Urquell	50	25	60	135
Krombacher	40	50	30	120
DAB	10	25	10	45
Spaltensummen	100	100	100	300

Abb. 88: Kreuztabelle für Biermarken und ihnen zugeordnete Eigenschaften

Eine erste Analyse zeigt, dass Pilsener Urquell am häufigsten mit „Guter Geschmack" und „Teuer" in Verbindung gebracht wird. Krombacher wird eher mit „Frisch" aber auch mit „Gutem Geschmack" und „Teuer" assoziiert. Bei DAB wird als häufigstes Merkmal „Frisch" genannt. Betrachtet man die Merkmalsnennungen über die Zeilen hinweg, so ist zu erkennen, dass Pilsener und Krombacher ähnliche Eigenschaftsprofile haben und DAB eher abseits steht. Analysiert man die Eigenschaftsnennungen (Spalten) über die Marken hinweg, so fällt auf, dass hohe Nennungen bei „Geschmack" mit hohen Nennungen bei „Teuer" korrespondieren, während die Häufigkeiten von „Frisch" ein davon abweichendes Profil aufweisen.

Es ist einsichtig, dass die Analyse solcher Kreuztabellen und die Interpretation der Ergebnisse bei mehreren Marken und einer größeren Anzahl von Produkteigenschaften schnell an ihre Grenzen stößt. In diesen Fällen lässt sich die Korrespondenzanalyse als Hilfsmittel zur Mustererkennung einsetzen. Sie hilft zunächst, die größere Anzahl der Eigenschaften auf wenige wichtige Dimensionen zu reduzieren (analog zur Faktorenanalyse). Sie ermöglicht die Positionierung der Objekte (z. B. Marken) im reduzierten Merkmalsraum (analog zur Faktorenanalyse und zur MDS). Zusätzlich erlaubt sie (gegenüber der MDS) die gleichzeitige Positionierung der Eigenschaften im selben Raum wie die der Objekte. Dadurch ermöglicht sie im Vergleich zur MDS sowohl die Interpretation der Dimensionen als auch eine Beschreibung der Markenimages. Gegenüber der Faktorenanalyse hat die Korrespondenzanalyse den Vorteil, dass die Eigenschaften als Häufigkeitsnennungen und nicht auf Ratingskalen mit (unterstelltem) Intervallskalenniveau erhoben werden müssen.

Die Eleganz des Verfahrens (vgl. zum Vorgehen Backhaus u. a. 2003, S. 680 ff.; Teichert 2000, S. 478 ff.) wird allerdings mit einem größeren Rechen- und Interpretationsaufwand gegenüber den herkömmlichen Ansätzen zur Produktpositionierung erkauft. Des Weiteren ist bei der Interpretation Vorsicht angebracht, da je nachdem, ob eher die (Un-)Ähnlichkeiten der Produkte, die Gemeinsamkeiten der Merkmale oder die Distanzen zwischen Produkten und Merkmalen im Vordergrund des Interesses stehen, andere Ergebnisse erzielt werden.

Das obige Beispiel erbrachte folgendes Ergebnis:

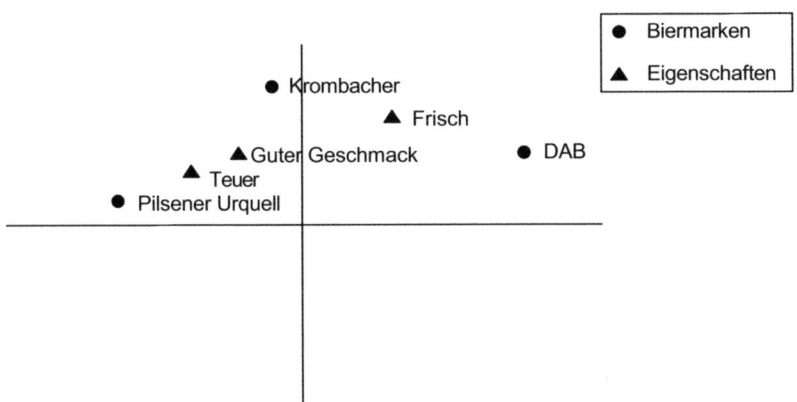

Abb. 89: Korrespondenzanalyse von Biermarken und Eigenschaften

Das Beispiel zeigt, dass die Horizontale durch die Eigenschaften „Guter Geschmack" und „Teuer" versus eher „Weniger gut/billig" interpretiert werden kann, während die Senkrechte durch die Eigenschaft „Frische" charakterisiert ist. Zu weiteren Anwendungen im Marketing sei auf Churchill/Iacobucci 2002, S. 866 sowie auf die vorgenannte Literatur verwiesen.

Strukturgleichungsmodelle

Strukturgleichungsmodelle sind der multiplen Regression ähnlich, da sie ebenfalls der Erklärung einer abhängigen durch mehrere unabhängige Variablen dienen.

So könnte man den Umsatz einer Marke in verschiedenen Verkaufsbezirken durch den Umfang der Verkaufsförderungsmaßnahmen, den Preis und die Numerische Distribution erklären. Andererseits könnte man auch den Zusammenhang zwischen Umsatzhöhe und der Markenbekanntheit sowie den Einstellungen der Verbraucher in den Verkaufsbezirken schätzen. Bekanntheitsgrad und Einstellungen werden wiederum durch den Einsatz der Marketing-Instrumente beeinflusst (vgl. Abb. 90). Um alle diese Beziehungen zu überprüfen, müsste man vier multiple Regressionsanalysen durchführen:

Umsatz   = f (Markenbekanntheit, Einstellungen)

Umsatz   = f (Verkaufsförderung, Preis, Numerische Distribution)

Markenbekanntheit = f (Verkaufsförderung, Numerische Distribution)

Einstellungen   = f (Verkaufsförderung, Preis, Numerische Distribution)

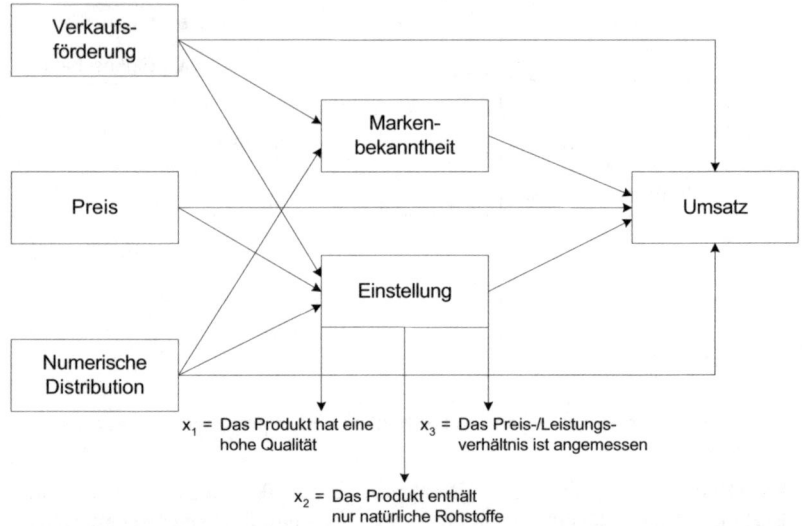

Abb. 90: Strukturgleichungsmodell des Umsatzes (in Anlehnung an Churchill/Iacobucci 2002, S. 869)

Strukturgleichungsmodelle erlauben dagegen die simultane Schätzung aller Abhängigkeitsbeziehungen zwischen den unabhängigen Variablen („exogenen Variablen": Verkaufsförderung, Preis, Numerische Distribution) und den abhängigen Variablen („endogenen Variablen": Markenbekanntheit, Einstellung, Umsatz) (zur Einführung vgl. Homburg/Pflesser 2000, S. 633 ff. sowie Backhaus u. a. 2003, S. 333 ff.). Insbesondere bei der Analyse des Kaufverhaltens werden zudem oft hypothetische Konstrukte, wie Markenbekanntheit oder Einstellung, verwendet, die sich einer direkten Beobachtung entziehen. Sie werden daher durch Indikatoren operationalisiert und gemessen (z. B. durch Einstufung von Realmarken auf Produkteigenschaftsskalen (x_1, x_2, x_3 im Rahmen der Einstellungsmessung in Abb. 90). Da diese Produkteigenschaften i.d.R. miteinander korrelieren, werden sie in Strukturgleichungsmodellen faktorenanalytisch zu unkorrelierten Dimensionen umgerechnet (sog. latente Variablen). Für Strukturgleichungsmodelle mit „latenten Variablen" hat sich in der Literatur der etwas irreführende Begriff „Kausalanalyse" eingebürgert, die sich insbesondere durch die Verfügbarkeit von Computerprogrammen wie LISREL in der wissenschaftlichen Käuferverhaltensanalyse größerer Beliebtheit erfreut.

Logistische Regression

Mittels der logistischen Regression lässt sich dieselbe Frage beantworten wie mit der Diskriminanzanalyse: Mit welchen unabhängigen Merkmalen lässt sich die

Gruppenzugehörigkeit eines Objektes erklären bzw. prognostizieren? Geht man vom einfachsten Zweigruppenfall (z. B. Käufer oder Nichtkäufer) und metrisch skalierten Einflussgrößen (z. B. Alter, Einkommen, Familiengröße) aus, so lautet die zu schätzende Linearkombination

$$z_i = \beta_0 + \beta_1 \cdot x_{i1} + \beta_2 \cdot x_{i2} + \dots + \beta_n \cdot x_{ik}$$

mit z_i = Schätzwert für Objekt i
β_0 = Konstante
β_k = Koeffizient der k-ten Abhängigkeit
x_{ik} = Ausprägung der Unabhängigen k bei Objekt i

Im Unterschied zur Diskriminanzanalyse werden die Gewichte β jedoch mit einem Verfahren der Regressionsanalyse geschätzt, um die Werte der Abhängigen Z zu bestimmen. Im Unterschied zur traditionellen Regressionsanalyse wiederum werden allerdings die Z-Werte nicht unmittelbar zur Prognose der Gruppenzugehörigkeit herangezogen. Vielmehr wurden die Z-Werte durch eine logistische (s-förmige) Funktion in Eintrittswahrscheinlichkeiten umgerechnet, d. h. es wird nicht der Kauf einer Marke, sondern die Wahrscheinlichkeit angegeben, mit der eine Person Käufer sein wird. Den Zusammenhang zwischen den regressions-analytisch berechneten Z-Werten und den Eintrittswahrscheinlichkeiten (z. B. Käufer zu sein) zeigt Abb. 91:

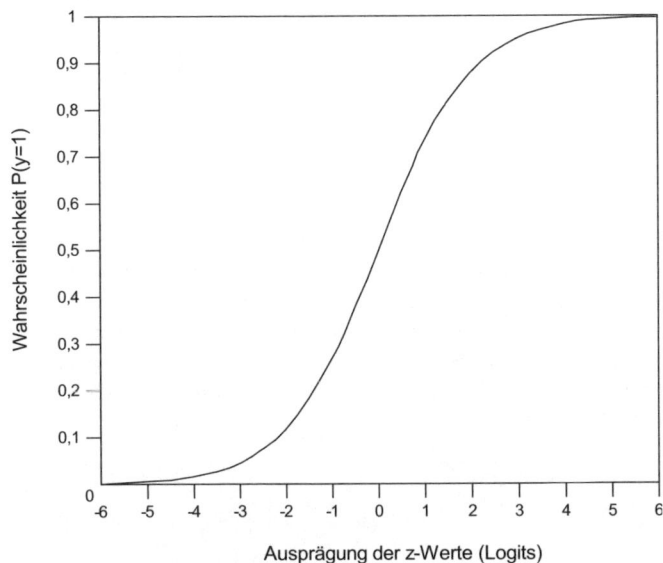

Abb. 91: Verlauf der logistischen Funktion

Im vorliegenden Fall steigt die Kaufwahrscheinlichkeit mit größeren Z-Werten an. Bei Z-Werten gleich 0 beträgt sie 0,5, d. h. es wird Indifferenz angenommen. Bei Z-Werten größer (kleiner) Null steigt (sinkt) die Wahrscheinlichkeit, dass die Person Käufer ist.

Erweiterungen des einfachen Modells der logistischen Regressionsanalyse bestehen darin, dass auch die Zugehörigkeit zu einer von mehreren Gruppen erklärt werden kann und dass die unabhängigen Variablen sowohl metrisch als auch nominal skaliert sein können. Zwar ist die logistische Regression an weniger strenge Prämissen als die Diskriminanzanalyse geknüpft, doch erkauft man sich dies durch komplexere Schätzverfahren für die Regressionskoeffizienten und größere Probleme bei der Interpretation ihres Einflusses auf die (Kauf-)Wahrscheinlichkeiten (zum Verfahren und seiner Anwendung im Marketing vgl. Backhaus u. a. 2003, S. 417 ff.; Krafft 2000, S. 273 ff.).

Neuronale Netze

Neuronale Netze sind Modelle, die in Analogie zum menschlichen Hirn versuchen, aus Erfahrungen zu lernen. Die Informationsverarbeitungsvorgänge werden durch Rechenprozeduren in den Neuronen abgebildet, wobei jedes Neuron Inputinformationen aufnimmt, sie in bestimmter Weise verarbeitet und das resultierende Outputsignal an andere Neuronen weiterleitet. So könnte man anhand von Käufermerkmalen wie Alter, Einkommen, Beruf etc. erklären, ob eine Person zur Gruppe der Käufer oder Nichtkäufer gehört. Ähnlich lässt sich auch die (Nicht-)Insolvenz von Firmenkunden anhand von Bilanzkennzahlen prognostizieren. Die Anwendungsbreite Neuronaler Netze ist allerdings recht groß und deckt eine Vielzahl von Anwendungsgebieten entsprechender multivariater Verfahren ab (z. B. Regressions-, Diskriminanz-, Varianz-, Cluster- und Faktorenanalyse, Strukturgleichungsmodelle etc.).

In der Sprache Neuronaler Netze werden die in der Statistik verwendeten unabhängigen Variablen als Eingangsvariablen der „Eingabeschicht" und die abhängige Variable als Zielvariable der „Ausgabeschicht" bezeichnet. Dazwischen finden sich die Neuronen der „Verdeckten Schicht". Sie enthalten die Funktionen, welche die Inputwerte der Eingabeschicht in Ausgabewerte für die nachgelagerte Schicht transformieren. Die Transformation kann dabei linear oder auch nichtlinear erfolgen (vgl. Abb. 92):

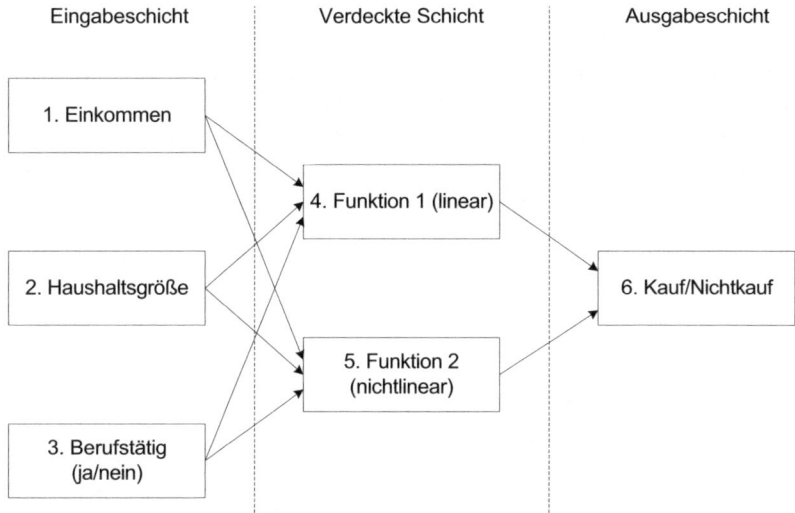

| Eingabeschicht | Verdeckte Schicht | Ausgabeschicht |

1. Einkommen

4. Funktion 1 (linear)

2. Haushaltsgröße

6. Kauf/Nichtkauf

5. Funktion 2 (nichtlinear)

3. Berufstätig (ja/nein)

Abb. 92: Neuronales Netz für den Kauf/Nichtkauf einer Marke (1, 2,..., 6: Neuronen)

Angenommen, in Abb. 92 gäbe es nur eine lineare Funktion (Neuron 4), bei der die Werte der Neuronen „Einkommen", „Haushaltsgröße" und „Berufstätigkeit" durch eine Linearkombination zu aggregierten Inputwerten für die Funktion 1 (Neuron 4) umgerechnet werden, dann entsprächen die Gewichte für die Neuronen 1 bis 3 den β-Gewichten einer Diskriminanzanalyse. Funktion 1 würde dann, entsprechend der Höhe der Inputwerte, den Kauf bzw. Nichtkauf als Output für die Zielvariable (Neuron 6) prognostizieren. Die β-Gewichte werden im Zuge eines iterativen „Lernprozesses" ermittelt, bei dem, ausgehend von einer Ausgangsgewichtung, die β-Gewichte solange verändert werden, bis sich eine zufrieden stellende Prognose der in der Stichprobe befindlichen Käufer bzw. Nichtkäufer ergibt. Allerdings können Neuronale Netze komplexere Zusammenhänge modellieren. In Abb. 92 wurde eine zweite, nichtlineare Funktion in der verdeckten Schicht unterstellt, die ebenfalls zur Prognose des Kaufs bzw. Nichtkaufs beiträgt. Auch für dieses Neuron 5 werden Eingabewerte aus den Neuronen 1 bis 3 errechnet und ein Ausgabewert bestimmt, der zusammen mit dem Ausgabewert von Neuron 4 zur (besseren) Erklärung des Kaufverhaltens beiträgt.

Wie bereits erwähnt, erfolgt die Bestimmung der Gewichte bei diesem Beispiel anhand einer Stichprobe von Käufern bzw. Nichtkäufern, wobei die Gewichte solange geändert werden, bis ein zufrieden stellendes Zuordnungsergebnis der betrachteten Fälle in dieser Stichprobe erreicht wurde (sog. Trainingsphase). Danach kann eine weitere Stichprobe mit bekannten Werten der Neuronen der

Eingabe- und Ausgabeschicht herangezogen werden, um zu überprüfen, inwieweit das Modell auch diese Fälle richtig prognostiziert bzw. um eine Korrektur des Modells vorzunehmen (zu einer Einführung in das Konzept neuronaler Netze und dessen Anwendung im Marketing vgl. Churchill/Iacobucci 2002, S. 870; Hruschka 2000, S. 661 ff.; Backhaus u. a. 2003, S. 773 ff).

8 Erstellung des Forschungsberichts und Präsentation der Ergebnisse

Den letzten Arbeitsschritt eines Marktforschungsprozesses bildet die Erstellung und Präsentation des Forschungsberichts.

Die große Bedeutung dieser Aufgabe ergibt sich daraus, dass trotz aller Bemühungen in den vorausgehenden Phasen das Gesamtprojekt scheitert, wenn es nicht gelingt, die Ergebnisse dem Leser bzw. dem Auditorium der betroffenen Entscheidungsträger zu vermitteln (vgl. hierzu und im Folgenden Churchill/Iacobucci 2002, S. 929 ff.).

Bei der Abfassung des Berichts ist daher auf die Informationsbedürfnisse der Empfänger zu achten. Die meisten Manager besitzen weder umfangreiche technische Detailkenntnisse noch sind sie an tiefer gehenden Einzelheiten der Forschungsaktivitäten in den einzelnen Phasen des Forschungsprozesses interessiert. Aus diesem Grunde empfiehlt sich eine Aufteilung des Forschungsberichts dergestalt, dass eine *Zusammenfassung der wichtigsten Forschungsergebnisse* dem *Hauptteil des Berichtes* vorangestellt wird. Dieses „Management-Summary" soll den Entscheidungsträger über die Schlüsselergebnisse des Projekts informieren, die für sein Entscheidungsproblem von Belang sind. Insbesondere enthält sie die *Ziele des Forschungsprojekts* und eine Charakterisierung des *Marketing-Entscheidungsproblems.* Anschließend sind die *Forschungsergebnisse* einschließlich der daraus abgeleiteten *Schlussfolgerungen* zu präsentieren. Mitunter werden auch *Empfehlungen* für die zu ergreifenden Marketing-Aktivitäten gegeben. Dies hängt jedoch von dem jeweiligen Entscheidungsträger ab, da manche Manager darin einen Eingriff in ihre Entscheidungskompetenz sehen. Die Zusammenfassung der Ergebnisse sollte des Weiteren immer auch Verweise auf den Hauptteil des Berichts enthalten, so dass bei detaillierterem Interesse an einzelnen Fragestellungen die entsprechenden Abschnitte schnell gefunden werden können. Der *Hauptteil des Forschungsberichts* sollte enthalten:

1. Eine kurze *Einführung* mit Angabe des Entscheidungs- und Forschungsproblems.

2. Eine Erläuterung des *methodischen Vorgehens* (Forschungsdesign, Stichprobenplan, Methoden der Datenbeschaffung und Datenauswertung).

3. Die *Forschungsergebnisse* in einer geordneten Folge unter Beachtung der Forschungsziele und Informationsbedürfnisse. Besondere Bedeutung kommt hierbei einer übersichtlichen tabellarischen und graphischen Präsentation zu.

4. Die *Grenzen der Ergebnisse* sind aufzuzeigen, sei es z. B. im Hinblick auf Nonresponse-Probleme bei der Befragung oder wegen auswertungstechnischer Grenzen oder wegen des letztlich nicht lösbaren Problems, dass für schlecht strukturierte Entscheidungsprobleme häufig keine definitiv richtigen Marktforschungsaktivitäten abgeleitet werden können, so dass aus den vorhandenen Informationen keine eindeutigen Interpretationen und Marketing-Entscheidungen abzuleiten sind.

5. *Schlussfolgerungen* aus den Forschungsresultaten und *Empfehlungen* für die zu fällende Marketing-Entscheidung bilden den Abschluss des Hauptteils.

Schließlich kann in einem *Anhang* des Forschungsberichts spezielles und komplexes Material untergebracht werden, das den technisch orientierten Leser weitergehend informiert (z. B. Fragebogen, Intervieweranweisungen, Inferenzstatistik, Detailprobleme der Datenauswertung etc.).

Statistische Tafeln

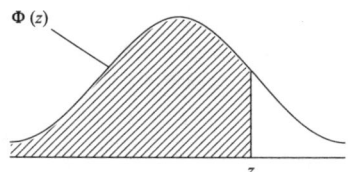

$\Phi(z)$

Tab. 1:   Werte der Verteilungsfunktion der Standardnormalverteilung

z	0,00	0,01	0,02	0,03	0,04	0,05	0,06	0,07	0,08	0,09
0,0	0,5000	0,5040	0,5080	0,5120	0,5160	0,5199	0,5239	0,5279	0,5319	0,5359
0,1	0,5398	0,5438	0,5478	0,5517	0,5557	0,5596	0,5636	0,5675	0,5714	0,5753
0,2	0,5793	0,5832	0,5871	0,5910	0,5948	0,5987	0,6026	0,6064	0,6103	0,6141
0,3	0,6179	0,6217	0,6255	0,6293	0,6331	0,6368	0,6406	0,6443	0,6480	0,6517
0,4	0,6554	0,6591	0,6628	0,6664	0,6700	0,6736	0,6772	0,6808	0,6844	0,6879
0,5	0,6915	0,6950	0,6985	0,7019	0,7054	0,7088	0,7123	0,7157	0,7190	0,7224
0,6	0,7257	0,7291	0,7324	0,7357	0,7389	0,7422	0,7454	0,7486	0,7517	0,7549
0,7	0,7580	0,7611	0,7642	0,7673	0,7703	0,7734	0,7764	0,7794	0,7823	0,7852
0,8	0,7881	0,7910	0,7939	0,7967	0,7995	0,8023	0,8051	0,8078	0,8106	0,8133
0,9	0,8159	0,8186	0,8212	0,8238	0,8264	0,8289	0,8315	0,8340	0,8365	0,8389
1,0	0,8413	0,8438	0,8461	0,8485	0,8508	0,8531	0,8554	0,8577	0,8599	0,8621
1,1	0,8643	0,8665	0,8686	0,8708	0,8729	0,8749	0,8770	0,8790	0,8810	0,8830
1,2	0,8849	0,8869	0,8888	0,8907	0,8925	0,8944	0,8962	0,8980	0,8997	0,9015
1,3	0,9032	0,9049	0,9066	0,9082	0,9099	0,9115	0,9131	0,9147	0,9162	0,9177
1,4	0,9192	0,9207	0,9222	0,9236	0,9251	0,9265	0,9279	0,9292	0,9306	0,9319
1,5	0,9332	0,9345	0,9357	0,9370	0,9382	0,9394	0,9406	0,9418	0,9429	0,9441
1,6	0,9452	0,9463	0,9474	0,9484	0,9495	0,9505	0,9515	0,9525	0,9535	0,9545
1,7	0,9554	0,9564	0,9573	0,9582	0,9591	0,9599	0,9608	0,9616	0,9625	0,9633
1,8	0,9641	0,9649	0,9656	0,9664	0,9671	0,9678	0,9686	0,9693	0,9699	0,9706
1,9	0,9713	0,9719	0,9726	0,9732	0,9738	0,9744	0,9750	0,9756	0,9761	0,9767
2,0	0,9772	0,9778	0,9783	0,9788	0,9793	0,9798	0,9803	0,9808	0,9812	0,9817
2,1	0,9821	0,9826	0,9830	0,9834	0,9838	0,9842	0,9846	0,9850	0,9854	0,9857

Standardnormalverteilte Zufallsvariable z

z	0,00	0,01	0,02	0,03	0,04	0,05	0,06	0,07	0,08	0,09
2,2	0,9861	0,9864	0,9868	0,9871	0,9875	0,9878	0,9881	0,9884	0,9887	0,9890
2,3	0,9893	0,9896	0,9898	0,9901	0,9904	0,9906	0,9909	0,9911	0,9913	0,9916
2,4	0,9918	0,9920	0,9922	0,9925	0,9927	0,9929	0,9931	0,9932	0,9934	0,9936
2,5	0,9938	0,9940	0,9941	0,9943	0,9945	0,9946	0,9948	0,9949	0,9951	0,9952
2,6	0,9953	0,9955	0,9956	0,9957	0,9959	0,9960	0,9961	0,9962	0,9963	0,9964
2,7	0,9965	0,9966	0,9967	0,9968	0,9969	0,9970	0,9971	0,9972	0,9973	0,9974
2,8	0,9974	0,9975	0,9976	0,9977	0,9977	0,9978	0,9979	0,9979	0,9980	0,9981
2,9	0,9981	0,9982	0,9982	0,9983	0,9984	0,9984	0,9985	0,9985	0,9986	0,9986
3,0	0,9987	0,9987	0,9987	0,9988	0,9988	0,9989	0,9989	0,9989	0,9990	0,9990

Quelle: Hartung, J./Elpelt, B./Klösener, K.H: Statistik, 12. Aufl., München 1999

Tabelliert sind für Abszissenwerte (z) die zugehörigen Werte der Verteilungsfunktion $(\Phi\,(z))$. Bsp.: Für z = 1,96 ist $\Phi\,(1,96)$ = 0,9750. Die $\Phi\,(z)$-Werte für negative Abszissenwerte $(-z)$ sind gleich $1 - \Phi\,(z)$. Bsp.: $\Phi\,(-1,96)$ = 1-0,9750 = 0,0250.

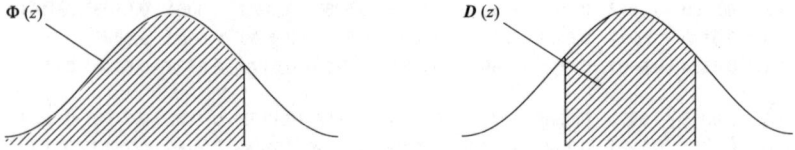

Tab. 2: Ausgewählte Schranken der Standardnormalverteilung für einseitige und für zweiseitige Fragestellungen

%	z(Φ)	z(D)	%	z(Φ)	z(D)	%	z(Φ)	z(D)
1	−2,326	0,013	14	−1,080	0,176	27	−0,613	0,345
2	−2,054	0,025	15	−1,036	0,189	28	−0,583	0,358
3	−1,881	0.038	16	−0,994	0,202	29	−0,553	0,372
4	−1,751	0,050	17	−0,954	0,215	30	−0,524	0,385
5	−1,645	0,063	18	−0,915	0,228	31	−0,496	0,399
6	−1,555	0,075	19	−0,878	0,240	32	−0,468	0,412
7	−1,476	0,088	20	−0,842	0,253	33	−0,440	0,426
8	−1,405	0,100	21	−0,806	0,266	34	−0,412	0,440
9	−1,341	0,113	22	−0,772	0,279	35	−0,385	0,454
10	−1,282	0,126	23	−0,739	0,292	36	−0,385	0,468
11	−1,227	0,138	24	−0,706	0,305	37	−0,332	0,482
12	−1,175	0,151	25	−0,674	0,319	38	−0,305	0,496
13	−1,126	0,164	26	−0,643	0,332	39	−0,279	0,510

%	z(Φ)	z(D)	%	z(Φ)	z(D)	%	z(Φ)	z(D)
40	−0,253	0,524	66	0,412	0,954	92	1,405	1,751
41	−0,228	0,539	67	0,440	0,974	93	1,476	1,812
42	−0,202	0,553	68	0,468	0,994	94	1,555	1,881
43	−0,176	0,568	69	0,496	1,015	95	1,645	1,960
44	−0,151	0,583	70	0,524	1,036	96	1,751	2,054
45	−0,126	0,598	71	0,553	1,058	97	1,881	2,170
46	−0,100	0,613	72	0,583	1,080	98	2,054	2,326
47	−0,075	0,628	73	0,613	1,103	99	2,326	2,576
48	−0,050	0,643	74	0,643	1,126	99,1	2,366	2,612
49	−0,025	0,659	75	0,674	1,150	99,2	2,409	2,625
50	0,000	0,674	76	0,706	1,175	99,3	2,457	2,697
51	0,025	0,690	77	0,739	1,200	99,4	2,512	2,748
52	0,050	0,706	78	0,772	1,227	99,5	2,576	2,807
53	0,075	0,722	79	0,806	1,254	99,6	2,652	2,878
54	0,100	0,739	80	0,842	1,282	99,7	2,748	2,968
55	0,126	0,775	81	0,878	1,311	99,8	2,878	3,090
56	0,151	0,772	82	0,915	1,341	99,9	3,090	3,291
57	0,176	0,789	83	0,954	1,372	99,91	3,121	3,320
58	0,202	0,806	84	0,994	1,405	99,92	3,156	3,353
59	0,228	0,824	85	1,036	1,440	99,93	3,195	3,390
60	0,253	0,842	86	1,080	1,476	99,94	3,239	3,432
61	0,279	0,860	87	1,126	1,514	99,95	3,291	3,481
62	0,305	0,878	88	1,175	1,555	99,96	3,353	3,540
63	0,332	0,896	89	1,227	1,598	99,97	3,432	3,615
64	0,358	0,915	90	1,282	1,645	99,98	3,540	3,719
65	0,385	0,935	91	1,341	1,695	99,99	3,719	3,891

Quelle: Kreyszig, E.: Statistische Methoden und ihre Anwendungen, 7. Aufl., Göttingen 1998

Beispiel: Für Φ $(z) = 95\%$ ist bei einseitiger Fragestellung $z = 1,645$ und bei zweiseitiger Fragestellung $(D$ $(z) = 95\%)$ ist $z = 1,960$.

Tab. 3: Ausgewählte Schranken der Student-t-Verteilung

FG \ α	Irrtumswahrscheinlichkeit α für den zweiseitigen Test								
	0,50	0,20	0,10	0,05	0,02	0,01	0,002	0,001	0,0001
1	1,000	3,078	6,314	12,706	31,821	63,657	318,309	636,619	6366,198
2	0,816	1,886	2,920	4,303	6,965	9,925	22,327	31,598	99,992
3	0,765	1,638	2,353	3,182	4,541	5,841	10,214	12,924	28,000
4	0,741	1,533	2,132	2,776	3,747	4,604	7,173	8,610	15,544
5	0,727	1,476	2,015	2,571	3,365	4,032	5,893	6,869	11,178

255

	Irrtumswahrscheinlichkeit α für den zweiseitigen Test							
6	0,718	1,440	1,943	2,447	3,143	3,707	5,208	5,959	9,082
7	0,711	1,415	1,895	2,365	2,998	3,499	4,785	5,408	7,885
8	0,706	1,397	1,860	2,306	2,896	3,355	4,501	5,041	7,120
9	0,703	1,383	1,833	2,262	2,821	3,250	4,297	4,781	6,594
10	0,700	1,372	1,812	2,228	2,764	3,169	4,144	4,587	6,211
11	0,697	1,363	1,796	2,201	2,718	3,106	4,025	4,437	5,921
12	0,695	1,356	1JM	2,179	2,681	3,055	3,930	4,318	5,694
13	0,694	1,350	1,771	2,160	2,650	3,012	3,852	4,221	5,513
14	0,692	1,345	1,761	2,145	2,624	2,977	3,787	4,140	5,363
15	0,691	1,341	1JM	2,131	2,602	2,947	3,733	4,073	5,239
16	0,690	1,337	1,746	2,120	2,583	2,921	3,686	4,015	5,134
17	0,689	1,333	1,740	2,110	2,567	2,898	3,646	3,965	5,044
18	0,688	1,330	1,734	2,101	2,552	2,878	3,610	3,922	4,966
19	0,688	1,328	1,792	2,039	2,539	2,861	3,579	3,883	4,897
20	0,687	1,325	1,725	2,086	2,528	2,845	3,552	3,850	4,837
21	0,686	1,323	1,721	2,080	2,518	2,831	3,527	3,819	4,784
22	0,686	1,321	1,717	2,074	2,508	2,819	3,505	3,792	4,736
23	0,685	1,319	1,714	2,069	2,500	2,807	3,485	3,767	4,693
24	0,665	1,318	1,711	2,064	2,492	2,797	3,467	3,745	4,654
25	0,684	1,316	1,708	2,060	2,485	2,787	3,450	3,725	4,619
26	0,684	1,315	1,706	2,056	2,479	2,779	3,435	3,707	4,587
27	0,684	1,314	1,703	2,052	2,473	2,771	3,421	3,690	4,558
28	0,683	1,313	1,701	2,048	2,467	2,763	3,408	3,674	4,530
29	0,683	1,311	1,699	2,045	2,462	2,756	3,396	3,695	4,504
30	0,683	1,310	1,697	2,042	2,457	2,750	3,385	3,646	4,482
32	0,682	1,309	1,694	2,037	2,449	2,738	3,365	3,622	4,441
34	0,682	1,307	1,691	2,032	2,441	2,728	3,348	3,601	4,405
35	0,682	1,306	1,690	2,030	2,438	2,724	3,340	3,591	4,389
36	0,681	1,306	1,688	2,028	2,434	2,719	3,333	3,582	4,374
38	0,681	1,304	1,686	2,024	2,429	2,712	3,319	3,566	4,346
40	0,681	1,303	1,684	2,021	2,423	2,704	3,307	3,551	4,321
42	0,680	1,302	1,682	2,018	2,418	2,698	3,296	3,538	4,298
45	0,680	1,301	1,679	2,014	2,412	2,690	3,281	3,520	4,269
47	0,680	1,300	1,678	2,012	2,408	2,685	3,273	3,510	4,251
50	0,679	1,299	1,676	2,009	2,403	2,678	3,261	3,496	4,228
55	0,679	1,297	1,673	2,004	2,396	2,668	3,245	3,476	4,196
60	0,679	1,296	1,671	2,000	2,390	2,660	3,232	3,460	4,196
70	0,678	1,294	1,667	1,994	2,381	2,648	3,211	3,435	4,127
80	0,678	1,292	1,664	1,990	2,374	2,639	3,195	3,416	4,096
90	0,677	1,291	1,662	1,987	2,368	2,632	3,183	3,402	4,072
100	0,677	1,290	1,660	1,984	2,364	2,626	3,174	3,390	4,053
120	0,677	1,289	1,658	1,980	2,358	2,617	3,160	3,373	4,025

	Irrtumswahrscheinlichkeit α für den zweiseitigen Test								
200	0,676	1,286	1,653	1,972	2,345	2,601	3,131	3,340	3,970
500	0,675	1,283	1,648	1,965	2,334	2,586	3,107	3,310	3,922
1000	0,675	1,282	1,646	1,962	2,330	2,581	3,098	3,300	3,906
∞	0,675	1,282	1,645	1,960	2,326	2,576	3,090	3,290	3,891
FG α	0,25	0,1	0,05	0,025	0,01	0,005	0,001	0,0005	0,00005
	Irrtumswahrscheinlichkeit α für den einseitigen Test								

Quelle: Sachs, L. 2002: Angewandte Statistik, 10. Aufl., Berlin 2002

Jeder Tabellenwert beruht auf den Freiheitsgraden (FG), der vorgewählten Irrtumswahrscheinlichkeit und der vorliegenden ein- oder zweiseitigen Fragestellung. Beispiel: Für eine Irrtumswahrscheinlichkeit $\alpha = 0,05$ und 19 FG bei einseitiger Fragestellung ist $t = 1,729$. Bei zweiseitiger Fragestellung ist $t = 2,093$.

Tab. 4: Ausgewählte Schranken der χ^2-Verteilung bei Irrtumswahrscheinlichkeiten von 5 %, 1 % und 0,1 %

FG	5%	1 %	0,1 %	FG	5%	1 %	0,1 %	FG	5%	1 %	0,1 %
1	3,84	6,63	10,83	51	68,67	77,39	87,97	101	125,46	136,97	150,67
2	5,99	9,21	13,82	52	69,83	78,61	89,27	102	126,57	138,13	151,88
3	7,81	11,34	16,27	53	70,99	79,84	90,57	103	127,69	139,30	153,10
4	9,49	13,28	-18,47	54	72,15	81,07	91,87	104	128,80	140,46	154,31
5	11,07	15,09	20,52	55	73,31	82,29	93,17	105	129,92	141,62	155,53
6	12,59	16,81	22,46	56	74,47	83,51	94,46	106	131,03	142,78	156,74
7	14,07	18,48	24,32	57	75,62	84,73	95,75	107	132,15	143,94	157,95
8	15,51	20,09	26,13	58	76,78	85,95	97,04	108	133,26	145,10	159,16
9	16,92	21,67	27,88	59	77,93	87,16	98,32	109	134,37	146,26	160,37
10	18,31	23,21	29,59	60	79,08	88,38	99,61	110	135,48	147,41	161,58
11	19,68	24,73	31,26	61	80,23	89,59	100,89	111	136,59	148,57	162,79
12	21,03	26,22	32,91	62	81,38	90,80	102,17	112	137,70	149,73	163,99
13	22,36	27,69	34,53	63	82,53	92,01	103,44	113	138,81	150,88	165,20
14	23,68	29,14	36,12	64	83,68	93,22	104,72	114	139,92	152,04	166,41
15	25,00	30,58	37,70	65	84,82	94,42	105,99	115	141,03	153,19	167,61
16	26,30	32,00	39,25	66	85,97	95,62	107,26	116	142,14	154,34	168,81
17	27,59	33,41	40,79	67	87,11	96,83	108,52	117	143,25	155,50	170,01
18	28,87	34,81	42,31	68	88,25	98,03	109,79	118	144,35	156,65	171,22
19	30,14	36,19	43,82	69	89,39	99,23	111,05	119	145,46	157,80	172,42
20	31,41	37.57	45,31	70	90,53	100,42	112,32	120	146,57	158,95	173,62
21	32,67	38,93	46,80	71	91,67	101,62	113,58	121	147,67	160,10	174,82
22	33,92	40,29	48,27	72	92,81	102,82	114,83	122	148,78	161,25	176,01
23	35,17	41,64	49,73	73	93,95	104,01	116,09	123	149,89	162,40	177,21

FG	5%	1 %	0,1 %	FG	5%	1 %	0,1 %	FG	5%	1 %	0,1 %
24	36,42	42,98	51,18	74	95,08	105,20	117,35	124	150,99	163,55	178,41
25	37,65	44,31	52,62	75	96,22	106,39	118,60	125	152,09	164,69	179,60
26	38,89	45,64	54,05	76	97,35	107,58	119,85	126	153,20	165,84	180,80
27	40,11	46,96	55,48	77	98,49	108,77	121,10	127	154,30	166,99	181,99
28	41,34	48,28	56,89	78	99,62	109,96	122,35	128	155,41	168,13	183,19
29	42,56	49,59	58,30	79	100,75	111,14	123,59	129	156,51	169,28	184,03
30	43,77	50,89	59,70	80	101,88	112,33	124,84	130	157,61	170,42	185,57
31	44,99	52,19	61,10	81	103,01	113,51	126,08	131	158,71	171,57	186,76
32	46,19	53,48	62,49	82	104,14	114,69	127,32	132	159,81	172,71	187,95
33	47,40	54,77	63,87	83	105,27	115,88	128,56	133	160,92	173,85	189,14
34	48,60	56,06	65,25	84	106,40	117,06	129,80	134	162,02	175,00	190,33
35	49,80	57,34	66,62	85	107,52	118,23	131,04	135	163,12	176,14	191,52
36	51,00	58,62	67,98	86	108,65	119,41	132,28	136	164,22	177,28	192,71
37	52,19	59,89	69,34	87	109,77	120,59	133,51	137	165,32	178,42	193,89
38	53,38	61,16	70,70	88	110,90	121,77	134,74	138	166,42	179,56	195,08
39	54,57	62,43	72,05	89	112,02	122,94	135,98	139	167,52	180,70	196,27
40	55,76	63,69	73,40	90	113,15	124,12	137,21	140	168,61	181,84	197,45
41	56,94	64,95	74,74	91	114,27	125,29	138,44	141	169,71	182,98	198,63
42	58,12	66,21	76,08	92	115,39	126,46	139,67	142	170,81	184,12	199,82
43	59,30	67,46	77,42	93	116,51	127,63	140,89	143	171,91	185,25	201,00
44	60,48	68,71	78,75	94	117,63	128,80	142,12	144	173,00	188,30	202,18
45	61,66	69,96	80,08	95	118,75	129,97	143,34	145	174,10	187,53	203,36
46	62,83	71,20	81,40	96	119,87	131,14	144,57	146	175,20	188,67	204,55
47	64,00	72,44	82,72	97	120,99	132,31	145,79	147	176,29	189,80	205,73
48	65,17	73,68	84,04	98	122,11	133,47	147,01	148	177,39	190,94	206,91
49	66,34	74,92	85,35	99	123,23	134,64	148,23	149	178,49	192,07	208,09
50	67,50	76,15	86,66	100	124,34	135,81	149,45	150	179,58	193,21	209,26

Quelle: Sachs, L. 2002: Angewandte Statistik, 10. Aufl., Berlin 2002

Beispiel: Bei 10 Freiheitsgraden und 5 %-Irrtumswahrscheinlichkeit ist $\chi^2 = 18,31$.

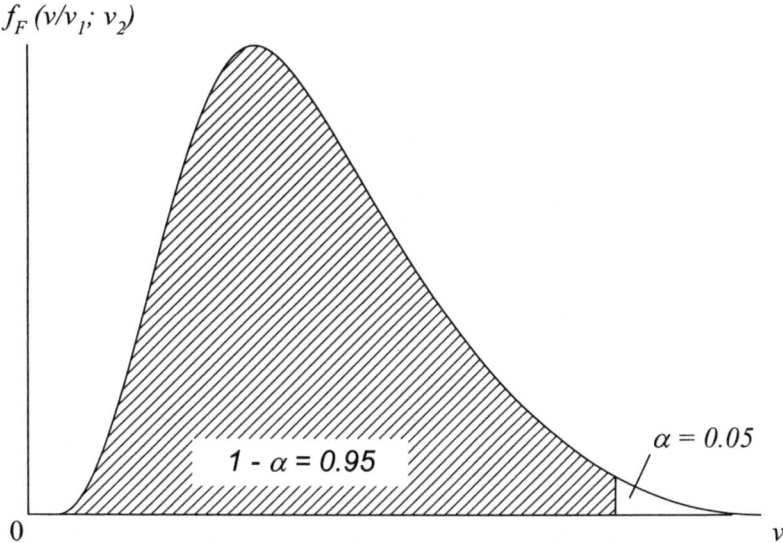

$$f_F \left(v/v_1;\ v_2 \right)$$

$1 - \alpha = 0.95$

$\alpha = 0.05$

0   v

Tab. 5:   Ausgewählte Schranken der F-Verteilung bei einer Irrtumswahrscheinlichkeit von 5 %

v_2	v_1										
	1	2	3	4	5	6	7	8	9	10	11
1	161,45	199,50	215,71	224,58	230,16	233,99	236,77	238,88	240,54	241,88	242,98
2	18,51	19,00	19,16	19,25	19,30	19,33	19,35	19,37	19,38	19,40	19,40
3	10,13	9,55	9,28	9,12	9,01	8,94	8,89	8,85	8,81	8,79	8,76
4	7,71	6,94	6,59	6,39	6,26	6,16	6,09	6,04	6,00	5,96	5,94
5	6,61	5,79	5,41	5,19	5,05	4,95	4,88	4,82	4,77	4,74	4,70
6	5,99	5,14	4,76	4,53	4,39	4,28	4,21	4,15	4,10	4,06	4,03
7	5,59	4,74	4,35	4,12	3,97	3,87	3,79	3,73	3,68	3,64	3,60
8	5,32	4,46	4,07	3,84	3,69	3,58	3,50	3,44	3,39	3,35	3,31
9	5,12	4,26	3,86	3,63	3,48	3,37	3,29	3,23	3,18	3,14	3,10
10	4,96	4,10	3,71	3,48	3,33	3,22	3,14	3,07	3,02	2,98	2,94
11	4,84	3,98	3,59	3,36	3,20	3,09	3,01	2,95	2,90	2,85	2,82
12	4,75	3,89	3,49	3,26	3,11	3,00	2,91	2,85	2,80	2,75	2,72
13	4,67	3,81	3,41	3,18	3,03	2,92	2,83	2,77	2,71	2,67	2,63
14	4,60	3,74	3,34	3,11	2,96	2,85	2,76	2,70	2,65	2,60	2,57
15	4,54	3,68	3,29	3,06	2,90	2,79	2,71	2,64	2,59	2,54	2,51
16	4,49	3,63	3,24	3,01	2,85	2,74	2,66	2,59	2,54	2,49	2,46
17	4,45	3,59	3,20	2,96	2,81	2,70	2,61	2,55	2,49	2,45	2,41
18	4,41	3,55	3,16	2,93	2,77	2,66	2,58	2,51	2,46	2,41	2,37

v_2	v_1										
	1	2	3	4	5	6	7	8	9	10	11
19	4,38	3,52	3,13	2,90	2,74	2,63	2,54	2,48	2,42	2,38	2,34
20	4,35	3,49	3,10	2,87	2,71	2,60	2,51	2,45	2,39	2,35	2,31
21	4,32	3,47	3,07	2,84	2,68	2,57	2,49	2,42	2,37	2,32	2,28
22	4,30	3,44	3,05	2,82	2,66	2,55	2,46	2,40	2,34	2,30	2,26
23	4,28	3,42	3,03	2,80	2,64	2,53	2,44	2,37	2,32	2,27	2,24
24	4,26	3,40	3,01	2,78	2,62	2,51	2,42	2,36	2,30	2,25	2,22
25	4,24	3,39	2,99	2,76	2,60	2,49	2,40	2,34	2,28	2,24	2,20
26	4,23	3,37	2,98	2,74	2,59	2,47	2,39	2,32	2,27	2,22	2,18
27	4,21	3,35	2,96	2,73	2,57	2,46	2,37	2,31	2,25	2,20	2,17
28	4,20	3,34	2,95	2,71	2,56	2,45	2,36	2,29	2,24	2,19	2,15
29	4,18	3,33	2,93	2,70	2,55	2,43	2,35	2,28	2,22	2,18	2,14
30	4,17	3,32	2,92	2,69	2,53	2,42	2,33	2,27	2,21	2,16	2,13
40	4,08	3,23	2,84	2,61	2,45	2,34	2,25	2,18	2,12	2,08	2,04
50	4,03	3,18	2,79	2,56	2,40	2,29	2,20	2,13	2,07	2,03	1,99
60	4,00	3,15	2,76	2,53	2,37	2,25	2,17	2,10	2,04	1,99	1,95
70	3,98	3,13	2,74	2,50	2,35	2,23	2,14	2,07	2,02	1,97	1,93
80	3,96	3,11	2,72	2,49	2,33	2,21	2,13	2,06	2,00	1,95	1,91
90	3,95	3,10	2,71	2,47	2,32	2,20	2,11	2,04	1,99	1,94	1,90
100	3,94	3,09	2,70	2,46	2,31	2,19	2,10	2,03	1,97	1,93	1,89
125	3,92	3,07	2,68	2,44	2,29	2,17	2,08	2,01	1,96	1,91	1,87
150	3,90	3,06	2,66	2,43	2,27	2,16	2,07	2,00	1,94	1,89	1,85
175	3,90	3,05	2,66	2,42	2,27	2,15	2,06	1,99	1,93	1,89	1,84
200	3,89	3,04	2,65	2,42	2,26	2,14	2,06	1,98	1,93	1,88	1,84
∞	3,84	3,00	2,60	2,37	2,21	2,10	2,01	1,94	1,88	1,83	1,79

Quelle: Bleymüller, J./Gehlert, G.: Statistische Formeln, Tabellen und Programme, 9. Aufl., München 1999

Beispiel: Für $v_1 = 2$ und $v_2 = 27$ FG und $\alpha = 0,05$ folgt $F = 3,35$.

Literaturverzeichnis

Aaker, D.A./Day, G.S./Kumar, V. 2001: Marketing Research, 7. Aufl., New York u. a. 2001.

Abell, D.F./Hammond, J.S. 1979: Strategic Market Planning, Englewood Cliffs 1979.

Adler, L./Mayers, C.S. 1977: Managing the Marketing Research Function, Chicago 1977.

Albach, H. u.a. 1979: Frühwarnsysteme, in: Zeitschrift für Betriebswirtschaft, 49. Jg. (1979), Ergänzungsheft 2.

Alpert, M.L./Peterson, R.A. 1972: On the Interpretation of Canonical Analysis, in: Journal of Marketing Research, 9. Jg. (Mai 1972), S. 187-192.

American Marketing Association 1985: AMA Board Approves New Marketing Definition, in: Marketing News, 19. Jg. (März 1985).

Anderson, S. 1980: Statistical Methods for Comparative Studies, New York u. a. 1980.

Anger, H. 1969: Befragung und Erhebung, in: Handbuch der Psychologie, Bd. 7, Sozialpsychologie, 1. Halbband, Theorien und Methoden (Hrsg.: C.F. Graumann), Göttingen 1969, S. 567-618.

Ansoff, H.I. 1976: Managing Surprise and Discontinuity Strategic Responses to Weak Signals, in: Zeitschrift für betriebswirtschaftliche Forschung, 28. Jg. (1976), S. 129-152.

Atteslander, P./Kneubühler, H.-U. 1975: Verzerrungen im Interview. Zu einer Fehlertheorie der Befragung, Opladen 1975.

Backhaus, K. u.a. 2003: Multivariate Analysemethoden, 10. Aufl., Berlin u. a. 2003.

Banks, S. 1965: Experimentation in Marketing, New York 1965.

Beckwith, N.E./Lehmann, D.R. 1973: The Importance of Differential Weights in Multiple Attribute Models of Consumer Attitude, in: Journal of Marketing Research, 10. Jg. (Mai 1973), S. 141-145.

Behrens, K.C. 1966: Demoskopische Marktforschung, Wiesbaden 1966.

Bennet, P.D. 1988: Dictionary of Marketing Terms, Chicago: American Marketing Association 1988.

Berekoven, L./Eckert, W./Ellenrieder, P. 2001: Marktforschung Methodische Grundlagen und praktische Anwendungen, 9. Aufl., Wiesbaden 2001.

Blankenship, A.B. 1961: Markt- und Meinungsforschung in den USA, Tübingen 1961.

Bleymüller, J./Gehlert, G. 1999: Statistische Formeln, Tabellen und Programme, 9. Aufl., München 1999.

Bleymüller, J./Gehlert, G./Gülicher, H. 2002: Statistik für Wirtschaftswissenschaftler, 13. Aufl., München 2002.

Bock, H.H. 1974: Automatische Klassifikation, Göttingen 1974.

Böhler, H. 1977a: Der Beitrag von Konsumententypologien zur Marktsegmentierung. Eine kritische Analyse der Typologieversuche von Zeitschriftenverlagen, in: Die Betriebswirtschaft, 37. Jg. (1977), S. 447-463.

Böhler, H. 1977b: Methoden und Modelle der Marktsegmentierung, Stuttgart 1977.

Böhler, H. 1979a: Beachtete Produktalternativen und ihre relevanten Eigenschaften im Kaufentscheidungsprozeß von Konsumenten, in: Konsumentenverhalten und Information (Hrsg.: H. Meffert, H. Steffenhagen und H. Freter), Wiesbaden 1979, S. 261-289.

Böhler, H. 1979b: Multivariate Verfahren, in: Marketing (Hrsg.: L. Poth), Bd. 1, Neuwied 1979.

Böhler, H. 1983: Strategische Marketing-Früherkennung, unveröffentl. Habilitationsschrift, Universität zu Köln 1983.

Böhler, H. 1993: Früherkennungssysteme, in: Handwörterbuch der Betriebswirtschaft, (Hrsg.: W. Wittmann u. a.), Stuttgart 1993, Sp. 1257-1270.

Böhler, H./Stölzel, A. 1977: Faktorenanalytische Positionierungsmodelle Eine Untersuchung zur Wahl der Auswertungsrichtung von mehrdimensionalen Matrizen, in: Der Markt, Nr. 61 (1977), S. 21-28.

Bolch, B.W./Huang, C.J. 1974: Multivariate Statistical Methods for Business and Economics, Englewood Cliffs 1974.

Bortz, J. 1999: Statistik für Sozialwissenschaftler, 5. Aufl., Berlin u. a. 1999.

Boyd, H.W./Westfall, R./Stasch, S.F. 1989: Marketing Research: Text and Cases, 4. Aufl., Homewood 1989.

Bray, J.H./Maxwell, S.E. 1985: Multivariate analysis of variance, Beverly Hills u. a. 1985.

Broder, M. 1980: Haushaltspanel, in: Marketing (Hrsg. L. Poth), Bd. 1, Neuwied 1980.

Bundesverband Deutscher Markt- und Sozialforscher e.V. (Hrsg.) 1996: BVM Handbuch der Marktforschungsunternehmen 1996, Frankfurt am Main 1996.

Burda 1976: Typologie der Wünsche, Bedürfnis-Strukturen von Zielgruppen, Offenburg 1976.

Campbell, D.T. 1950: The Indirect Assessment of Social Attitudes, in: Psychological Bulletin, 47. Jg. (Jan. 1950), S. 15-38.

Campbell, D.T./Stanley, J.C. 1966: Experimental and Quasi-Experimental Designs for Research, Chicago 1966.

Churchill, G.A./Iacobucci, D. 2002: Marketing Research: Methodological Foundations, 8. Aufl., Mason 2002.

Cochran, W.G. 1972: Stichprobenverfahren, Berlin 1972.

Cochran, W.G./Cox, G.M. 1963: Experimental Designs, New York u. a. 1963.

Cohen, J./Cohen, P. 1975: Applied Multiple Regression Correlation for the Behavioral Sciences, New York u. a. 1975.

Committee on Definitions of the American Marketing Association (Hrsg.) 1960: Marketing Definitions: A Glossary of Marketing Terms, Chicago 1960.

Cook T.D./Campbell, D.T. 1979: Quasi-Experimentation, Design and Analysis Issues for Field Settings, Chicago 1979.

Cooley, W.W./Lohnes, P.R. 1971: Multivariate Data Analysis, New York u. a. 1971.

Cox, K.K./Enis, B.M. 1972: The Marketing Research Process, Pacific Palisades 1972.

Dastani, P. 1997: Data Mining im Database Marketing, in: Handbuch Database Marketing (Hrsg.: J. Link u. a.), Ettlingen 1997, S. 252-267.

Dawes, R.M. 1977: Grundlagen der Einstellungsmessung, Weinheim u. a. 1977.

Deming, W.E. 1966: Some Theory of Sampling, New York 1966.

Dichtl, E./Müller-Heumann, G. 1972: Konsumententypologische und produktorientierte Marktsegmentierung, in: Jahrbuch der Absatz- und Verbrauchsforschung, 18. Jg. (1972), H. 4, S. 249-265.

Dichtl, E./Schobert, R. 1979: Mehrdimensionale Skalierung, München 1979.

Drake, J.E./Millar, F.J. 1969: Marketing Research: Intelligence and Management, Scranton 1969.

Draper, N.R./Smith, H. 1967: Applied Regression Analysis, New York u. a. 1981.

Enis, B.M./Broome, C.L. 1973: Marketing Decisions: A Bayesian Approach, Aylesbury 1973.

Erdos, P.L. 1974: Data Collection Methods: Mail Surveys, in: Handbook of Marketing Research (Hrsg.: R. Ferber), New York u. a. 1974, S. 2/90-2/104.

Erichson, B. 2000: Testmarktsimulation, in: Marktforschung: Methoden Anwendungen Praxisbeispiele (Hrsg.: A. Hermann und C. Homburg), Wiesbaden 2000, S. 798-808.

Evans, F.B. 1959: Pyschological and Objective Factors in the Prediction of Brand Choice, Ford versus Chevrolet, in: Journal of Business, 32. Jg. (1959), S. 340-369.

Fischer, G. 1974: Einführung in die Theorie psychologischer Tests, Grundlagen und Anwendungen, Bern u. a. 1974.

Fishbein, M. 1966: The Relationships between Beliefs, Attitudes and Behaviour, in: Cognitive Consistence (Hrsg.: S. Feldmann), New York 1966, S. 199-223.

Fishbein, M. 1967: A Behaviour Theory Approach to the Relations between Beliefs about an Object and the Attitude toward the Object, in: Readings on Attitude Theory and Measurement (Hrsg.: M. Fishbein), New York u. a. 1967, S. 389-400.

Frank, R.E./Strain, Ch.E. 1972: A Segmentation Research Design Using Consumer Panel Data, in: Journal of Marketing Research, 9. Jg. (1972), S. 385-390.

Freter, H. 1979: Interpretation und Aussagewert mehrdimensionaler Einstellungsmodelle im Marketing, in: Konsumentenverhalten und Information (Hrsg.: H. Meffert, H. Steffenhagen und H. Freter), Wiesbaden 1979.

Friedrichs, J./Lüttke, H. 1973: Teilnehmende Beobachtung, 2. Aufl., Weinheim u. a. 1973.

Geist, M. 1974: Selektive Absatzpolitik auf der Grundlage der Absatzsegmentrechnung, 2. Aufl., Stuttgart 1974.

Gerhold, P. 1993: Defining marketing (or is it market?) research, in: Marketing Research, 5. Jg., Nr. 4 (Fall 1993), S. 6-8.

GfK AG (Hrsg.) 2002: GfK-BehaviorScan Der erste experimentelle Testmarkt Europas mit Targetable TV Reales Kaufverhalten zur Optimierung des Marketing-Mix, Nürnberg 2002.

Gigerenzer, G. 1981: Messung und Modellbildung in der Psychologie, München u. a. 1981.

Ginter, J.L. 1974: An Experimental Investigation of Attitude Change and Choice of a New Brand, in: Journal of Marketing Research, 11. Jg. (Feb. 1974), S. 30-40.

Glaser, W.H. 1978: Varianzanalyse, Stuttgart u. a. 1978.

Goldrian, G. 1984: Externe Datenbanken: Neue Ansätze der Sekundärmarktforschung, in: Neue Informations- und Kommunikationstechnologien in der Marktforschung (Hrsg.: J. Zentes), Berlin u. a. 1984, S. 84-104.

Green, P.E. u.a. 1967: Cluster Analysis in Test Market Selection, in: Management Science, 13. Jg. (April 1967), S. 387-400.

Green, P.E./Carmone, F. 1972: Multidimensional Scaling and Related Techniques in Marketing Analysis, 2. Aufl., Boston 1972.

Green, P.E./Rao, V.R. 1972: Applied Multidimensional Scaling: A Comparison of Approaches and Algorithms, Hinsdale 1972.

Green, P.E./Tull, D.S. 1975: Research for Marketing Decisions, 3. Aufl., Englewood Cliffs, 1975.

Green, P.E./Tull, D.S. 1982: Methoden und Techniken der Marketing-Forschung, Deutsche Übersetzung der 4. Aufl. von R. Köhler und Mitarbeitern, Stuttgart 1982.

Green, P.E./Wind, Y. 1973: Multiattribute Decisions in Marketing: A Measurement Approach, Hinsdale 1973.

Greenwood, E. 1965: Das Experiment in der Soziologie, in: Beobachtung und Experiment in der empirischen Sozialforschung (Hrsg.: R. König), 3. Aufl., Köln 1965, S. 171-220.

Grümer, K.-W. 1974: Beobachtung, Stuttgart 1974.

Günther, M./Vossebein U./Wildner R. 1998: Marktforschung mit Panels: Arten Erhebung Analyse Anwendung, Wiesbaden 1998.

Haedrich, G. 1964: Der Interviewereinfluss in der Marktforschung, Wiesbaden 1964.

Hafermalz, O. 1974: Schriftliche Befragung, in: Handbuch der Marktforschung (Hrsg.: K.C. Behrens), Wiesbaden 1974, S. 479-499.

Hahn, D./Krystek, U. 1979: Betriebliche und überbetriebliche Frühwarnsysteme für die Industrie, in: Zeitschrift für betriebswirtschaftliche Forschung, 31. Jg. (1979), S. 76-88.

Hahn, G.M./Epple M.C. 2001: Online-Focusgroups als neues Element im Methodenportfolio qualitativer Marktforschung, in: Planung&Analyse 2001, Nr. 2, S. 48-52.

Hair, J.F. u.a. 1995: Multivariate Data Analysis, 4. Aufl., Englewood Cliffs 1995.

Haire, M. 1950: Projective Techniques in Marketing Research, in: Journal of Marketing, 14. Jg. (1950), Nr. 5, S. 649-652.

Hamel, G. 1991: Competition for Competence and Interpartner Learning within International Strategic Alliances, in: Strategic Management Journal, 12 Jg. (Sommer 1991), S. 83-103.

Hammann, P./Erichson, B. 2000: Marktforschung, 4. Aufl., Stuttgart 2000.

Hansen, U./Stauss, B. 1983: Marketing als marktorientierte Unternehmenspolitik oder als deren integrativer Bestandteil?, in: Marketing ZFP, 5. Jg. (1983), H. 2, S. 77-86.

Harman, H.H. 1976: Modern Factor Analysis, 3. Aufl., Chicago 1976.

Hartmann, H. 1972: Empirische Sozialforschung, 2. Aufl., München 1972.

Hartung, J./Elpelt, B./Klösener, K.H. 1999: Statistik: Lehr- und Handbuch der angewandten Statistik, 12. Aufl., München 1999.

Hauck, M. 1974: Planning Field Operations, in: Handbook of Marketing Research (Hrsg.: R. Ferber), New York u. a. 1974, S. 2/147-2/159.

Heemeyer, H. 1981: Psychologische Marktforschung im Einzelhandel, Wiesbaden 1981.

Heinzelbecker, K. 1977: Partielle Marketing-Informationssysteme, Frankfurt a.M. u. a. 1977.

Heinzelbecker, K. 1985: Marketing-Informationssysteme, Stuttgart 1985.

Heinzelbecker, K. 1995: Externe Datenbanken, in: Handwörterbuch des Marketing (Hrsg.: B. Tietz, R. Köhler und J. Zentes), 2. Aufl., Stuttgart 1995, Sp. 420-430.

Hermanns, A. 1979: Das Experiment in der empirischen Marketingforschung, in: Marktforschung, 23. Jg. (1979), H. 2, S. 53-61.

Herrmann, A./Homburg, C. (Hrsg.) 2000: Marktforschung, 2. Aufl., Wiesbaden 2000.

Hess, J.M. 1968: Group Interviewing, in: New Science of Planning (Hrsg.: R.L. King), Chicago 1968, S. 193-196.

Höfner, K. 1966: Der Markttest für Konsumgüter in Deutschland, Stuttgart 1966.

Homburg, C./Pflesser, C. 2000: Strukturgleichungsmodelle mit latenten Variablen: Kausalanalyse, in: Marktforschung (Hrsg.: A. Herrmann und C. Homburg), 2. Aufl., Wiesbaden 2000, S. 633-659.

Hope, K. 1975: Methoden multivariater Analyse, Weinheim 1975.

Hruschka, H. 2000: Neuronale Netze, in: Marktforschung (Hrsg.: A. Herrmann und C. Homburg), 2. Aufl., Wiesbaden 2000, S. 661-683.

Huppert, E. 1977: Der Testmarkt und drei Alternativen, in: Marketing Journal, 10. Jg. (1977), H. 6, S. 607-611.

Hüttner, M. 1979: Informationen für Marketing-Entscheidungen, München 1979.

Hüttner, M./Schwarting, U. 2002: Grundzüge der Marktforschung, 7. Aufl., München u. a. 2002.

Johnson, R.M. 1971: Market Segmentation A Strategic Management Tool, in: Journal of Marketing Research, 9. Jg. (1971), S. 13-18.

Johnston, J./DiNardo, J.E. 1997: Econometric Methods, 4. Aufl., New York 1997.

Kahn, R.L./Cannell, C.L. 1957: The Dynamics of Interviewing, New York 1957.

Kassarjian, H.H. 1974: Projective Methods, in: Handbook of Marketing Research (Hrsg.: R. Ferber), New York u. a. 1972, S. 3/85-3/100.

Kassarjian, H.H./Cohen, J.B. 1965: Cognitive Dissonance and Consumer Behavior: Reactions to the Surgeon General's Report on Smoking and Health, in: California Management Review, 8. Jg. (1965).

Kellerer, H. 1963: Theorie und Technik des Stichprobenverfahrens, 3. Aufl., München 1963.

Kelly, G.A. 1955: The Psychology of Personal Constructs, Bd. II., New York 1955.

Kepper, G. 1994: Qualitative Marktforschung, Wiesbaden 1994.

Kerlinger, F.N. 1973: Foundations of Behavioral Research, 2. Aufl., New York 1973.

Kinnear, T.C./Taylor, J.R. 1996: Marketing Research: An Applied Approach, 5. Aufl., New York u. a. 1996.

Kirsch, W./Trux, W. 1979: Strategische Frühaufklärung und Portfolio-Analyse, in: Zeitschrift für Betriebswirtschaft, 49. Jg. (1979), Ergänzungsheft 2, S. 47-69.

Köhler, R. 1975: Verlustquellenanalyse im Marketing, in: Marketing-Enzyklopädie, Bd. 3, München 1975, S. 605-618.

Köhler, R. **1976**: Nutzen Sie Ihr Rechnungswesen im Marketing, Teil 1, in: Marketing-Journal, 9. Jg. (1976), Nr. 3, S. 267-271.

Köhler, R. **1981**: Grundprobleme der strategischen Marketingplanung, in: Die Führung des Betriebs (Hrsg.: M. Geist und R. Köhler), Stuttgart 1981, S. 261-291.

Köhler, R. **1993**: Markforschung, in: Handwörterbuch der Betriebswirtschaft (Hrsg.: W. Wittmann u. a.), 5. Aufl., Stuttgart 1993, Sp. 2782-2803.

Köhler, R. **1998**: Methoden und Marktforschungsdaten für die Konkurrentenanalyse, in: Probleme und Trends in der Marketing-Forschung (Hrsg.: B. Erichson und L. Hildebrandt), Stuttgart 1998, S. 25-48.

Köhler, R./Uebele, H. **1977**: Planung und Entscheidung im Absatzbereich industrieller Großunternehmen, Aachen 1977.

Kotler, P. **2000**: Marketing Management, 11. Aufl., Upper Saddle River 2000.

Krafft, M. **2000**: Logistische Regression, in: Marktforschung (Hrsg.: A. Herrmann und C. Homburg), 2. Aufl., Wiesbaden 2000, S. 237-264.

Krautter, J. **1977**: Bayes'sche versus klassische Statistik im Marketing, in: Operationale Entscheidungshilfen für die Marketingplanung, (Hrsg.: G. Haedrich), Berlin 1977, S. 33-51.

Kreyszig, E. **1998**: Statistische Methoden und ihre Anwendungen, 7. Aufl., Göttingen 1998.

Kroeber-Riel, W./Weinberg, P. **2003**: Konsumentenverhalten, 8. Aufl., München 2003.

Kruskal, J.G. **1964**: Nonmetric Multidimensional Scaling: A Numerical Method, in: Psychometrika, 29. Jg. (Juni 1964), S. 115-129.

Küchler, M. **1979**: Multivariate Analyseverfahren, München 1979.

Kühn, R./Walliser, M. **1978**: Problemdeckungssystem mit Frühwarneigenschaften, in: Die Unternehmung, 32. Jg. (1978), S. 223-246.

Kühn, W. **1976**: Einführung in die multidimensionale Skalierung, München u. a. 1976.

Kurnow, E./Glasser, G.J./Ottman, F.R. **1959**: Statistics for Business Decisions, Homewood 1959.

Lachenbruch, P.A. **1975**: Discriminant Analysis, New York 1975.

Lavidge, R.J./Steiner, G.A. **1961**: A Model for Predictive Measurements of Advertising Effectiveness, in: Journal of Marketing, 25. Jg. (1961), S. 59-62.

Lehmann, D.R. **1971**: Television Show Preference: Application of a Choice Model, in: Journal of Marketing Research, 8. Jg. (Febr. 1971), S. 47-55.

Lessig, V.P./Tolleffson, J.O. **1971**: Market Segmentation through Numerical Taxonomy, in: Journal of Marketing Research, 8. Jg. (Nov. 1971), S. 480-487.

Mayer, C.S. **1974**: Data Collection Methods: Personal Interviews, in: Handbook of Marketing Research (Hrsg.: R. Ferber), New York u. a. 1974, S. 2/82-2/89.

Mayntz, R./Holm, K./Hübner, P. **1978**: Einführung in die Methoden der empirischen Soziologie, 5. Aufl., Opladen 1978.

Mazis, M.B./Ahtola, O.T./Klippel, R.E. 1975: A Comparison of four multiattribute models in the prediction of consumer attitude, in: Journal of Consumer Research, 2. Jg. (1975), S. 38-52.

Meffert, H. 1986: Marktforschung, Wiesbaden 1986.

Meffert, H. 1988: Neue Informations- und Kommunikationstechnologien in der marktorientierten Unternehmensführung, in: Strategische Unternehmensführung und Marketing, (Hrsg.: H. Meffert), Wiesbaden 1988, S. 147-198.

Meffert, H. 1992: Marketingforschung und Käuferverhalten, 2. Aufl., Wiesbaden 1992.

Meinefeld, W. 1977: Einstellung und soziales Handeln, Reinbek b. Hamburg 1977.

Menges, G. 1969: Grundmodelle wirtschaftlicher Entscheidungen, Köln u. a. 1969.

Müller, G. 1981: Strategische Frühaufklärungssysteme, München 1981.

Müller-Hagedorn, L./Vornberger, E. 1979: Die Eignung der Grid-Methode für die Suche nach einstellungsrelevanten Dimensionen, in: Konsumentenverhalten und Information (Hrsg.: H. Meffert, H. Steffenhagen und H. Freter), Wiesbaden 1979, S. 185-207.

Müller-Merbach, H. 1977: Frühwarnsysteme zur betrieblichen Krisenerkennung und Modelle zur Beurteilung von Krisenabwehrmaßnahmen, in: Computergestützte Unternehmensplanung (Hrsg.: H.-D. Plötzeneder), Stuttgart 1977, S. 419-438.

Neubäumer, R. 1982: Die Eigenschaften verschiedener Stichprobenverfahren bei wirtschafts- und sozialwissenschaftlichen Untersuchungen, Frankfurt a.M. u. a. 1982.

Nieschlag, R./Dichtl, E./Hörschgen, H. 2002: Marketing, 19. Aufl., Berlin 2002.

Noelle, E. 1963: Umfragen in der Massengesellschaft, Hamburg 1963.

Noelle-Neumann, E. 1974: Probleme des Fragebogenaufbaus, in: Handbuch der Marktforschung (Hrsg.: K.C. Behrens), Wiesbaden 1974, S. 243-253.

Opitz, O. 1980: Numerische Taxonomie, Stuttgart u. a. 1980.

Osgood, C.E./Suci, G.J./Tannenbaum, P.H. 1957: The Measurement of Meaning, Urbana 1957.

Overall, J.E./Klett, C.J. 1983: Applied Multivariate Analysis, New York 1983.

Parfitt, J.H./Collins, B.J.K. 1972: Prognose des Marktanteils eines Produkts auf Grund von Verbraucherpanels, in: Marketingtheorie (Hrsg.: W. Kroeber-Riel), Köln 1972, S. 171-207.

Payne, S.L. 1951: The Art of Asking Questions, Princeton 1951.

Payne, S.L. 1974: Data Collection Methods: Telephone Surveys, in: Handbook of Marketing Research (Hrsg.: R. Ferber), New York u. a. 1974, S. 2/105-2/123.

Prahalad, C.K./Hamel, G. 1990: The Core Competence of the Corporation, in: Harvard Business Review, 68. Jg. (1990), Nr. 3, S. 79-91.

Prickarz, H./Urban, J. 2002: Qualitative Datenerhebung mit Online-Fokusgruppen, in: Planung&Analyse 2002, Nr. 1, S. 63-70.

Quitt, H. 1974: Technische Aufbereitung des Erhebungsmaterials, in: Handbuch der Marktforschung (Hrsg.: K.C. Behrens), Wiesbaden 1974, S. 367-402.

Raab, E. 1974: Probleme der Frageformulierung, in: Handbuch der Marktforschung (Hrsg.: K.C. Behrens), Wiesbaden 1974, S. 255-270.

Raiffa, H. 1973: Einführung in die Entscheidungstheorie, München 1973.

Rank, G.J. 1998: Online-Marktforschung, in: Jahrbuch der Absatz- und Verbrauchsforschung 1998, Nr. 2, S. 190-197.

Rasche, C. 1994: Wettbewerbsvorteile durch Kernkompetenzen, Wiesbaden 1994.

Rasche, C./Wolfrum, B. 1994: Ressourcenorientierte Unternehmensführung, in: Die Betriebswirtschaft, 54. Jg. (1994), S. 501-517.

Rehorn, J. 1977: Markttest, in: Marketing (Hrsg.: L. Poth), Bd. 1, Neuwied 1977, S. 1-92.

Revenstorf, D. 1976: Lehrbuch der Faktorenanalyse, Stuttgart 1976.

Rieser, I. 1980: Frühwarnsysteme für die Unternehmenspraxis, München 1980.

Rosenberg, M.J. 1956: Cognitive Structure and Attitudinal Affect, in: Journal of Abnormal and Social Psychology, 53. Jg. (1956), S. 367-372.

Rudolphi, M. 1980: Außendienststeuerung im Investitionsgütermarketing, Frankfurt a.M. u. a. 1980.

Rümelin, H. 1968: Die schriftliche Befragung in der Marktforschung, Nürnberg 1968.

Ruppe, H. 1989: Handelspanel, in: Marketing (Hrsg.: L. Poth), Bd. 1, Beitrag 9, Neuwied 1989, S. 1-58.

Sachs, L. 2002: Angewandte Statistik, 10. Aufl., Berlin 2002.

Schäfer, E./Knoblich, H. 1978: Grundlagen der Marktforschung, 5. Aufl., Stuttgart 1978.

Schaich, E. 1990: Schätz- und Testmethoden für Sozialwissenschaftler, 2. Aufl., München 1990.

Scheuch, E.K. 1973: Das Interview in der Sozialforschung, in: Handbuch der empirischen Sozialforschung (Hrsg.: R. König), Bd. 2, Teil I, 3. Aufl., Stuttgart 1973, S. 66-190.

Schlaifer, R. 1959: Probability and Statistics for Business Decisions, New York 1959.

Schlaifer, R. 1971: Computer Programs for Elementary Decision Analysis, Cambridge 1971.

Schneeweiß, H. 1978: Ökonometrie, 3. Aufl., Heidelberg 1990.

Schnell, R./Hill P.B./Esser, E. 1999: Methoden der empirischen Sozialforschung, 6. Aufl., München u. a. 1999.

Schub von Bossiazky, G. 1999: Online-Befragungen, in: Moderne Marktforschungspraxis (Hrsg.: W. Pepels), Neuwied u. a. 1999, S. 191-203.

Schulte-Hillen, J. 1988: Handbuch der Wirtschaftsdatenbanken 1988, 4. Aufl., Darmstadt 1988.

Selltiz, C. u.a. 1972: Untersuchungsmethoden der Sozialforschung, Teil I, Neuwied u. a. 1972.

Shepard, R.N./Romney, A.K./Nerlove, S.B. 1972: Multidimensional Scaling, Theory and Applications in the Behavioral Science, Bd. I: Theory, Bd. II: Applications, New York 1972.

Siebel, W. 1965: Die Logik des Experiments in den Sozialwissenschaften, Berlin 1965.

Six, B. 1975: Die Relation von Einstellung und Verhalten, in: Zeitschrift für Sozialpsychologie, Bd. 6, (1975), H. 4, S. 270-296.

Sixtl, F. 1982: Meßmethoden der Psychologie, 2. Aufl., Weinheim 1982.

Sodeur, W. 1974: Empirische Verfahren zur Klassifikation, Stuttgart 1974.

Sokal, R.R./Sneath, P.H.A. 1973: Principles of Numerical Taxonomy, San Francisco 1973.

Späth, H. 1977: Cluster-Analyse-Algorithmen zur Objektklassifizierung und Datenreduktion, 2. Aufl., München u. a. 1977.

Spiegel, B. 1961: Die Struktur der Meinungsverteilung im sozialen Feld, Bern u. a. 1961.

Spiegel, B. 1970: Werbepsychologische Untersuchungsmethoden, 2. Aufl., Berlin 1970.

Springer Verlag AG 1975: CONCEPTE, Methodenbericht, Hamburg 1975.

Steinhausen, D./Langer, K. 1977: Clusteranalyse, Berlin u. a. 1977.

Stenger, H. 1971: Stichprobentheorie, Würzburg 1971.

Stern, H.W.E. 1974: Handels-Panelforschung als Instrument der Marktbeobachtung, in: Handbuch der Marktforschung (Hrsg.: K.C. Behrens), Wiesbaden 1974, S. 463-475.

Stevens, S.S. 1965: Mathematics, Measurement and Psychophysics, in: Handbook of Experimental Psychology (Hrsg.: S.S. Stevens), 7. Aufl., New York u. a. 1965, S. 1-49.

Stroschein, F.R. 1965: Die Befragungstaktik in der Marktforschung, Wiesbaden 1965.

Süllwold, F. 1969: Theorie und Methodik der Einstellungsmessung, in: Handbuch der Psychologie, Bd. 7, Sozialpsychologie, 1. Halbband, Theorien und Methoden (Hrsg.: C. F. Graumann), Göttingen 1969, S. 475-514.

Teichert, T. 2000: Conjoint-Analyse, in: Marktforschung (Hrsg.: A. Herrmann und C. Homburg), 2. Aufl., Wiesbaden 2000, S. 471-511.

Topritzhofer, E. 1972: Marketingentscheidungen unter Risiko das Bayessche Konzept, in: Wirtschaftswissenschaftliches Studium, 1. Jg. (1972), Nr. 7, S. 350-354.

Triandis, H.C. 1975: Einstellungen und Einstellungsänderungen, Weinheim u. a. 1975.

Trommsdorff, V. 1975: Die Messung von Produktimages für das Marketing, Grundlagen und Operationalisierung, Köln u. a. 1975.

Tull, D.S./Hawkins, D.I. 1987: Marketing Research: Measurement and Method, 4. Aufl., New York u. a. 1987.

Überla, K. 1977: Faktorenanalyse, 2. Aufl., Berlin u. a. 1977.

Uebele, H. 1981: Die Bewertung und Verarbeitung von Marktforschungs-Informationen unter Verwendung der Bayes-Analyse, in: Marktforschung, 25.Jg. (1981), Nr. 4, S. 105-112.

Urbschat, R. 1974: Telefonische Befragung, in: Handbuch der Marktforschung (Hrsg.: K.C. Behrens), Wiesbaden 1974, S. 501-511.

Vogel, F. 1975: Probleme und Verfahren der numerischen Klassifikation, Göttingen 1975.

Weiber, R./Rosendahl, T. 1997: Anwendungsprobleme der Conjoint-Analyse, in: Marketing ZFP, 19. Jg. (1997), H. 2, S. 107-118.

Wettschureck, G. 1974: Grundlagen der Stichprobenbildung in der demoskopischen Marktforschung, in: Handbuch der Marktforschung (Hrsg.: K.C. Behrens), 1. Halbband, Wiesbaden 1974, S. 173-205.

Wilk-Ketels, G. 1974: Psychologische Probleme der Interview-Situation, in: Handbuch der Marktforschung (Hrsg.: K.C. Behrens), 1. Halbband, Wiesbaden 1974, S. 225-236.

Wind, Y./Denny, J. 1974: Multivariate Analysis of Variance in Research on the Effectiveness of TV Commercials, in: Journal of Marketing Research Society, 11. Jg. (Mai 1974), S. 136-142.

Witte, E. 1972: Das Informationsverhalten in Entscheidungsprozessen, Tübingen 1972.

Wittink, D.R./Vriens, M./Burhenne,W. 1994: Commercial Use of Conjoint Analysis in Europe: Results and Critical Reflections, in: International Journal of Research in Marketing, 11. Jg. (1994), H. 1, S. 41-52.

Zimmermann, E. 1972: Das Experiment in den Sozialwissenschaften, Stuttgart 1972.

Zou, B. 1999: Multimedia in der Marktforschung, Wiesbaden 1999.

Stichwortverzeichnis